2010年教育部人文社会科学研究项目
《关中—天水经济区人地关系与生态文明研究》
（编号:10XJA770008）成果

2011年度中央财政支持地方高校发展专项资金
——陇右文化学科建设项目成果

陇右文化研究丛书

主 编 雍际春 副主编 霍志军

GUANZHONG–TIANSHUI JINGJIQU
RENDI GUANXI YU SHENGTAI WENMING YANJIU

关中—天水经济区
人地关系与生态文明研究

雍际春 张根东 赵世明 于志远 张敬花 ◆著

中国社会科学出版社

图书在版编目（CIP）数据

关中—天水经济区人地关系与生态文明研究／雍际春等著．—北京：
中国社会科学出版社，2015.4

（陇右文化研究丛书）

ISBN 978 - 7 - 5161 - 5480 - 9

Ⅰ.①关…　Ⅱ.①雍…　Ⅲ.①生态环境—环境保护—研究—西北地区
②生态文明—建设—研究—西北地区　Ⅳ.①X321.24

中国版本图书馆 CIP 数据核字（2015）第 014375 号

出 版 人	赵剑英	
责任编辑	张　林	
特约编辑	吴连生	
责任校对	高建春	
责任印制	戴　宽	

出　　版	中国社会科学出版社	
社　　址	北京鼓楼西大街甲 158 号（邮编 100720）	
网　　址	http://www.csspw.cn	
发 行 部	010 - 84083685	
门 市 部	010 - 84029450	
经　　销	新华书店及其他书店	

印　　刷	北京市大兴区新魏印刷厂	
装　　订	廊坊市广阳区广增装订厂	
版　　次	2015 年 4 月第 1 版	
印　　次	2015 年 4 月第 1 次印刷	

开　　本	710 × 1000　1/16	
印　　张	15.75	
插　　页	2	
字　　数	266 千字	
定　　价	56.00 元	

凡购买中国社会科学出版社图书，如有质量问题请与本社联系调换
电话：010 - 84083683

陇右文化研究丛书编委会
及主编名单

总　　序

　　大千世界，万象竞呈。因区域自然和人文社会环境的差异性，在中国广袤无垠的土地上孕育了丰富多彩的地域文化，彰显着各地人们的文化气质。燕赵、齐鲁、巴蜀、三秦、荆楚、吴越等文化已广为人知。这其中，陇右文化更是因其所处的农牧交错、华戎交汇与南北过渡的区位优势，成为我国地域文化百花园中绽放的一朵奇葩，具有迷人的风采，散发着瑰丽的芬芳。

　　陇右文化源远流长。若从原始人类遗迹来看，从陇东华池县赵家岔、辛家沟和泾川大岭上发现的旧石器时代早期石器，到旧石器时代晚期距今3.8万年前的"武山人"遗迹的发现，已昭示着陇右远古文化的曙光即将来临。进入新石器时代，以天水地区大地湾、西山坪、师赵村等遗址为代表的新石器早期遗存，翻开了陇右文化源头的第一页。继之而起的仰韶文化、马家窑文化、齐家文化等文化类型，在多样化农业起源与牧业起源，中国最早的彩陶与地画、文字刻画符号、宫殿式建筑、水泥的发现，最早的冶金术和铜刀、铜镜与金器的出土，礼仪中心的出现，表明等级身份的特殊器具玉器的发现，贫富分化与金字塔式的社会等级的出现等，这一系列与文明起源相关的物质和精神文化成就，既为中华文明起源与形成提供了佐证、增添了异彩，也是黄河上游地区开始迈入文明时代的重要标志。在齐家文化之后的夏商之际，西戎氐羌部族广泛活动于陇右地区，并与中原农耕文化保持频繁的接触与交流，开创了农耕与草原文化相互介入、渗透和交融创新的文明模式。与此同时，周人起于陇东，秦人西迁并兴起于天水，陇右成为周秦早期文化的诞生地，并奠定了陇右以华戎交汇、农牧结合为特征的第一抹文化底色。自秦汉至于明清，陇右地区民族交融不断，中西交流不绝，在悠久的历史积淀中形成了兼容并蓄、多元互补、尚武刚毅、生生不息的地域文化特质。这种独具特色的地域文化元素，成为华夏文化中最具活力的基因和重要组成部分，在华夏文明的传承中发挥了不可估量的作用。

然而，在国内各地域文化研究如火如荼、成果层出不穷，地域文化与旅游开发日益升温的形势下，陇右文化的研究却相对冷寂，只是在近年来才引起人们的重视。这其中，天水师范学院陇右文化研究中心的同仁们做了不少有益的工作。2001 年，在学校领导的支持和学校陇右文化研究爱好者共同的努力下，国内唯一的陇右地域文化研究学术机构——陇右文化研究中心成立。中心以开放的管理方式，以学校内部的学术力量为基础，广泛联系省内外的科研院所和相关文博专家，同气相求，共同承担起陇右文化学术研究和文化旅游资源开发的重任。以期中心的研究成果庶几能为甘肃区域经济社会和文化事业的发展提供智力支持和决策参考。

中心成立至今，已经走过了 12 个春秋。十二年里，我校的陇右文化研究与学科建设取得长足的进步。一是通过理论研究和实践探索，初步构建了陇右文化的学科体系和课程体系，为陇右文化研究和知识普及奠定了坚实的基础。二是催生和形成了一个省级重点学科，将科研团队建设与人才培养有机结合，使陇右文化研究工作迈上可持续发展有了基础保障。三是 2010 年中心被确定为甘肃省人文社科重点研究基地，为陇右文化学科建设与科学研究搭建了平台。四是汇聚和成长起一支富有既充满活力又富有潜力的学术研究队伍。五是通过在《天水师范学院学报》长期开办"陇右文化研究"名牌栏目，编印《陇右文化论丛》连续出版物和出版"天水师范学院陇右文化研究丛书"，为研究和宣传陇右文化营造了一块探索交流的学术阵地。在此基础上，产生一批高质量的科研成果，在推进学科建设，服务甘肃文化大省建设，促进区域经济社会文化事业的发展等方面发挥了积极作用。

在 2010 年，学校为了进一步加大对陇右文化学科建设与科学研究的扶持力度，将陇右文化重点学科建设作为重大项目，申报中央财政支持地方高校专项经费得到资助，这为陇右文化研究基地的建设与发展提供了坚实的经费保障。由此我们研究条件大为改善，先后启动了项目研究、著作出版和资料购置等计划。现在展现在读者面前的这套"陇右文化研究丛书"，即是著作出版计划的一部分。我们深知，陇右文化内涵丰富，博大精深，但许多领域的研究几近空白，基础研究工作亟待加强。所以，对于

"丛书"的编写，我们秉持创新的理念，科学的精神，求实的态度，提倡作者以陇右地域文化为研究范围，立足各自的研究领域和学术特长，自拟选题自由探讨。只要有所创新，成一家之言，不限题材和篇幅，经申报评审获得立项后，即可入编"丛书"。

经过各位作者一年多的辛勤努力和创造性劳动，"丛书"按计划已基本完成。入编"丛书"的著作，涉及陇右文化研究的各方面，主要包括始祖文化、关陇文化、陇右文学、杜甫陇右诗、陇右旅游文化、陇右石窟艺术、陇右史地、陇右方言和放马滩木板地图等主题。各书的作者均是我校从事陇右文化研究和学科建设的骨干，其中既有多年从事陇右文化研究的知名学者，也有近年来成长起来的中青年才俊。因此，"丛书"的出版，无疑是我校陇右文化研究与学科建设最新进展与成果的一次整体亮相，也必将对深化陇右文化的研究产生积极的影响。我们深知学海无涯，探索永无止境，"丛书"所展示的成果也只是作者在陇右文化研究探索道路上的阶段性总结，可能还有这样那样的不足与欠缺。作为引玉之砖，我们希望并欢迎学界同仁和读者多提批评指导意见，激励我们做得更好，以推动陇右文化研究不断走向深入。

"丛书"出版之际，正直甘肃省华夏文明传承创新区建设启动实施之时。这一发展战略确定了围绕"一带"，建设"三区"，打造"十三板块"（简称"1313工程"）的工作布局。"一带"就是丝绸之路文化发展带；"三区"为以始祖文化为核心的陇东南文化历史区、以敦煌文化为核心的河西走廊文化生态区和以黄河文化为核心的兰州都市圈文化产业区；"十三板块"即十三类文化发展与资源保护开发工作，分别为文物保护、大遗址保护、非物质文化遗产保护传承、历史文化名城名镇名村保护利用、民族文化传承、古籍整理出版、红色文化弘扬、城乡文化一体化发展、文化与旅游深度融合、文化产业发展、文化品牌打造、文化人才队伍建设、节庆赛事会展举办等。这一战略以华夏文明传承创新区为平台，对加快甘肃文化大省建设，探索一条在经济欠发达但文化资源富集的地区实现科学发展的新路子，都具有重要的现实意义。

由此可见，甘肃省华夏文明传承创新区建设战略及其实施重点，也就是我们陇右文化研究与学科建设的主旨所在。人才培养、科学研究、文化传承与服务社会是高校所肩负的神圣职责。甘肃省华夏文明传承创新区建设战略的实施，为高校与地方经济社会文化发展的深度融合提供了契机，也为我院陇右文化研究学科提供了前所未有的发展机遇。我们将以此为新的起点，充分利用陇右文化研究基地这一平台，发挥人才和学术优势，积极参与华夏文明传承创新区建设，为甘肃省文化大省建设和文化产业的发展建言献策、奉献智慧。我们相信，我校的陇右文化研究与学科建设，无疑在这一战略实施中大显身手，发挥排头兵的作用；也必将在华夏文明传承创新区建设战略的实施中进一步深化合作，不断提升服务社会的能力，并开拓新的发展空间和学科生长点。

祝愿本套丛书的出版为甘肃省华夏文明传承创新区建设增光添彩！

雍际春

2013 年春于天水师院陇右文化研究中心

目　　录

绪　论

关中—天水经济区及其人地关系与生态文明问题

　　古往今来，人类的一切活动，都是在一定的自然条件下展开的。各种自然条件既为人类的生存提供了物质保障，又在一定程度上影响和决定着人类的活动。这种自然条件的集合就构成我们所说的生态环境。生态环境与社会历史相互影响，相互制约。在某种程度上说，生态环境与社会历史的关系也就是人地关系。人地关系问题虽然很早就进入了人们的视野，但真正重视这一问题，却是工业化以来特别是最近几十年的事。近几十年来，人地关系问题已成为我国政府和学术界高度关注和广泛研究、深入探讨的问题，人地关系协调与否，关系着我们中华民族赖以生存的物质和精神家园的兴衰安危。

　　生态文明是近十年来提出的一个新的学术课题和新的人类文明形态，党的十七大将生态文明与其他几大文明并列，作为我国建设和谐社会和走可持续发展之路的重大战略目标而提了出来。党的十八大进一步将生态文明建设与经济建设、政治建设、文化建设、社会建设并列，"五位一体"成为建设中国特色社会主义事业总体布局的一个重要组成部分，这是一个重要的理论突破和贡献。生态文明社会的构建包含丰富的内涵，涉及各个方面，而人与自然的和谐则是其中最基本、最重要的内容，是实现生态文明的基础和前提。因此，从协调人地关系的角度入手，探讨、研究历史上一定区域生态文明的历史演进、互动关系及其经验教训，并提出适合当地需要的生态文明建设路径和模式选择，使当前区域社会经济的发展、振兴与生态文明建设同荣共进，无疑是最佳的选择。

一　关中—天水经济区的设立及其意义

　　我国是一个幅员辽阔、自然条件复杂、生态类型多样、人地关系问题突出的大国。在我们这样一个历史悠久、人口众多的国家，由于自然和历史的原因，天然形成了自然、人文相近的区域空间，如南方与北方、东部与西部、沿海与内陆、平原与山区、农区与牧区等都是最基本的区域。如果再进一步从自然、经济、文化、民俗等方面继续划分，还可划出许多的区域。这些区域彼此之间条件不同，社会文化与民俗各异，开发与发展程度不一，这无形中进一步加剧了相互的差别。东部沿海发达地区、中部较发达地区和西部欠发达地区这一划分，正体现了以经济社会发展程度为主要指标而划分的一种区域单元。即使在同一地区，内部之间因自然条件、生态环境和经济社会发展的不同，仍然存在明显的差别。如西部地区，虽然都是落后地区，但西南与西北不同，西北边疆与内陆陕甘宁亦不同。因此，为了加快西部落后地区发展，实现共同富裕，建设中国特色社会主义强国，国家早在 2000 年就启动了西部大开发战略。这对于改变西部地区贫穷落后面貌，促进西部经济社会发展，产生了巨大推动作用。

西北地区东部的中心地带，正是陕西中部关中地区和甘肃东南部天水地区。这一区域，历史悠久，文化积淀深厚，人口较为稠密，相对而言，是西北地区经济发展和社会文化事业基础较好的区域。而且，这一区域又位处中原与西北的结合部，是欧亚大陆桥和丝绸之路经济带的枢纽地带。这一区域的发展和建设，对于整个西北地区经济的振兴和发展具有龙头带动作用。正是基于这样的背景，2009 年我国在西部大开发战略深入实施之际，又作出了设立关中—天水经济区的战略举措。这一经济区的设立，无疑是继西部大开发战略之后，对西部特别是西北经济振兴具有战略意义和点睛之笔的重要决策。

关中—天水经济区一经设立，国务院及时批准了由国家发展改革委制定的《关中—天水经济区发展规划（2009—2020 年）》（以下简称《规划》），并于 2009 年 6 月颁布实施。它是依据我国"十一五"规划和《西部大开发"十一五"规划》而确立的，是我国实施西部大开发战略以来，继设立成渝经济区和北部湾经济区之后，在西部确立的又一个重要的经济区和国民经济新的增长极。关中—天水经济区横跨陕、甘两省，包括陕西西安、咸阳、渭南、铜川、宝鸡、杨凌、商洛（部分区县）和甘肃天水七市一区，面积 7.98 万平方千米，人口 2 842 万人。这一区域地处我国内陆腹地，位居亚欧大陆桥的重要支点；具有承东启西、南连北达的枢纽地位，区域位置非常重要；这一区域工业基础良好，是西北地区经济实力相对雄厚的地域，在整个西北地区的经济发展中无疑居于龙头地位；这里不仅文化积淀深厚，是中华文明的重要起源地之一，也是我国多民族融合与多元文化荟萃之地；这里既是我国传统农业和经济较为发达之区，也是生态环境脆弱、经济形态由农业经济向半农半牧经济过渡的地带。而关中—天水经济区社会经济的发展，面临着一个与其他经济区相对而言更为紧迫、更为严峻的问题与挑战，就是它地处黄土高原地区和半湿润半干旱地区，是人类活动影响深刻和生态脆弱的地区，如何将社会经济的全面、协调、可持续发展，与环境保护、生态修复协调统一，就成为制约和影响关中—天水经济区建设成败的关键。特别是在后工业化的当今时代，为了避免重蹈国内外在区域开发建设上的"建设—破坏、修复—治理"的怪圈，就必须从历史的经验与教训中汲取智慧，从现实情况出发，以建立生态文明社会为目标，在协调人地关系的前提下，走资源节约型、环境友好型的全面协调可持续发展之路。

《规划》列有生态建设和环境保护专章，明确提出：要强化生态环境保护、自然生态和生物多样性保护；建设秦岭北麓、渭北山地生态屏障；加大天然林、三北防护林、水土保持、湿地保护与恢复等工程建设力度；加快推进渭北、天水等黄土高原丘陵沟壑区水土流失综合治理；加强西安、宝鸡、商洛、天水等秦岭山地生态功能区生态环境保护与建设，提高水源涵养能力；加快实施平原绿化、人居生态环境建设工程，加快建设宜居区域；着力解决流域水污染、矿区环境污染、大气污染，全面实施区域环境的综合整治。这充分说明生态建设与环境保护事关经济区建设的成败。

由此可见，关中—天水经济区既是一个在经济发展、区域开发上具有典型价值的区域，也是一个人地关系、环境演替敏感而脆弱的区域。对关中—天水经济区人地关系与生态文明建设问题进行深入研究，揭示经济区人地关系历史演化的具体过程，提出生态文明建设的模式选择和应对策略，这不仅有利于促进本区域经济社会的全面进步，以构筑支撑和带动西部大开发的战略高地，推进西北经济社会的全面振兴，而且有利于形成全国经济协调发展新的增长极。所以，关中—天水经济区的规划和建设，特别是对其生态文明社会的构建，是一项具有全局性战略意义的大课题，也具有重要的理论、学术价值和现实意义。

二 目前国内外研究的现状和趋势

关中与天水自古联系紧密，同属一个文化区和经济区，先秦的雍州、秦汉时的秦地、唐代的关陇、宋代的秦凤路、明代的陕西省，关中与天水都在一个行政区，或属于同一政治文化集团，所以，"关陇""秦陇"常常连称，为人们耳熟能详。只是在近现代，由于省际划分与区域分割的缘故，人们往往按两个区域去研究和审视这一地域，故无论是对这一区域的历史、文化还是经济与社会发展，都是从陕、甘两省的角度分别研究和探讨。相对而言，关中地区由于地处渭河谷地，又是千年古都、现代大城市西安的所在地，对其历史、文化、经济社会发展的研究成果比较可观。例如，对关中地区历史地理的研究成果较多，以史念海《河山集》（一至九集）《黄土高原历史地理研究》《黄土高原的森林与草原》《中国古都与文化》，朱士光《黄土高原地区环境变迁及其治理》《黄土高原地区历史环境与治理对策会议文集》（主编），肖正洪《环境与技术选择——清代中国西部地区农业技术地理研究》，吴宏岐《西安的历史变迁与发展》，艾冲《西北城市发展与环境演变研究》，李令福《关中水利开发与环境》，张萍《地域环境与市场空间——明清陕西区域市场的历史地理学研究》，徐卫民《秦都城研究》等等为代表的论著与大量论文，侯甬坚《定都关中：国都的区域空间权衡》、王双怀《五代时期关中生态环境的变迁》等为代表的相关论文，对关中地区历史气候、水文、地貌、植被、城市、政区、交通、商贸、工业、文化、军事地理，以及经济开发、民族分布、环境变迁等方面都有深入研究和可观的成果。而学术界对陇右及天水地区的关注和研究与关中相比明显滞后，除了在一些学者论述甘肃或黄土高原地区的论著中间或涉及陇中、天水地区之外，专门研究的论著几乎空白，学术论文仅有鲜肖威《历史时期甘肃黄土高原的经济开发与环境变迁》等个别作者的论文；有关当地经济与社会发展方面的成果也非常少见。

至于将关中与天水两者视为一个经济区加以研究和探讨的，可以说至今暂付阙如。除了首倡建立关中—天水经济区的浙江大学西部经济发展研究院经多方调研，已完成国家发改委委托的《关中—天水经济区发展规划》之外，仅有高新才、高新民、张宝通、马常青等学者在 2008 年以来，先后就关中—天水经济区商贸流通、大关中经济区、西安在经济区中的作用、金融支持经济区发展等问题进行了初步探讨和研究。所以，对关中—

天水经济区人地关系与生态文明建设问题的探讨尚属新的课题。党的十七大将生态文明与其他几大文明建设并列提出，随着我国对环境与生态问题的高度重视和加大改善修复，也随着关中—天水经济区建设的实施，对该经济区各类问题特别是生态文明建设的关注和研究，必然会成为一个备受关注和需要深入研究的热点课题。

上述研究，为我们从事当地人地关系与生态文明建设研究无疑奠定了良好的基础，但是，现有成果两相分离的状况却忽视了这一区域的历史联系性和自然、人文因素的整体性。这一现状与我们建设经济区的要求显然尚有距离，因此，从宏观上把握关中—天水经济区在历史、文化、经济乃至民俗、自然的同一性，微观上揭示其发展的内在联系性和差异性，对于今天我们更好地进行关中—天水经济区的规划与建设非常必要。

三　关中—天水经济区的人地关系与生态文明问题

关中—天水经济区也就是人们习惯所称关陇地区的核心地带，它们同属黄土高原，有着相同或相似的自然与人文条件，尤其在人文氛围上极为相似。

具体说来，关中地区主要在渭河中下游河谷平原，地势平坦，自然条件较为优越，是我国人类活动出现最早、开发最早的区域，也是我国最早形成的堪称发达的农业经济区。因此，历史上，周秦汉唐等十多个王朝和政权都建都于关中地区。则关中地区无疑曾是我国政治、文化乃至经济的中心所在，也就是首善之区。但是，自唐代之后，关中地区不仅失去了国都和全国政治、文化、经济中心的地位，而且其经济社会发展也渐次落后于后来居上的江南地区。究其原因，固然是政治、经济、军事、文化、民族等多种因素综合作用的结果，但一个不可否认的事实，则与关中地区人地关系问题的日渐尖锐和经济发展后劲的乏力密切相关。

天水地区地处渭河上游，与关中隔甘陕界山陇山为邻，它与渭北高原地区一道成为关中平原的外围和屏障。历史上天水曾长期是半农半牧区、多民族交错区和中原王朝的边防前哨；也曾在汉唐时期以国家牧马重地而名重一时，经济亦较为发达。所以，这里与关中一样，也是中华文明的重要起源地之一，自新石器时代以来，它与关中就同属一个文化区，由此而始，天水始终作为关中、中原经略西北的前沿基地和边防重镇而发挥着独特而重要的作用。正因为如此，随着中原王朝国力的强弱变化，特别是随着中原王朝与西北边族及其政权相互关系的演化，天水及陇右地区的经济开发与文化发展、民族关系，均随之而产生变化。如当地半农半牧经济区的形成，由半农半牧向单一农业经济区的转换，无不与之相关。尤其是明清以来，随着人口的不断增加，人地矛盾日渐突出，加之气候变化和自然灾害增多，当地走上了"越穷越垦，越垦越穷"的恶性循环，生态失衡和环境恶化已不可逆转，遂成为"陇中苦瘠甲天下"之地，与昔日"天下称富庶者无如陇右"形成鲜明的对比。

由此可见，关中与天水地区既是人类开发活动较早之地，也是古今人地关系演化剧烈之区，其开发进程和环境变迁过程具有相似性。那么，历史上，关中—天水经济区是在怎样的原始生态条件下成为早期人类最为适宜生存和开发的区域？又是怎样成为重要的农耕和战马产地并支撑汉唐等强盛王朝的重要区域的？期间的人地关系及其互动过程究竟如何？唐宋以来，这一区域经济、文化优势的逐渐丧失和生态与环境问题出现的原因何在？近现代以来随着工业化、城市化进程的到来，该区产生了新的生态与环境问题，而其危害与症结何在？这一系列问题，可以说是该区域存在和面临的生态与环境的主要问题。这些问题既是当地的历史问题，也是现实的问题，而且还涉及经济区未来的社会发展趋向和开发模式选择。

如何在这样一种背景下，既走出一条环境治理和生态修复，又保证经济区脱贫致富并迈向可持续发展之路，构建资源节约型、环境友好型的生态文明型社会，就是一个摆在我们面前必须做出抉择与选择的现实问题。

四　本书旨趣与研究设想

本书以《关中—天水经济区发展规划（2009—2020 年）》确定的经济区之环境保护与生态建设为对象，以建立生态文明社会为目标，通过研究揭示当地人地关系历史演化的具体过程，分析现代经济发展与环境调适模式的利弊得失，探索当地协调人地关系、建设生态文明的有效途径和科学发展模式。从而在协调人地关系的前提下，为关中—天水经济区在规划实施和建设发展中避免重蹈国内外在区域开发建设上的"建设—破坏、修复—治理"的覆辙，走资源节约型、环境友好型的全面协调可持续发展之路，建立生态文明社会及其模式的战略选择，提供历史经验借鉴和科学决策参考，以确保经济区建设迈上全面协调可持续发展的健康轨道。

历史是一面镜子，现实与历史有密切的联系，现实也是历史发展演进的产物。就关中—天水经济区而言，目前的区域发展格局、产业布局、经济发展模式与形态、环境状况、生态问题、人地矛盾等等，无不是当地人文因素与自然条件在长期历史发展与演进变化中，综合作用与互动影响的结果。经济区的规划、设计与建设，既不能脱离现实，也不能忽视历史的经验和教训，更不能在规划与发展中遗漏对环境与生态问题、人与自然和谐的关注、应对和调适。特别是像关中—天水经济区开发历史悠久，人类活动影响深刻，又处在农牧经济过渡带和生态环境敏感区和脆弱区，生态演替与变化明显，人地关系调适与当地经济社会发展息息相关。只有摸清当地人地互动的历史进程和演变规律，揭示其成因和主导因素，探索实现构建生态文明的有效途径与发展模式，为今天经济区规划建设提供可信的历史依据和现实选择，才能真正走上环境友好型可持续发展之路。为此，我们将坚持以历史唯物主义为指导，灵活运用历史学、地理学、历史地理学、区域经济学、生态学和文化人类学、考古学等多学科方法和手段，开展对关中—天水经济区人地关系演进与生态文明社会构建的综合研究和系统分析，以期实现预期目标。本书所涉及研究的主要内容和问题包括七个方面：

一是关中—天水经济区区位条件、产业结构、经济基础与功能布局及其优劣势评析。主要通过考察经济区区域位置、自然条件、历史人文条件、产业分布与结构、经济基础与发展现状、区域经济结构与功能特征等基本区情，摸清经济区建设发展的机遇与挑战、优势与劣势，为项目研究奠定基础。

二是关中—天水经济区的历史形成及其文化生态背景。主要通过揭示关中—天水经济区在历史上的形成、发展、演变和离合消长的具体过程，探讨这种演替产生的政治、经济、文化、民族的历史因素与文化背景，为经济区的可持续发展提供历史经验和现实参考。

三是关中—天水经济区经济开发与环境演变互动的历史考察。主要通过考察经济区自古以来经济开发的历史进程、经济形态转换及其对环境变迁产生的影响与程度，探寻和揭示经济开发与环境变迁的关联度、影响极值及其互动规律，并对区域内各地人地互动及其影响变化的幅度与峰值做出量化分级。

四是关中—天水经济区人地关系问题的产生及其原因探析。在探讨前一问题的基础上，进一步分析人类开发活动及其开发深度与广度怎样引起生态环境的变化，进而揭示其产生的具体原因和主导因素。为经济区协调人地关系、构建生态文明提供人地互动主导因素及其动态变化的参考依据。

五是关中—天水经济区经济社会发展现状与绩效分析。主要对经济区及其核心城市现有经济状况、社会文化发展实际做出客观分析和科学评价；通过对发展绩效与生态环境变化及其影响的对应比较研究，为经济区的一体化发展、可持续发展与和谐发展的模式选择，提供基本参照和效益判断。

六是关中—天水经济区区域、城乡一体化路径与对策研究。区域一体化和城乡一体化是区域经济社会整体发展与和谐发展的必然要求。从人地关系协调的角度出发，以构建生态文明社会为目标，科学设计和深入探讨实现区域一体化和城乡一体化的发展路径与对策措施，为经济区可持续与和谐发展奠定良好的社会基础。

七是关中—天水经济区生态文明型区域发展模式的战略选择与实施对策研究。关中—天水经济区特殊的区域位置和脆弱的生态环境条件，决定了经济区建设和发展必须以协调人地关系为先决条件，否则在发展上就必然要走"建设—破坏"的弯路。因此，通过对经济区历史的、现实的、自然的和社会的各种制约当地经济社会发展因素的探讨和研究，其终极目标就在于：要为经济区发展寻找一条环境友好、资源节约、生态和谐的既避免建设性破坏又保障经济社会又好又快发展的可持续发展之路。这就需要在保障当地生态、协调人地关系并使之趋于优化的前提下，科学设计和精心论证适合经济区发展的生态文明型发展模式，并提出有针对性和可操作性的实施对策与措施，为最终实现经济区的全面振兴和建立生态文明社会提供战略模式和智力支撑。

第 一 章

关中—天水经济区发展条件分析

关中—天水经济区是国务院批准正式实施的旨在带动西北地区加快发展的重要经济区域。该经济区包括陕西省西安、铜川、宝鸡、咸阳、渭南、杨凌、商洛（部分区县）和甘肃省天水所辖行政区域。面积 7.98 万平方千米，人口大约 2 842 万人，直接辐射区包括陕西省陕南的汉中、安康，陕北的延安、榆林，甘肃省的平凉、庆阳和陇南地区。

第一节　关中—天水经济区自然与区位条件分析

区域经济发展要有比较优势的各种资源的支持。其中自然资源或自然条件是区域发展最基础也是不可替代的必要条件，而且一个区域的自然资源的禀赋程度，在一定程度上决定着该区域现实发展的水平和未来发展的潜力。自然条件也称自然环境，是区域经济社会发展可依靠的自然部分，与区位相联系，一定的区位就将自然条件限定在一定的区域范围，因为任何经济区域都是有边界的。对关中—天水经济区来说，自然条件也只能是经济区边界以内的、以供经济区发展的自然环境。

一　关中—天水经济区的自然条件

自然条件也称自然环境。是人类赖以生存和发展的自然部分，包括影响人类生产、生活和生存的大气圈、水圈、岩石圈和生物圈等[①]。区域经济发展面对的自然条件既包括未经人类改造利用的原始自然环境，也包括经过人类利用改造后的自然环境。自然条件的各要素的存在，既是人

---

① 聂华林、王成勇：《区域经济学通论》，中国社会科学出版社 2006 年版，第 40 页。

类生存发展必须依赖的基础，也是影响人类生存与发展的重要因素。在现实的影响过程中，有时是单个要素就可以对人类的经济活动施加影响，如水资源对西部影响就特别大。但是一般来说，自然条件的各要素经常相互联系、相互制约，形成自然综合体对人类的经济活动产生巨大的影响。

与自然条件紧密相联系的是自然资源，自然资源是自然条件中一切能被人类利用的部分，包括地壳的矿物岩石、地表形态、土壤覆盖层、地上与地下资源、海洋资源、水资源、太阳能、热能、降水以及生物圈的动植物资源等。自然资源作为人类经济活动的核心资源，对人类的社会生产和生活消费在一定条件下会带来经济利益和社会福利。一般来说具有以下特征：一是基础性，也就是说自然资源是人类社会生存与发展的物质基础，自然资源的禀赋对于区域发展具有决定性意义，因为它决定着区域发展的方向与速度。二是地域性，自然资源在自然力的综合作用下，在区域空间上分布不均匀，这就决定了不同的区域拥有不同的资源种类，而且数量、质量及其之间组合也就各不相同，这就决定了区域发展的特色、结构及其类型都各不相同。三是有限性，就自然资源本身来讲，面对人类经济活动的无限过程，自然资源是稀缺的、有限的。但对整个自然界和人类科技进步的创新能力而言，自然资源的利用具有无限的潜力，各资源之间的相互转换或相互替代与补偿，将会不断满足人类生存与发展的需求。因此自然资源的利用与人类社会经济活动，永远是有限与无限的博弈，只要利用科学，有限将会变成无限。四是知识性，自然资源对人类生存与发展的价值总是通过人类认识的水平决定的，人类的认识水平越高，资源对人的内在价值就越高。随着人类认识水平的不断提高，知识的不断积累，资源的概念和价值视域也就不断扩展。因此，人类减少资源对自己的限制只能通过不断提高对资源内在价值的认识能力来获得。五是综合性，自然资源作为人类生存与发展的基础，总是综合对人类产生影响的，在一定的地域范围内自然资源也总是结合成一个有机的自然综合体，构成区域经济社会发展的物质基础。六是多用性，自然资源的多用性为人类利用自然资源提供了多种用途的可能性，采用何种方式利用自然资源，这就由人类经济活动与自然的承载能力之间的选择来决定。在可持续发展的条件下，人类利用自然资源只能由社会、经济、科技和环境保护等多种因素在科学发展观的指引下做出科学的选择①。

　　由此看来，自然条件与自然资源对区域经济发展具有重要的意义和作用。表现在自然条件与自然资源对区域经济发展既支持又限制。支持作用体现在它是区域经济社会发展的基础，是经济社会发展的投入—产出源泉。限制作用体现在它对区域经济社会发展具有巨大的约束作用，资源禀赋不同就会在一定程度上限制对经济社会发展的投入与产出。"马克思曾经指出，撇开社会生产的不同发展程度不说，劳动生产率是同自然条件相联系的。劳动的不同自然条件使同一劳动量在不同的国家可以满足不同的需求量"②。因此，自然条件与自然资源影响区域劳动生产率的高低，影响区域产业结构发展方向和分布及其结构，更重要的是影响建立在自然条件与自然资源基础上的区域初始资本积累。无论对于全球经济而言，还是对于区域经济来讲，经济社会发展的不均衡现状，更加验证了自然条件与自然资源对经济社会发展的支持和限制作用。世界上有南北差异，更有南南合作；在中国有东部发展的奇迹，也有西部的落后，更有东中西发展的不平衡现实。这一切无不在强烈地证明着这一事实。

　　总之，自然条件与自然资源：一方面是为人类生存与发展创造财富和实现经济增长与发展的基本的自然物质要素，没有它，人类就失去了赖以生存与发展的物质基础，财富的创造和经济增长与发展也就没有了可投入的东西，更谈不上产出，人类的发展与进步就变得不可想象，就会成为无源之水，无本之木。另一方面资源对人类社会的文明进步又是有限的，对人类的活动存在着不可分割的影响。自然资源是被动性资源，它是在社会资源调配下经过生产过程才成为经济增长和财富创造的源泉。因此，人类在利用自然、改造自然、发展经济的过程中，必须尊重自然规律。在利用中保护，在保护中利用，形成利用和保护共赢，人和自然和谐发展的良性循环的新局面。

　　区位在区域经济学是十分重要的概念。关于区位的理解和含义是多方面的：一是认为是事物存在的场所或事物存在的位置；二是认为是确定某一事物活动场所的行为，类似空间布局；三是认为是某一事物占据场所的

　　①　聂华林、王成勇：《区域经济学通论》，中国社会科学出版社2006年版，第42页。
　　②　转引自聂华林、王成勇《区域经济学通论》，中国社会科学出版社2006年版，第41页。

状态，近似于空间分布。总体可以归纳为人类行为活动的空间。人类活动与区位是不可分割的，人类的工业、农业、商业、交通业等的产业活动都是在一定的区位上分布并开展的。而且当人类选择了某一区位并使某一经济社会活动占据了这一区位，其他活动就被排斥在外。因此区位是人类经济社会发展过程中选择的结果，并且具有排他性。

区位理论就是研究人类经济行为的空间选择及其空间内经济活动最优组合的理论。人类的经济行为和经济活动不是独立的，它是在经济活动内部与外部环境综合作用下的、具有一定目的的选择的结果。就经济活动内部环境而言：一定的经济活动体制、政策、制度，影响经济活动的决策、活动的过程和活动的方式方法以及活动的结果；就经济活动的外部环境而言，一定的自然条件间接地影响着经济活动全过程。因此区位理论作为人类经济活动的行为空间选择和经济活动最优组合理论，对区域经济社会的发展具有十分重要的指导意义。结合区域自然环境来讲，区位的选择与自然条件与自然资源的禀赋有着十分密切的关系。当区位选择确定以后，区位内的资源禀赋就确定下来了，而区位内资源禀赋的优劣程度在一定意义上决定着区位内经济社会发展的状态。区位内自然资源丰富、交通条件优越、人力资源强势、气候条件适宜，则经济社会发展快，成果巨大；相反，则经济社会发展就缓慢，成果就不佳。

总之，区位与自然条件是区域经济社会发展的基础，区域经济社会发展的优劣与区位选择，和自然条件与自然资源的禀赋息息相关。

二　关中—天水经济区的区位条件

关中—天水经济区主要以陕西省关中地区为核心和甘肃省天水地区为次核心规划的经济区。关中或称关中平原，其范围为陕西秦岭北麓渭河冲积平原，又称关中盆地，其北部为陕北黄土高原，向南则是陕南山地、秦巴山脉，是陕西的工农业发达和人口密集地区，号称"八百里秦川"。关中地区总面积 5.55 万平方千米，行政范围包括西安、铜川、渭南、宝鸡、咸阳、商洛等 6 个城市，集聚了全省约 60% 的人口。以西安为中心的关中地区，在全国区域经济格局中具有重要战略意义，被国家确定为全国 16 个重点建设地区之一。甘肃省天水市位于甘肃东南部，东临陕西省宝鸡市，西、北、南分别与定西、平凉和陇南相接，有"陇上小江南"之称。总面积 14 392 平方千米，全市横跨长江、黄河两大流域，新欧亚大陆桥横贯全境。天水经济开发较早。新中国成立后，工业发展较快，特别是国家"三线"建设时期，一批企业相继搬迁天水，天水逐步发展成为西北地区的重要工业城市，是国家老工业基地之一。目前有工业企业749家，形成了以加工制造业为主体，电子电器、机械制造、轻工纺织三大行业为主导，食品、建材、化工、冶金、皮革、烟草、塑料等行业竞相发展，门类较多、技术装备较好、具有一定实力和特色的区域工业体系。其主要辐射区域包括陕西省陕南的汉中、安康，陕北的延安、榆林，甘肃省的平凉、庆阳和陇南地区。

就关中—天水经济区总体而言，地处亚欧大陆桥中心，是承东启西、连接南北的战略要地，也是我国西部地区经济基础好、自然条件优越、人文历史深厚、发展潜力较大的地区。加快经济区建设与发展：有利于增强区域经济实力，形成支撑和带动西部地区加快发展的重要增长极；有利于深化体制机制创新，为统筹科技资源改革探索新路径、提供新经验；有利于构建开放合作的新格局，推动西北地区经济振兴；有利于深入实施西部大开发战略，建设大西安、带动大关中、引领大西北；有利于丝绸之路经济带的形成；有利于承接东中部地区产业转移，促进区域协调发展。

1. 经济区横跨陕甘，辐射区域广

从地理位置看，经济区的两个中心西安和天水分居经济区东西，核心城市西安处在东部位置，引领并带动包括关中平原在内的南北腹地。东面可以与中部经济带接壤，东北与我国煤都之称的山西省相连，北部延伸至辐射区的几个城市与宁夏毗邻，南部穿过几个辐射区城市与中原经济区的河南、湖北相连。次核心城市天水与西安经陇海线紧密相连，遥相呼应，以天水为中心的西部区域覆盖了天水五县两区全境：向东延伸至平凉、庆阳，覆盖整个陇东；向西与定西、临夏等陇中接壤，并可与甘肃省会兰州共同构成三点一线的点轴开发态势；向南覆盖整个陇南市全境，并延伸至汉中、川北广大地区，与成渝经济区相连。因此，关中—天水经济区基本上涵盖了我国西北部自然环境较好、气候条件适宜、资源禀赋丰厚、交通通讯发达、经济社会条件雄厚的广大地区，而且地处西部大开发的东部腹地。该经济区的批准设立，充分展现了党和国家关于区域协调发展的战略远见和具体落实西部大开发总体战略宏伟构想。该经济区的建设和发展，一定会使党和国家区域协调发展和促使西部落后地区发展，体现出巨大的政策优势和达到预期的目标。

2. 经济区地处亚欧大陆桥中心，区域经济战略位置优越

从全国经济社会发展的总体布局来看，经济区在东、中、西三个经济带的布局中处于西部，属于西部欠发达地区，但也是国家西部大开发战略实施的重点区域。在十多年的开发发展中，经济社会发展取得了较快的发展和举世公认的成就。从西部大开发战略的总体布局来看，经济区又是处在西部但与成渝经济区、北部湾经济区齐头并进、连接南北的三个区域性经济区之一，这三个经济区虽然区域功能分工各有侧重，但都是为了细化和促进西部大开发战略能够落到实处的重要战略布局。从承东启西的战略地位来看，经济区既是连接以河南为中心的中原经济区，又是与国家中部崛起战略相连接的重要地带。更重要的是从国家全面开放战略的部署来看，经济区又与新疆以喀什为中心的经济改革开放区域东西呼应，相互对接，形成西部大开发战略的重要两极。因此，关中—天水经济区无论从国家战略还是从区域发展战略来讲，具有优越的而且非常重要的战略地位。

3. 经济区地质地貌复杂，蕴藏着丰富而独特的自然资源

经济区以关中平原为中心，又以秦岭北端的天水为次中心，东西南北相连接形成了山地、丘陵、盆地、高原、平原为主要地貌特征的经济圈层。北部以黄土高原为主，从陕西的榆林、延安，到甘肃的庆阳、平凉至天水，形成了黄土高原地带。这一区域虽然缺水干旱，水土流失严重，但蕴藏着丰富的石油、天然气等资源，是资源性经济开发发展的重要地区，具有优越的资源战略地位。中部以关中平原为主，从陕西铜川、渭南，经西安、咸阳至宝鸡，往西延伸至天水，形成了以平原为主的地带。这一区域水土资源富饶、地势平坦，聚集了丰富的农业生产资源，是发展农业经济的重要区域。南部以秦岭山脉为主，从陕西南部至甘肃陇南，基本是以山地、丘陵为主的地带。这一区域由于有山有水，蕴藏着丰富的有色金属、自然风光以及山区经济资源，是发展旅游、养殖和山区特色经济的优越地区。

4. 经济区交通发达，区位优势明显

陆上交通主要是铁路和公路，横贯东西的陇海铁路横穿整个经济区，以经济区的西安、天水两个中心为端点，沿途连接咸阳、杨凌、宝鸡，宝鸡又与宝成铁路相连接，与成渝经济区相通。就西安来说，西安地处中国的地理中心，作为连接西部的重要交通要道，西安已经形成了以航空、铁

路、公路为主的现代化立体交通网络。西安铁路站是西部最大的铁路枢纽，连接陇海、西康、宁西、包西、侯西、咸铜和西户等铁路干线支线。2008年9月动工修建并于2011年6月开通运营的西安火车北客站，规划为1站3场18台34线，站房总建筑面积33万平方米，是欧亚大陆桥在中国境内重要站点，我国从北京、上海、广州、重庆等方向开往拉萨的列车必须经过西安站。如今西安站已成为连接长江流域和陇海兰新铁路两大动脉十字网架的交通枢纽，是目前我国规模第一、亚洲最大的客站。天水铁路建设近几年也步入了快车道，车站的扩建扩容，复线的建成，货运量的增加，不断强化着欧亚大陆桥上的支撑功能。2008年规划并动工修建的天水至平凉的天平铁路于2012年10月竣工，初步设想将要延伸至武都，这样就与正在建设的兰渝铁路相连接，打通黄河流域与长江流域的交通通道，进一步加强两大流域的经济社会发展的交流和往来，使关中—天水经济区与成渝经济区支撑互促的关系更加密切。

公路建设借着西部大开发战略机遇期，已初步形成了独具特色的区域公路网络，成为经济区经济社会发展的强大基础。全区有西兰公路连接西安和兰州，加强两大省会城市往来和交流。西宝高速、天宝高速、天定高速的开通，更加缩短了沿途各大城市之间的距离。西安到汉中的高速公路，不仅拉近了关中与汉中两大区域的距离，而且打通了与四川的联系。就西安而言，公路建设已经形成了以西安为中心，贯通全省、辐射周边省市的高等级"米"字形辐射状干线公路系统。以西安为中心，有公路2 800多公里，有5条国道干线通过，市区与所辖区县全部开通高速公路，通往各旅游景点的道路40多条，其中旅游专线9条。天水目前已成为陇东南公路交通枢纽，连接区内各县区，辐射陇东、陇中、陇南等周边市区公路网络基本形成。天宝高速公路连接关中，天定高速公路和天穿公路连接陇中，天平高速公路连接陇东，天江公路和国家已经批准修建的天水至徽县的高速公路连接陇南，延伸至汉中。这就形成了以天平—天江至武都为一横和天宝—天定为一纵的"十"字形公路网络体系，与陇海铁路一起共同构成欧亚大陆桥主要骨架，共同支撑着经济区经济社会发展。

经济区的航空交通形成了以西安为主、辐射区部分支线为辅的航空体系。西安咸阳国际机场是区域内最大最发达的航空枢纽，西安咸阳国际机场与68个国内城市互通航班，与11个国家和地区通航，航线有108条，年旅客吞吐量 700 万人次，货邮吞吐量 8 万吨左右。天水在近几年才开通西安、兰州两城市航空支线，西峰机场通过改建扩建已形成了一定的规模，但这些都将为将来的发展集聚着较大的潜力，也必将为经济区的发展发挥应有的积极作用。

5. 经济区腹地广阔，具有明显的资源优势

经济区以西安为中心的广大地区属大陆季风性气候，南北延伸 800 公里以上，所跨纬度较多，从而引起境内南北间气候差异明显。长城沿线以北为温带干旱半干旱气候，陕北其余地区和关中平原为暖温带半干旱或半湿润气候，陕南盆地为北亚热带湿润气候、山地大部为暖温带湿润气候。温度分布基本上由南向北逐渐降低，各地的年平均气温在 7℃—16℃。其中陕北 7℃—12℃；关中 12℃—14℃；陕南浅山河谷地带为全省最暖地区，多在 14℃—16℃。由于受季风影响，春、秋温度升降快，夏季南北温差小，冬季南北温差大。冬冷夏热、四季分明。年降水量分布南多北少，由南向北递减，受山地地形影响比较显著。春季少于秋季，冬季降水稀少，关中、陕南春季降水过程一般出现在 4 月上旬末到中旬。初夏汛雨出现在 6 月下旬后期到 7 月上旬前期，此期间，暴雨相对集中，关中、陕南地区出现洪涝灾害较多。

天水及陇东地区属温带大陆性气候，城区附近属温带半湿润气候，年平均气温为 11.5℃。年平均降水量 574 毫米，自东南向西北逐渐减少。中东部山区雨量在 600 毫米以上，渭河北部不及 500 毫米。年均日照 2100 小时，渭北略高于关山山区和渭河谷地，日照百分率在 46%—50%，春季、夏季两季分别占全年日照的 26.6% 和 30.6%，冬季占 22.6%。冬无严寒，夏无酷暑，春季升温快，秋多连阴雨。气候温和，四季分明，日照充足，降水适中。陇南气候独特，全区气候在横向分布上分北亚热带、暖温带、中温带三大类型。北亚热带包括康县南部、武都南部、文县东部，白龙江、白水江、嘉陵江河谷浅山地区。其中，白龙江、白水江沿岸河谷及浅山区，年平均气温在 12℃—14℃，积温 4 000℃—4 800℃，降水量在 600 毫米左右。属一年两热农业区。嘉陵江河谷及徽成盆地，年平均气温 10℃—12℃，积温 3 500℃—4 000℃，耕地面积约为 1 133.3 万平方千米（约 170 万亩），占全区耕地总面积的 37.8%，为两年三熟农业区。暖温带包括全区的中部、东部及南部的广大地区，海拔在 1 100 米—2 000 米之间，积温 2 100℃—4 000℃，降雨量 500 毫米—800 毫米之间，耕地面

积约 1 100 平方千米 (150 万亩), 占全区耕地总面积的 33.3%, 为二年四熟农业区。中温带包括全区的北部和西部地区, 海拔一般在 2 000 米以上, 积温小于 2 100℃, 年最低气温在 -20℃ 以下, 耕地面积约 6.67 万公顷 (100 万亩), 占全区总耕地面积的 22.2%, 为一年一熟、三年两熟农业区。

经济区生态条件多样, 植物资源丰富, 种类繁多。据全国第六次森林资源连续清查成果数据显示: 陕西现有林地 670.39 万公顷, 森林覆盖率 32.6%; 天然林 467.59 万公顷, 主要分布在秦巴山区、关山、黄龙山和桥山。秦岭巴山素有"生物基因库"之称, 有野生种子植物 3 300 余种, 约占全国的 10%; 珍稀植物 30 种; 药用植物近 800 种。中华猕猴桃、沙棘、绞股蓝、富硒茶等资源极具开发价值。生漆产量和质量居全国之冠。红枣、核桃、桐油是传统的出口产品, 药用植物天麻、杜仲、苦杏仁、甘草等在全国具有重要地位。区内草原属温带草原, 主要分布在陕北, 类型复杂, 是发展畜牧业的良好条件。天水及辐射的陇东南地区, 土壤、气候适宜多种作物生长, 有粮食作物 10 多种、经济作物 20 多种, 是西北农作物生长最适宜的地区之一, 也是我国北方最佳水果和蔬菜生产基地之一。苹果、桃、梨、核桃、花椒、辣椒、韭菜等果品和蔬菜产量大、品质优, 特别是"花牛"苹果在海内外市场享有盛誉。野生植物资源丰富, 有林木资源 2 500 多种, 出产药材、生漆等林副产品百余种, 森林覆盖率达 27.1%。境内的小陇山、关山、秦岭三大林区林地面积达 68.4 万公顷 (1 026 万多亩), 是西北最大的天然林基地之一。依托资源优势, 林果、畜禽、蔬菜三大支柱产业和中药材、花卉等优势产业形成一定规模, 发展种植业和农林产品深加工业前景广阔。天水现有森林总面积 39.33 万公顷 (589.91 万亩), 森林覆盖率为 26.5%。天然林地主要分布在东部、东南部的陇山、西秦岭和关山林区, 有木本植物 87 科 224 属 804 种, 其中乔木 312 种、灌木 437 种、藤本 55 种、常绿植物 122 种。属国家一级保护的有水杉; 二级保护的有连香树、星叶草、杜仲、银杏、大白红杉、大果青杆、金钱松、小白树、水青树; 三级保护的有秦岭冷杉、庙台槭、穗花杉、华榛、领椿木、胡桃楸、獐子松、青檀等。野生药用植物 660 多种, 其中常用药 220 多种。广阔的天然森林, 繁衍了许多珍禽异兽, 栖息着 30 多种野生动物, 有国家一类保护的羚牛、梅花鹿、金猫、云豹等; 二类保护的羚麝、马麝、白臀鹿、斑羚、石貂、水獭、猞猁、猕猴、红腹角雉、蓝马鸡、红腹锦鸡、大鲵、暗腹雪鸡、淡腹雪鸡、勺鸡、血雉、黑熊、秦岭红鳞鲑等。

第二节　关中—天水经济区发展的社会与
人文条件分析

区域经济发展离不开社会与人文条件的支持，而且社会与人文条件的优劣在一定程度上制约着区域经济的发展。在现代区域经济可持续发展过程中，社会与人文条件越来越成为一支重要的力量和不可或缺的重要资源。

一　关中—天水经济区发展的社会与人文条件的理论分析

区域经济发展的社会条件实质上是指构成区域经济发展的社会总体环境。区域经济发展本身是经济发展，但是经济发展必然有适应其发展的社会与人文环境，这些社会与人文环境在一定程度上对经济的发展起着推动的作用。就区域经济发展的社会与人文条件来讲，它是区域经济发展的客观基础，社会与人文条件的优劣直接关系到区域经济发展速度和质量，以及发展的可持续性和未来广阔的前景。社会与人文条件包括的内容相当广泛，宏观上包括教育文化、人文历史、卫生体育、社会保障、社会就业、社会政策等。这些因素在区域经济发展过程中的作用可以概括为以下几个方面：一是区域经济发展的一般要素，在经济发展中起着间接的作用，是判断区域经济发展能否发展以及发展的程度和前景的重要依据。比如教育，它不直接构成经济发展的要素，但对经济发展起着间接的基础性作用。因为区域经济发展需要各种各样的人才，而人才就需要依靠教育来获取，当一定数量和质量的人才参与到经济活动当中并创造一定价值的时候，人才就直接构成了经济发展的要素。而且经济的发展遵循着竞争的规律，区域经济发展必然会引起竞争，竞争的最终结果还是人才的竞争。二是社会与人文条件是区域经济发展的比较优势，决定着区域经济发展的方向选择及其可持续性。区域经济发展主要在于区域的选择，而区域的选择除了经济因素外，还要考虑到经济之外的社会与人文因素。比如人口资源的丰富程度、人力资源数量和质量、人们的生活方式与价值观念、历史文化的积淀、社会就业与保障实现的程度等。在人类经济活动的历史长河中，并不是那些只有自然资源禀赋优势的地方才能发展经济，或才有选择发展什么样经济的资格和理由，相反，人文与社会条件相对有优势的地方经济同样发展得很好。因此，诺贝尔经济学奖获得者、著名美国经济学家西奥多·舒尔茨有个著名的观点："经济发展主要取决于人的质量，而不是自然资源的丰瘠和资本存量的多寡。"① 三是社会与人文条件是区域经济发展的重要基础和推动经济发展不竭动力。自然资源和自然条件构成了经济发展的客观基础，人类的经济活动就是建立在此基础上的进一步创造的过程。这一创造过程不但使经济活动本身得到了进步，而且为人类社会由低级到高级的发展准备了丰富多彩的社会与人文条件。而不断进步和创新的人文与社会条件，又促使人类的经济活动不断向着更有利于人类发展的机制和体制迈进，这才真正地达到了人与自然的和谐共处，推动着人类的经济活动的可持续发展。四是社会与人文条件在区域经济发展过程中，不断校正和改进着经济发展的方向，并为经济发展提供技术进步和机制创新，使人类经济活动真正实现以人为本的科学发展。人类的经济活动就是在遵循自然规律的前提下，不断改造自然、利用自然资源的过程，而这一过程就活动本身来讲，并不能实现自身的合理优化和在保护与发展、投入与产出中做出选择，也不可能产生科学合理的运行机制和技术创新与进步，而这一切都是人的活动与经济活动结合并作用的结果。资本主义经济早期的发展给我国经济社会发展的启示之一，就是我们既要经济发展同时也要保护好赖以生存与发展的生态环境，坚持科学发展的理念，坚持走新型工业化道路。同时在社会经济运行机制上我们要把计划与市场很好地结合起来，走社会主义市场经济的道路，向市场经济要效率，同时我们要搞好宏观调控，注重社会公平。这些发展理念如果离开社会与人文条件是永远不可能获得的。

二　关中—天水经济区发展的社会与人文条件分析

关中—天水经济区无论从历史时期来看，还是从近年来的现实发展的实际来看，经济区集聚了非常优厚的社会与人文基础，这为经济区的飞速发展和实现经济区规划中预计的设想和目标，奠定了坚实的基础。

---

① 转引自聂华林、王成勇《区域经济学通论》，中国社会科学出版社 2006 年版，第 52 页。

1. 形成了比较完善的教育体系，为经济区发展奠定了良好的人力资源基础

到 2011 年年末，从经济区 7 个（杨凌除外）主要城市的基本情况看，基础教育全面发展，入学率稳定保持较高水平，经济区教育事业不断进步。普通中学 1 900 所，在校学生 172.62 万人；普通小学 8 159 所，在校学生 209.62 万人，小学、初中学龄人口入学率平均分别为 99.98% 和 95.64%。幼儿教育适应新的形势发展较快，全区有幼儿园 3 575 所，在园幼儿数为 69.1 万人。普通高等教育质量不断提高，服务经济社会发展的格局基本形成。普通高校 106 所，在校学生 80.99 万人，研究生培养单位 44 个（仅限西安市），在学研究生 8.17 万人；职业教育蓬勃发展，专业领域不断扩展并适应经济社会发展的要求。职业技术学校 310 所（包括中等职业学校在内），在校学生 55.12 万人。[①] 2010 年经济区拥有国家级重点学科 113 个、硕士点 1 414 个、博士点 560 个、博士后流动站 170 个。2009 年 8 月 25 日，西安、宝鸡、铜川、咸阳、渭南、杨凌、商洛、天水 8 个城市共同成立"关中—天水经济区城市人才合作联盟"。将在人才派遣、人才网站、高级人才寻访等领域开展合作，实现人才开放式共享，形成互利共赢的人才交流机制，将会推动经济区教育事业更上一个新台阶。

2. 科技创新能力显著提高，科技服务区域经济社会发展的局面已经形成

到 2010 年，经济区各级各类人才总量达到 312.6 万人，占总人口的 8.2%。其中：党政人才 22.9 万人，占人才总数的 7.3%；企业经营管理人才 50 万人，占人才总数的 15.99%；专业技术人才 130 万人，占人才总数的 41.58%；高技能人才 47.2 万人，占人才总数的 15%；农村实用人才 62.5 万人，占人才总数的 19.99%。每万人劳动力中研发人员 32 人，每万人中拥有大专以上学历人员 390 人，经营管理和专业技术人才队伍中具有大专以上学历的分别占到 61% 和 70%。经济区有两院院士 52 人（仅限陕西），国家级有突出贡献专家 78 人、省级有突出贡献专家 915 人、享受政府特殊津贴专家 1 789 人、入选国家"百千万人才工程"97 人。经济区拥有科研机构 1 094 家，国家级重点实验室、工程技术研究中心、专项重点实验室 155 个，国家大型科学工程和野外观察站台 7 个，国家行业

---

①　资料来源：2011 年关中—天水经济区 7 个主要地区经济社会发展统计公报。

质量监督中心、分析测试中心 43 个；省级重点实验室 76 个，工程技术研究中心 66 个，工业技术研究院 6 个；国家级、省级经济开发区和高新技术开发区 24 个，高新技术产业孵化基地 5 个，大学科技园区 3 个。获国家自然科学奖、技术发明奖、科技进步奖 50 多项，受理专利申请、专利授权量居西部之首。科技三项投入为社会总投资的 0.8%，人均研发经费内部支出规模相当于全国平均水平的 88%，特别是大中型企业人均研发经费与全国差距扩大到 12.4 万元，与西部平均水平相差 3 万元。科技活动经费筹集额和研发人员中，科学家与工程师数居西部 12 省市第 2 位，综合科技进步指数居全国第 8 位。人才竞争力在全国各省区市中居第 11 位，在西部各省区市中居第 2 位。① 由此可以看出，经济区科技队伍不断壮大，科研与开发的基础不断加强，研发投入逐年提高，科技成果及其转化速度加快，在结构进一步优化的基础上，已经形成了服务经济社会发展的强大基础。2011 年科技部、财政部关于促进高等学校科技创新能力的意见，和教育部、财政部提出重在提升高等学校协同创新能力的"2011计划"，为经济区高等院校、各级政府和科研院所以及企业不断创新研发机制，拓展协同创新合作领域，实施科技项目协同创新、上下贯通、横向联动、功能齐全的科技创新、管理、培训、示范和推广服务体系指明了方向，为科技对区域经济增长和社会发展的支撑力度进一步提升，提供了政策和制度保障。

3. 社会文化事业特色优势明显，已成为区域经济发展的重要支撑力量和强大的软实力

《规划》明确指出：大力保护历史文化遗产和非物质文化遗产。积极发展公益性文化事业，加快博物馆、文化馆、乡镇（街道）综合文化站、城镇影剧院、农村文化室等公益性文化设施建设。推进广播电视村村通、文化资源共享、农村电影放映、农村书屋等惠农工程，建立完善的城乡公共文化服务体系。加强城乡体育健身场地和设施建设，积极开展丰富多彩的群众体育活动，不断提高人民身体素质和健康水平。甘肃省人民政府关于贯彻落实《关中—天水经济区发展规划》的意见中更加明确而具体地提出：大力发展文化体育事业。加大公共文化设施建设投入，完善市县两

---

① 李忠明主编：《2011 中国关中—天水经济区发展报告》，社会科学文献出版社 2012 年版，第 73、76 页。

级图书馆、文化馆、体育馆，新建博物馆、剧院，丰富城市文化生活。加强乡镇街道文化站、村文化室、农家书屋和文化信息资源共享工程等农村公共文化服务体系建设。继续实施广播电视村村通工程和农村数字电影放映工程，提高市级广播电视节目制作水平，改善市县两级广播影视设施条件，争取将天水张家川县纳入国家广播电视西新工程。支持丝绸之路整体申遗及沿线重要遗址保护，加大自然文化遗产保护力度，支持非物质文化遗产保护，加大对濒危非物质文化遗产的抢救力度。建立古籍保护工作机制，完善古籍保护设施。加强城乡体育场地和基础设施建设，建设基层群众性体育活动场馆，大力开展全民健身活动。这些规划和政策给经济区文化体育事业的发展插上了腾飞的翅膀。到 2011 年年末，经济区加强了历史文化遗产和非物质文化遗产的保护力度，加快博物馆、文化馆、乡镇（街道）综合文化站、城镇影剧院、农村文化室等公益性文化设施建设步伐，广播电视村村通、文化资源共享、农村电影放映、农村书屋等惠农工程已经开展实施，城乡体育健身场地和设施建设出现在村头巷尾，丰富多彩的群众文化体育活动，以旧貌换新颜的姿态活跃在广大城乡的群众生活当中。比较完善的城乡公共文化服务体系正在形成，为提高人民身体素质和健康水平发挥着重要作用。截至 2011 年年底，根据不完全统计经济区 7 个（除杨凌）主要地区社会事业发展情况是：基本公共服务逐年改善，经济区全民健身器材配送工程 198 个、乡镇农民体育健身工程 732 个、社会体育指导员 46 894 名，而且各地区加紧社会体育指导员培训工作；经济区艺术表演团体 162 个，公共图书馆 69 个，文化馆 61 个，文化站 823 个，博物馆 55 个；经济区拥有电视台 48 座、广播电台 8 座，电视人口覆盖率和广播人口覆盖率，分别达 98. 49%、98. 67%。①

4. 医疗卫生事业成效显著，服务区域经济社会发展的能力明显增强

甘肃省人民政府关于贯彻落实《关中—天水经济区发展规划》的意见中明确提出：合理布局天水及陇东南 3 市医院建设，加大中医院、中西医结合医院建设力度，发挥中西医结合优势，扶持中医药事业发展。为以天水为次核心城市的医疗卫生事业的建设和发展指明了方向。经济区按照《规划》要求和党中央、国务院有关深化医药卫生体制改革的精神，进一步加大医药卫生体制改革，基本形成了覆盖城乡的基本医疗卫生制度。城

---

①　资料来源：2011 年关中—天水经济区 7 个主要地区经济社会发展统计公报。

镇职工居民基本医疗保险制度、新型农村合作医疗制度、城乡医疗救助制度、新型农村养老保险制度等制度得到进一步完善。2011 年年底：城镇职工基本医疗保险参保人数达到 631.63 万人；城镇职工养老保险参保人数达到 387.78 万人；失业保险参保人数达到 266.79 万人；工伤保险参保人数达到 219.78 万人；职工生育保险参保人数达到 159.55 万人；参加农村新型合作医疗的农民人数达到 4 332.1 万人，实际平均参合率 97.02%，覆盖率 100%；新型农村养老保险在试点的基础上，发展比较迅速，参保率均达到 92%。① 可以看出以县、乡、村三级医疗卫生服务网络和城市社区卫生服务网络为重点的基层医疗卫生服务体系建设成效显著，基本达到了建设的目的和要求。疾病预防控制体系、突发公共卫生事件应急处置体系和卫生监督体系得到了进一步加强和完善。计划生育奖励扶持政策和"少生优生"工程覆盖面广、基础更加巩固，妇幼保健机构设施建设和住院分娩补助政策落实到位，妇幼保健水平大幅提高。2010 年孕产妇和婴幼儿死亡率均降至 35.98/10 万和 8.94‰。经济区医疗卫生服务体系建设和服务能力的提高，为经济区经济社会发展和人力资源质量的提高奠定了坚实的基础。

5. 就业和社会保障水平不断提高，为经济区经济社会发展奠定了强有力的社会保障基础

经济区所在各级政府都非常重视就业与社会保障事业的发展，加大城乡劳动力转移就业和农民工技能培训基地建设，加强就业服务网络体系和劳动力市场建设以及就业援助制度建设，各级政府加大财政支持力度，加快基层社会保障服务体系、养老服务体系建设步伐，并进一步完善以养老保险、医疗保险、工伤保险、生育保险、失业保险为重点的社会保障体系建设，集中着力推进并健全覆盖城乡的社会救助体系和新农保体系以及残疾人社会保障和服务体系。这些政策措施的实施，几年来取得了良好的效果，使加快经济区发展的社会保障基础更加坚固。以经济区三个主要城市2010 年为例：

西安市城镇基本医疗保险参保人数 365.49 万人；城镇企业职工养老保险参保人数 190.12 万人；失业保险参保人数 130.51 万人；工伤保险参保人数 109.52 万人，职工生育保险参保人数 87.90 万人；参加农

---

① 资料来源：2011 年关中—天水经济区 7 个主要地区经济社会发展统计公报。

村新型合作医疗的农民人数达 387. 55 万人，实际参合率 97%，覆盖率 100% 。

宝鸡市城镇职工基本养老保险参保人数 46. 3 万人，医疗保险参保人数 48. 8 万人，失业保险参保人数 32. 04 万人，工伤保险参保人数 29. 9 万人，生育保险参保人数 12. 1 万人。城镇居民基本医疗保险参保人数 30. 20 万人，参保率 95. 0% 。新型农村社会养老保险乡镇覆盖率为 100%，45 周岁以上人员参保率 92. 1%，累计参保人数 139. 9 万人，有 33. 5 万名 60 岁以上的农民按月领取养老金。参加农村合作医疗农业人口 255. 13 万人，平均参合率 95. 8% 。领取失业保险金人数为 5 487 名。年末宝鸡市有社会福利院 3 个，县级福利中心 6 个，民办福利机构 6 个；共有福利床位 2 127 张。有 83 126 名城市居民得到政府最低生活保障、187 583 名农村居民得到政府最低生活保障。农村五保户敬老院 47 所，6 164 名农村居民得到政府五保救济。大病医疗救助 63 953 人，其中资助农村参加合作医疗 36 967 人、日常救助 17 406 人、医后救助 9 580 人；建立并顺利实施了临时救助制度，临时救助 8 655 人。

天水市全年参加基本养老、失业、基本医疗、工伤、生育五项社会保险人数，分别达 12. 64 万人、14. 98 万人、27. 18 万人、10. 8 万人、4. 1 万人。企业离退休人员 5. 98 万人，养老保险基金支出 9. 63 亿元，发放率 100% 。参加养老保险的灵活就业人员 5. 2 万人，城镇居民基本医疗保险参保率达到 99%，参加工伤保险的农民工 4. 02 万人，参加基本医疗保险的农民工 0. 77 万人。各类企业劳动合同签订率 90. 2% 。城市最低生活保障对象 4. 39 万户、10. 8 万人，累计发放低保补助资金 1. 44 亿元；农村最低生活保障对象 11. 21 万户、39. 05 万人，累计发放低保补助资金 2. 46 亿元。农村临时救济 2. 66 万人。全年城镇新增就业 5. 3 万人，下岗失业人员再就业 1. 63 万人，为有创业愿望的下岗失业人员和劳动密集型中小企业发放小额担保贷款 1. 94 亿元。单位从业人员 18. 92 万人，其中，国有单位 12. 66 万人，城镇集体单位 0. 78 万人，其他单位 5. 48 万人。单位从业人员劳动报酬 43. 58 亿元，比 2010 年增长 11. 64% 。其中：国有单位 33. 8 亿元，增长 9. 72%；城镇单位 1. 44 亿元，增长 11. 71%；其他单位 8. 34 亿元，增长 20. 11% 。①

---

① 资料来源：2010 年关中—天水经济区 3 个主要地区经济社会发展统计公报。

6. 历史文化积淀深厚，资源丰富，为经济区经济社会发展奠定了厚实的人文社会条件

经济区是华夏文明的重要发祥地，是举世闻名的丝绸之路源头和号称人类始祖的羲皇故里，历史上有 13 个王朝在西安建都，形成了独特的古都文化。因此，经济区拥有大量珍贵的历史文化遗产和丰富的人文自然资源。而这些承载着中华文化深厚历史使命的人文资源，正和着时代发展的潮流，以昂扬向上的姿态走向现代化，为经济区的腾飞和发展发挥应有的价值。陕西省省长赵永正在 2011 年 6 月国新办举行的关中—天水经济区建设情况及西咸新区规划发布会上指出：在彰显文化上，以周秦汉历史遗迹和渭北帝陵历史遗存带为依托，以有效保护、合理利用、环境融合为原则，建立历史文化保护特区，延续大都市帝陵文化、秦汉文化、古都历史三条文化带，建设国家级秦汉文化展示区和国际化大都市生态文化遗址公园，树立城市文化脉络，彰显城市文化特色。已经为经济区的利用文化资源，大力发展文化产业设计规划了宏伟蓝图。

甘肃省人民政府关于贯彻落实《关中—天水经济区发展规划》的意见明确指出：积极发展文化产业，发挥陇东南地区历史源远流长、文化积淀深厚的优势，加强对历史文化名城、名镇、名村的保护，积极发掘大地湾文化、始祖文化、秦早期文化、魏蜀吴古三国文化、石窟文化、农耕文化、民俗文化等历史文化遗产。大力弘扬现代文化，发展广播影视业、新闻出版业、文娱演出业和文化创意产业，培育具有陇东南特色的文化品牌，扶持名牌文化企业，建设文化产业基地。以天水伏羲庙、卦台山、大地湾、轩辕谷为核心，展示华夏始祖文化、轩辕文化，彰显华夏文明之源。

同时，新华网西安 2 月 7 日报道，"关中—天水经济区文化合作与发展活动"在宝鸡举行，来自西安、宝鸡、咸阳、渭南、铜川、商洛、杨凌示范区和甘肃天水市的代表，共同签署了《关中—天水经济区文化合作与发展战略框架协议》，并通过了《关中—天水经济区文化合作与发展共同宣言》，标志着经济区"七市一区"文化合作与发展战略联盟的正式建立。而且这个联盟本着立足各自的区位优势、文化产业优势和文化资源优势，进一步巩固和拓展合作领域，加强区域内文化交流与合作，建立文化合作发展战略伙伴关系，形成推动文化大发展大繁荣的合力的宗旨，将在扩大交流、资源共享、互惠互利、优势互补、利益共享、合作双赢的原

则指导下，以打造经济区文化合作大平台、构筑文化合作大网络、搭建文化展示大舞台、形成文化交流大码头、开拓文化产业大市场为目标，在公共文化服务体系建设、文艺精品创作、文化产业发展、对外文化交流、非物质文化遗产保护等多个文化领域进行交流与合作。这无疑为经济区文化资源开发和利用，把文化资源优势转变为文化产业优势，进而转化为经济资源优势创造了条件。

第三节　关中—天水经济区经济基础及 其优劣势评析

区域经济是一国内部特定地区的经济集合体，是特定地区空间范围内的经济活动和经济关系的总称。因此，区域经济具有区域性、综合性、开放性、权益性等重要特征，同时区域经济发展过程中也表现出不平衡性、存在的客观性、发展阶段性、基础继承性和层次性动态特征。综合区域经济发展的这些特征，一定的区域经济发展必然要继承区域经济社会发展原有的基础，即任何区域经济发展都必须在原有的基础上才能有更大的发展。关中—天水经济区在改革开放三十年来，尤其是国家实施西部大开发战略以来，经济社会发展进入了快速发展的阶段，并取得显著成就。但随着国际国内经济形势的变化，经济区发展面临着前所未有的历史机遇和挑战。

一　关中—天水经济区经济发展的基本状况

关中—天水经济区规划自 2009 年 6 月批准实施之前，经济区经济发展已经具备了较为良好的经济基础和发展优势，为经济区下一步的发展奠定了比较雄厚的基础和优势。

一是经济增长稳步推进。2000 年至 2007 年，经济区全区生产总值年均增长 13%，2007 年达到 3 765 亿元，占西北地区的 28.6%；地方财政收入年均增长 15%，2007 年达到 189 亿元，占西北地区的 16.3%。经济增长速度不断加快，运行质量明显提升，发展实力显著增强。人均地区生产总值接近 2 000 美元，工业化、城镇化加速推进。

二是基础设施明显改善。2000 年至 2007 年，共完成全社会固定资产投资 9 511 亿元，年均增长 23.4%，相继建成一批国家重大工程项目。区域综合交通设施日趋完善，电力、通信、市政等基础设施保障能力不断增强。

三是产业发展迈出新步伐。农业基础地位进一步巩固，现代农业快速发展。工业增势强劲，产业结构调整加快，2007 年规模以上工业增加值实现 1 271 亿元，占西北地区的 23.8%。商贸旅游业等第三产业不断壮大，所占比重明显高于西部地区平均水平。四是社会事业加快发展。基本公共服务逐年改善，教育、卫生、文化事业不断进步，社会保障体系逐步健全。人民生活水平明显提高，2007 年城镇居民人均可支配收入和农民人均纯收入均比 2000 年翻了一番。而且经济区从所处地理位置和经济社会发展积累来看，也具有再发展的优势和潜力。（1）战略区位重要。经济区处于我国内陆中心，是亚欧大陆桥的重要支点，多条铁路、公路、航线、管线在此交会，是全国交通、信息大通道的重要枢纽和西部地区连通东中部地区的重要门户。（2）科教实力雄厚。拥有 80 多所高等院校、100 多个国家级和省级重点科研院所、100 多万科技人才，2007 年研究与发展经费支出占地区生产总值比重达 2.7%，显著高于全国平均水平，科教综合实力居全国前列。（3）工业基础良好。拥有国家级和省级开发区21 个、高新技术产业孵化基地 5 个和大学科技园区 3 个，是国家国防军工基地、综合性高新技术产业基地和重要装备制造业聚集地。（4）文化积淀深厚。该区域是华夏文明重要发祥地，著名的丝绸之路源头和羲皇故里，也是 13 个王朝古都所在地，拥有大量珍贵的历史文化遗产和丰富的人文自然资源。（5）城镇带初步形成。西安特大城市对周边地区辐射带动作用明显，区域内城镇化进程不断加快。2007 年年底，经济区城镇化率达到 43% 以上，西陇海沿线城镇带已具雏形[①]。

关中—天水经济区规划自 2009 年 6 月批准实施三年以来，截至 2011年年底，经济区经济发展驶入快车道，发展的势头强劲，发展绩效非常明显，进一步为经济区的发展创造并积累了可持续发展条件。

一是经济增长迅猛。经济区 8 个主要地区生产总值逐年增长，年均增长：2009 年是 14.1%，总值达到 5 735 亿元；2010 年是 14.5%，总值达到 6 938.84 亿元；2011 年是 14.37%（除杨凌外），总值达到 8 382.86 亿元。人均地区生产总值除杨凌、商洛、天水等地区外，其余地区均超过

---

① 国家发改委：《关中—天水经济区发展规划》，2009 年 6 月。

2 000 美元。财政收入增长迅速，经济区 8 个主要地区财政收入增长情况是：2009 年财政总收入是 671.89 亿元，年均增长 25.48%；2010 年财政总收入是 940.92 亿元，年均增长 29.01%；2011 年财政总收入是 1 203.95 亿元（除杨凌外），年均增长 29.43%。地方财政收入是：2009 年达到 310 亿元，年均增长 26.97%；2010 年达到 409.17 亿元，年均增长 30.62%；2011 年达到 538.74 亿元（除杨凌外），年均增长 32.76%①。这说明经济增长速度逐年加快，运行质量明显提升，发展实力显著增强。经济区工业化、城镇化加速推进，到 2011 年年底主要地区的城镇化水平均达到 47% 以上。

二是基础设施建设步伐加快，保障能力不断加强。经济区 8 个主要地区完成全社会固定资产投资水平逐年提高，2009 年共完成全社会固定资产投资 4 983.77 亿元，年均增长 39.94%。其中：城镇固定资产投资 4 560.52 亿元，年均增长 41.70%；农村固定资产投资 385.75 亿元，年均增长 15.8%。2010 年共完成全社会固定资产投资 6 567.72 亿元，年均增长 38.1%。其中：城镇固定资产投资 5 938.4 亿元，年均增长 31.97%；农村固定资产投资 515.09 亿元，年均增长 18.63%。2011 年共完成全社会固定资产投资 7 312.53 亿元，年均增长 31.52%。其中：城镇固定资产投资 5 670.11 亿元，年均增长 32.92%；农村固定资产投资 439.99 亿元，年均增长 14.3%。固定资产投资中，以交通运输、仓储、邮政业、信息传输服务业、电力燃气水生产供应业、水利、环境和公共设施管理业为主的基础设施完成投资增长较快，国家重大工程项目逐年增加，投资力度逐年加大，区域综合交通设施逐步完善，基础设施保障能力不断增强。

三是区域产业发展步伐加快，产业结构更加合理。农业是国民经济的基础，更是区域经济的基础，农业的基础性地位更加稳固，现代农业发展势头强劲。工业投资逐年提高，产值增势强劲。商贸旅游业等服务业投资力度逐年加大，所占投资比重快速提高，效益稳步提升。经济区 8 个主要地区三次产业投入大幅提高，经济效益明显改善，产业结构日趋合理。截至 2011 年年底，第一产业完成投资 240.82 亿元，比 2010 年年均增长 41.21%；农业增加值 869.69 亿元，比 2010 年年均增长 7.3%。第二产业

---

① 资料来源：2011 年关中—天水经济区 7 个主要地区经济社会发展统计公报。

完成投资 2 230.72 亿元，比 2010 年年均增长 33.19%；全年完成工业总产值 3 263.16 亿元，比 2010 年年均增长 19.3%；规模以上工业增加值 2 923.22 亿元，比 2010 年年均增长 22.1%。第三产业完成投资 4 368.61 亿元，比 2010 年年均增长 31.27%；第三产业增加值 3 329.18 亿元，比上年年均增长 12.46%。

四是人民生活日新月异，基本条件改善成效明显。经济区人民生活水平明显提高，全经济区 7 个主要地区（除杨凌外）城镇居民人均可支配收入最高西安市为 25 981 元，最低天水市为 13 051 元，全区平均为 19 778.57 元，扣除价格因素，比 2010 年实际平均增长 14.37%；农民人均纯收入最高西安市为 9 788 元，最低天水市为 3 266 元，除杨凌全区平均为 6 004.14 元，扣除价格因素，实际平均增长 22.26%。城镇居民人均住房建筑面积平均 32 平方米左右，农村居民人均住房面积平均 37 平方米左右①。

五是经济区旅游自然资源和人文资源丰富，开发利用价值和经济潜力巨大，景区基础设施建设和管理规范化步伐加快，发展势头强劲，成效显著，已成为经济区独特的发展力量和经济增长点。2010 年，经济区（包括辐射区）15 个地区共接待国内外游客 17 736.91 万人次，实现旅游综合收入达到 931.85 亿元，平均增长率分别是 31.6% 和 33.3%。2011 年，经济区（包括辐射区）14 个地区（除杨凌）共接待国内外游客 23 275.95 万人次，平均增长率为 27.8%；实现旅游综合收入 1 393.21 亿元，平均增长率为 38.16%②。

六是经济区国内经济贸易平稳推进，外贸经济发展稳中求进。2011 年经济区 7 个主要地区全年社会消费品零售总额 3 199.87 亿元，比 2010 年平均增长 14.44%。全年外贸进出口总额 146.51 亿美元，比 2010 年平均增长 32.40%。其中：出口 70.12 亿美元，比 2010 年平均增长 32.29%；进口 76.39 亿美元，比 2010 年平均增长 13.53%③。

七是经济区交通基础设施建设步伐加快，邮电事业发展迅速，覆盖城市和农村广大地区，为区域经济发展奠定了信息化基础。2011 年陕西省公路总里程达到 15.2 万公里，2007—2011 年新增高速公路 2 157 公里，

---

① 资料来源：2011 年关中—天水经济区 7 个主要地区经济社会发展统计公报统计得出。
② 资料来源：2011 年关中—天水经济区 14 个主要地区经济社会发展统计公报统计得出。
③ 资料来源：2011 年关中—天水经济区 7 个主要地区经济社会发展统计公报统计得出。

年均增长 400 公里以上。甘肃省公路总里程达到 12.6 万公里，近三年高速公路建设项目增加较快，其他等级公路基本实现建设目标。陕西省邮电业务总量达到 347.9 亿元，百人拥有电话 98.4 部；甘肃省邮电业务总量达到 195. 亿元，百人拥有电话 87.6 部。尤其是在公路建设中，乡镇级实现了 100% 的通车，村级公路硬化达到 95% 以上。农村中手机拥有量逐年增加，互联网在农村发展中的作用明显增强[①]。

八是金融业发展平稳，证券业波动较大，保险业发展迅速，成为经济社会发展的坚强后盾和稳定器。2011 年经济区 7 个主要地区：金融机构人民币各项存款余额 15 402.27 亿元，比 2010 年平均增长 15.8%；金融机构人民币各项贷款余额 7 919.48 亿元，比年平均增长 18.71%。其中：短期贷款 2 170.57 亿元，随着经济大环境的波动影响，有些地区增长，但有些地区下降，比 2010 年平均增长 3.45%；中长期贷款 7 548.91 亿元，比 2010 年平均增长 25.01%。证券市场各类证券成交额由于没有统计数据无法统计，但受经济发展和金融危机的影响，变化较大。经济区共有保险公司 300 多家，实现保费总收入 279.98 亿元，比 2010 年平均增长 13.7%[②]。

经过三年的发展，经济区区位战略优势更加突出，教育科技实力及创新能力明显增强，现代农业发展更加成为农业农村增长和发展的新亮点，工业经济在良好基础上创新发展思路、提升创新能力，实现跨越式发展的能力更加强劲，主力军作用发挥更加明显。文化产业在"大发展、大繁荣"的政策鼓励和支持下，在经济区提出"彰显华夏文明"的战略指引下，在传承创新中已成为经济社会发展新的增长点，古老的华夏文明又一次为国家的复兴、区域的发展显示出神奇的魔力。

二 关中一天水经济区经济发展优劣势评析

关中一天水经济区规划批准实施三年来，经济区经济发展有了显著的进步，在某些方面发展势头迅猛，出现了引领区域经济发展的许多亮点，为经济的可持续发展奠定了坚实的基础。但是，与经济区发展的远景目标和国内其他经济区相比还存在着许多制约因素，只有认真科学地分析这些

---

①　资料来源：2011 年甘肃、陕西两省经济社会发展统计公报。

②　资料来源：2011 年关中一天水经济区 7 个主要地区经济社会发展统计公报统计得出。

制约因素，才能变被动为主动，变不利为有利，变劣势为优势，更好地实现区域经济的全面协调可持续发展。

1. 区域经济总体上发展势头强劲，优势明显

区域经济总体上发展势头强劲，优势明显。但由于自然环境的禀赋和历史积淀的阶段性造成了区域经济发展的不平衡，这种不平衡将会在一定程度上影响区域经济发展的整体质量和水平。从目前来看，经济区内部关中平原由于自然环境禀赋的特殊性和发展过程的历史阶段性，使得这一地区发展较快，陕北黄土高原区和陕南丘陵沟壑区，以及以天水为次中心的陇东南地区相对发展比较缓慢。就经济区中心城市的发展情况来看，西安市基本上占据了一市独大的区域优势，在整个区域经济发展中处于领先地位，尤其在关中地区更是居于群龙之首，而且随着大关中战略和西咸一体化战略的实施，这种区位优势会更加明显和巩固。从经济区主要地区的各项经济社会发展的指标完成情况来看，西安在各项经济发展指标上都处于领先地位。从区域经济发展的区位优势理论来看，西安在自然优势、人文优势、经济优势、技术优势和政策优势都优越于其他地区；在经济优势方面，西安的资本优势、产业优势、产品优势、规模优势、基础设施优势、市场优势、企业组织结构优势以及经济效益优势更是独领风骚。当然，在区域经济发展中，区域中心城市的发展优势并不是一件坏事，相反是一件好事。从区域经济发展的整体看，似乎造成了区域经济发展的不平衡，但是，也充分说明西安在整个区域之中的引领和带动作用。因此，我们在认识了这种不平衡之后，既要看到整个区域经济发展与其他区域发展的差距，也要看到区域内部经济发展的差距。在区域经济发展中平衡是一种常态，而不平衡是现实的是动态。所以，经济区各级政府在今后的发展战略的制定上，一定要把区域经济协调发展战略放在首要位置：一方面要维护区域中心城市发展的带动和引领地位，在怎样尽快融入经济区这个问题上下功夫，在加快自身发展中缩小差距；另一方面作为中心城市要在加快自身发展的过程中，要把辐射和带动战略放在首要位置，在怎样发挥好辐射带动功能上下功夫，通过辐射和带动战略的实施进一步提升周边地区的发展。只有这样整个经济区才能真正实现区域协调发展。

2. 资源优势转化为发展优势的体制机制尚未形成，经济竞争力还有待提高

经济区腹地广阔，集聚了各种经济发展的资源，资源优势明显，但资

源开发利用效益还不明显，资源优势转化为发展优势的体制机制尚未形成，经济竞争力还有待提高。区域经济资源的多寡与优劣对区域经济发展具有极大的决定性影响，尤其对于依赖性非常高或相关度非常大的行业或产业来说，资源的禀赋状况直接决定着行业发展的水平和产业发展的程度。关中—天水经济区地处内陆西部的东部门户地带，东西有陇海铁路贯通整个经济区，围绕沿线站点向北向南形成了比较稠密而发达的铁路、公路交通网络，交通运输优势明显。南北横跨黄土高原区、关中平原区和南部丘陵区，地质构造复杂，气候条件多样，资源禀赋丰富，资源比较优势相对优越。关中—天水经济区是中华民族发祥最早的地区之一，以伏羲、轩辕、女娲为代表的"三皇"文化和以秦人早期活动为代表的先秦文化，遍布整个经济区，在今天文化大发展大繁荣的历史机遇期，成为了经济区独具特色的文化产业发展资源。以西安为中心的现代教育成为经济区人才资源产出的源泉，各级各类人才源源不断地流向经济区经济建设的各条战线，发挥着不可替代的作用。

但是，与其他经济区相比，由于经济区发展处于初期阶段，各方面资源开发与利用的体制机制还不健全，区域经济发展规划对于各方面资源开发利用具体规划正在制定和完善之中，联合开发、协同发展、取长补短、互促共进的区域发展机制正在形成。正因为这样，使得资源优势转化为发展优势的步伐有些缓慢，经济发展的效益和竞争力还没有真正发挥出来。因此，在今后的发展中要充分发挥资源优势战略，走区域协同发展的路子，争取实现区域和谐发展。

3. 科技进步促进了产业结构升级和产业竞争力提升，但还有很大提升空间

随着经济区的发展和科技进步加快，在总体上储备了促进产业结构升级和提升产业竞争力的基础和能力，但是对整个经济区经济发展的水平和质量的贡献上还有很大的提升空间。美国发展经济学家索罗 1956 年在其著名的经济增长模型中证明了："只有储蓄但没有技术进步的经济不可能实现永久增长，增长率存在上限，也许在某个较高的收入水平上经济出现停滞。"[①] 他提出这一经济增长模型的第二年，以美国 1909—1949 年为例

---

① 转引自聂华林、王成勇《区域经济学通论》，中国社会科学出版社 2006 年版，第 61页。

进行统计计算，得出美国经济增长的 80% 源于技术创新。他进一步分析指出："从长远的角度来看，不是资本的积累与劳动力的增加，而是技术进步才是经济增长的决定因素；由于技术进步的存在，使资本劳动比率保持不变，资本边际收益不断提高，保证人均资本积累过程的持续和人均收入的持续增长，因而技术进步是长期经济增长的决定因素。"[①]

关中—天水经济区所拥有的科技实力和科技创新机构以及科技人才，都已具备为经济发展提供提升技术进步贡献率的基础和能力。2000—2010年，关中—天水经济区第一产业的平均技术进步贡献率为 14.2%，第二产业的平均技术进步贡献率为 23.2%，第三产业的平均技术进步贡献率为 11.5%。可以看出，技术进步贡献率第二产业为最大，第一产业次之，第三产业最小[②]。但是，与其他经济增长要素如资本、劳动力贡献相比相对较低，这一方面与我国区域经济发展依靠投资拉动有关；另一方面也说明提高技术进步贡献率对于经济区经济发展的必要性和重要性，也充分说明提升区域技术进步贡献率还有很大的空间。

自经济区发展规划实施以来，各地区在加快技术创新的同时，提出了主导产业发展的战略重点。西安提出建设国际现代化大都市的目标，创新能力有新提升，基本建成以西安为中心的统筹科技资源改革的示范基地、新材料基地、新能源基地、先进制造业基地、现代农业高技术产业基地；杨凌提出打造全国现代农业高新技术产业基地，依托科技推动农业产业化发展；商洛提出以发展商贸、旅游和体现人文特色产业为主，利用矿产、农产品、中药等生态资源发展现代产业；渭南提出加强与西安的沟通及产业上的分工与协作，提升农业、化工和装备制造业水平；宝鸡提出抓住机遇，率先做大做强文化旅游产业集群；铜川提出打造现代建材业为主导的新型工业化城市，构筑经济区能源、建材、农副产品加工和特色旅游基地；天水提出力争成为经济区内重要的区域交通枢纽、装备制造业集聚城市和旅游目的地，发展装备制造业、现代设施农业、商贸旅游和文化产业。这些提法充分体现了各地区以技术进步推动产业发展技术推动战略。因为技术进步对产业结构优化升级具有强大的推动作用。

---

① 丛林：《技术进步与区域经济发展》，西南财经大学出版社 2002 年版，第 151 页。
② 李忠明主编：《2011 中国关中—天水经济区发展报告》，社会科学文献出版社 2012 年版，第 38 页。

4. 以西安为中心的人才资源基地已经基本形成，但仍存在明显差距

经济区人力资源的基础比较好，以西安为中心的人才资源基地已经基本形成。人力资源的基础是人口资源，就经济区人口资源来看，经济区总人口为 2 842 万人，按经济区面积 7.98 万平方千米计算，人口密度为 356 人／平方千米，60％的人口集中在关中地区，而关中地区正是经济区人力资源聚集的地区，优势非常明显。但对经济社会发展做出贡献的是人力资源即人才资源，一定的人口资源只有转化为人力资源才能对经济社会发展起到促进作用。就经济区人力资源来看，各级各类人力资源比较丰富，总量达到 312.6 万人，占总人口的 8.2％。但是仍存在着总量不足、素质不强、投入缺乏、配置不合理、健康令人担忧和结构性矛盾突出等问题。最能体现人力资本贡献率的高层次人才，虽有一定基础并初具规模，但经营管理人才、专业技术人才、高技能人才以及农村实用人才等无论从总量看还是从所占总人口的比重看还不能适应经济区"一高地、四基地"发展的需要，而高层次人才的缺乏在一定程度上延缓或降低了对经济发展的贡献率。人力资源在区域经济发展中的作用及其贡献虽然比较明显，但与区域经济社会发展的现实需要和未来愿景相比还存在一定的差距。所以人口资源转化为人力资源的任务相当紧迫而且意义重大。

联合国教科文卫组织的研究成果显示，劳动生产率与劳动者文化程度呈现出高度的正相关，与文盲相比，一个小学毕业生可以提高劳动生产率43％，中学毕业生提高108％，大学毕业生提高300％[①]。因为人力资本的投资在一定意义上可以提高劳动力素质，人力资本投资持续提高并延续层次越高，人力资本的贡献率就越大。对经济区而言，在比较好的人力资源的基础上，继续加大人力资本的投资，不断提高劳动者的知识水平、科技文化素质、身体素质和健康水平，对于提高经济区劳动者整体素质和质量是非常必要的，因为它会源源不断地为经济区的经济社会发展提供不竭的创新动力。对高层次人才的投资更是人力资本投资的关键和重点，按照舒尔茨的推算，投资大学教育增加的劳动生产率是投资小学教育所提高的劳动生产率的6.7倍。因此，经济区在人才培养方面，一定要走人才强区战略，在现有高等教育发展的格局下，要积极拓展办学思路，在稳定规模的基础上，加大人才资源培养深度和广度，适应新的高等教育发展的形势，

① 转引自聂华林、王成勇《区域经济学通论》，中国社会科学出版社 2006 年版，第 50 页。

走协同创新之路，不断提高创新能力，为经济区的发展培养更多更好的高层次人才。因为，"高层次人才的培养是区域经济发展的根本所在，不论现在我们的技术能力多么低，自主创新的水平有多么差，只要我们把这个问题一代一代地抓下去，培养自己的高层次人才，区域的经济发展就有根基"①。

5. 旅游资源丰富，特色鲜明，但一体化程度差

发展旅游经济成为经济区发展的重要的增长极，随着文化产业发展与旅游经济的联姻，更加突出了旅游经济的特色和发展的可持续性，旅游经济成为区域经济发展增长极的作用和地位更加稳固。但经济区刚开始运行还未形成统一规划、统一市场、统一行动的局面，旅游产业一体化发展的体制机制还需进一步加强和完善。在经济区规划实施三年来，旅游经济按照《规划》要求，在基础设施建设、旅游资源开发、精品景区和旅游线路开拓、服务功能提升、管理机制创新等方面取得了社会公认的成就，旅游经济持续增长，开创了良好的新局面。但是旅游产业发展不平衡、景区环境保护欠佳、历史文化产业开发投资不足、统一规划和组织领导尚未形成等问题依然存在，严重影响文化旅游产业的进一步发展。今后要使旅游经济真正成为经济区发展的亮点，进一步提升旅游经济对区域经济增长的贡献率，就必须实施经济区旅游产业一体化发展战略。这一战略要求加大经济区旅游产业发展统一规划和组织领导，优化经济区旅游产业市场开发与管理，提升旅游产业基础设施建设质量和服务水平，创新文化旅游产业经营管理理念，以立法的方式加大旅游环境和旅游市场治理与整顿，加大旅游精品景区和线路优化设计以及宣传力度，加强区域协作促进共同发展。这样才能把经济区建设成为真正的"国际一流的旅游目的地"。

6. 基础设施建设步伐加快，仍有较大发展空间

经济区基础设施建设步伐加快，在促进区域经济社会发展中的地位和作用显著提高，已成为承载经济良好运行和提升经济发展质量与水平的重要支撑。但是由于历史原因和现实发展的需要，与其他经济区相比对经济区未来发展前景的实现还有一定的差距。基础设施既是区域经济发展的承载基础，又是区域经济社会发展的动力基础，更是集聚经济和规模经济发展的根本保障。因此，基础设施建设的好坏、素质的高低、承载力的大小

①　丛林：《技术进步与区域经济发展》，西南财经大学出版社 2002 年版，第 389 页。

以及与区域经济社会发展相适应的程度，在一定程度上影响着区域经济发展的水平和质量。

就经济区而言，交通基础设施截至 2010 年年底，公路总里程达到 110 990.78 公里，等级公路达到 84 310 公里，高速公路达到 1 783 公里①。基本形成了以陕西为主的"米"字形和以天水为主的"干"字形公路主骨架，并成为欧亚大陆桥在我国境内的重要集散地和承担西部大开发中心区域的主要交通通道。铁路根据加密路网、扩大运能、强化枢纽的建设要求，在"两纵五横四枢纽"的基础上，建成"两纵五横八辐射"的铁路网络，形成以西安、宝鸡、天水为主要枢纽的通东贯西、连南接北、外联内覆的开放式格局。航空交通发展态势迅猛，在原有基础上改建天水、庆阳机场，陇南机场已规划立项，宝鸡、商洛等支线开工建设，西安咸阳机场扩建加密工程加快建设，基本形成了以西安为中心连通区域内主要城市、国内外重要城市的航线达到 200 多条的航空网络。但是目前的这种交通基础设施与其他区域相比、与经济区宏伟目标规划相比，还存在着总体规模小、分布不均衡、等级层次低、运输能力受限、投入大耗能高污染重，以及信息化程度低和技术装备水平不高的问题。

水利是国民经济的命脉。就水利基础设施建设来看，水利基础设施建设投入逐年增加，农业灌溉设施逐步完善，防洪减灾、水土保持功能增强。但是，由于经济区位于生态环境脆弱的西北黄土高原和地质自然灾害频发的南部丘陵沟壑区，尤其是渭河中下游贯穿整个经济区。防洪减灾，水土保持的任务相当紧迫而繁重。

就能源基础设施建设而言，经济区基本的能源资源是南水北煤，北部成为以煤化工业为主的能源动力基地，南部成为以水力资源开发为主的能源动力基地。在国家电网建设步伐加快的背景下，这种自然而成的能源动力格局成为经济区经济发展的具有独特优势的动力基础。但是也存在着北部污染严重，南部以水力资源为主的清洁能源开发不足，共同制约着经济区经济社会发展。因此，在为经济区经济社会发展提供不竭动力的同时，北部要走低碳经济发展的路子，加大低碳技术的开发利用，改造优化火电站项目，加快淘汰小火电机组，治理环境污染，为经济区经济发展及发展

---

① 李忠明主编：《2011 中国关中—天水经济区发展报告》，社会科学文献出版社 2012 年版，第 123 页。

方式转变走出一条生态经济之路。南部要加大水力等清洁能源的开发和利用，形成南北合力，共同为经济区经济社会发展提供高效优质的能源动力。

就市政基础设施建设来看，经济区各个城市市政基础设施建设力度加大，支撑经济发展的基础和格局已经形成，城市形象得到显著改善。生态经济、循环经济等观念深入人心，成为各级政府加强经济决策与管理的首要理念，顺应时代发展要求，大力淘汰落后产能，加大污染企业的治理力度，城市生产生活环境明显改善，集中供暖、公共污水垃圾处理、道路供水排水等民生设施服务有了较大改进。但是也存在着：追求市政建设的规模化，而忽视建设的人本化；重投资轻管理，致使投资效益不显著；公共基本服务均等化观念深入到管理者、领导者心里的道路还任重道远等问题。尽管存在这样那样的问题，这些都是发展中的问题。只要各级领导本着以人为本的执政理念，团结带领广大人民群众，坚持科学发展观，群策群力，经济区发展规划筹划的目标一定能够实现，经济区的明天一定会更加美好。

第 二 章

关中—天水经济区的历史形成及其文化生态背景

关中与天水地区山水相依、风俗相近，文化相融，无论在自然还是人文上都非常相似并有着紧密的联系，因而同属一个文化区和经济区。在自然条件上，关中和天水地区同属黄河流域和黄土高原地区，黄河最大的支流渭河横贯天水和关中地区，共同养育了秦陇儿女。从人文条件来看，在行政区划上先秦的雍州、秦汉时的秦地、唐代的关陇、宋代的秦凤路、元朝和明代的陕西省，关中与天水都在一个行政区，或属于同一政治文化集团，所以，"关陇""秦陇"常常连称，为人们耳熟能详；在军事上关中西以陇山为屏障，天水为外围，唇齿相依，故有"关中，天下之上游，秦州，关中之上游"之称；在经济上由关中到陇右正处在由农业区向半农半牧区过渡的地带；历史上，早自秦人崛起陇右，继而入关称霸以来，关中与天水就从政治、军事、经济、文化诸方面逐步融为一体，并形成了具有相同或近似特征的秦陇文化。

第一节 关中—天水经济区的历史演变

由于相同或相近的自然与人文条件，关中—天水很早就成为一个区域单元和经济区，虽然经济区在长期的演化发展中，在政区上和地域集团上两者有分有合，但在经济上始终既互补又一体，从而在中国历史的发展中和对西北的统御与经营中，发挥了重要作用。

一 关中—天水经济区的形成

从新石器时代开始，关陇地区就属于同一人类文化集团，这里是西羌集团的大本营和根据地，虽然后来关中地区成为周人及其政权的核心区，而陇右天水则为羌戎的分布区，但是彼此的联系和交流又为中华民族的形成壮大和文化的创新不断注入养料与活力。周人兴起于陇东，进入关中建立了政权；秦人兴起于天水，入关之后迅速崛起，从此，关中与天水就紧紧地联系在一起而成为一个经济区和文化区。

作为周、秦王朝早期兴起和建国之地，关中、天水一带俱为《禹贡》雍州之地。关中周原、丰、镐为周人建都之地；汧渭之会、平阳、雍、泾阳、栎阳、咸阳都曾先后为秦人建都之地；而天水之西犬丘、秦邑亦为秦人早期居邑和建都之地。正是先后在周人、秦人的长期经营下，关中地区不仅得到较为充分的开发，而且也成为我国最早形成的农业经济区，西周、秦国的强大与繁荣，秦国扫灭六合统一中国，都与建都关中和关中地区经济发达密不可分。

天水隔陇山与关中相连，这里正是我国传统的农耕区乡畜牧区过渡的地带，既宜畜牧，也可农耕，是典型的半农半牧区。在秦人的长期开发经营下，天水地区农、牧经济都得到发展，尤以畜牧业发达而著称于世。在秦人兴起、建国和崛起发展过程中，天水所在的陇右地区，一直以养马业发达而成为秦国的战马产地。在秦人强大和完成统一的进程中，关中发达的农业，天水等陇右地区源源不断的战马供应，成为其争霸和扫灭六国的重要物质基础。

秦武公十年（前688年）"伐邽、冀戎，初县之"①。邽、冀二县治所即在天水市辖区。第二年武公在关中又"初县杜、郑"，此为秦人创设政区和置县之始。由此，关中、天水地区随着秦孝公时商鞅变法推行县制和秦始皇统一中国后实行郡县制而置于其政区管理之下。

关中—天水经济区正是春秋战国以来的秦人故地，也就是后代以"秦地"相称的核心部分。在司马迁笔下，关中、天水和巴蜀这一秦统一前的秦人故地，被看作是与关中连为一体的一个区域。《史记·货殖列传》把关中、天水划在四大经济区的山西部分，又将巴蜀、天水等地与关中作为一个整体即秦人故地而加以论述，认为关中"隙陇蜀之货物而多贾"，凭借周、秦、汉的都城优势，关中成为"四方辐凑并至而会"的所在。"天水、陇西、北地、上郡与关中同俗，然西有羌中之利，北有戎翟之畜，畜牧为天下饶。……唯京师要其道。"在班固看来，关中、天水

---

① 《史记》卷五《秦本纪》，中华书局1982年版，第182页。

既是秦地的组成部分，又同在山西。按其所论，秦地包括关中、天水、巴蜀等地，关中与天水风俗相近，都具有鲜明的尚武风俗，所以，"秦、汉以来，山东出相，山西出将。秦时将军白起，郿人；王翦，频阳人。汉兴，郁郅王围、甘延寿，义渠公孙贺、傅介子，成纪李广、李蔡，杜陵苏建、苏武，上邽上官桀、赵充国，襄武廉褒，狄道辛武贤、庆忌，皆以勇武显闻。苏、辛父子著节，此其可称列者也，其余不可胜数。何则？山西天水、陇西、安定、北地处势迫近羌胡，民俗修习战备，高上勇力鞍马骑射。故《秦诗》曰：'王于兴师，修我甲兵，与子皆行。'其风声气俗自古而然，今之歌谣慷慨，风流犹存耳。"① 这里虽然主要是说天水等地尚武风俗盛行，但其中所列举的著名将领也包括关中，则在汉代人们显然将关中与天水等地不仅视作秦人故地，而且也认为是同一个风俗文化区。

由此可见，关中—天水经济区在经济、文化、政区、风俗诸方面，早自先秦以来就一直有着紧密的联系，而且随着时间的推移，相互间的联系愈益深广。作为周秦故地，周人立国创制开发于前，秦人崛起经营整合于后，使该地区成为先秦时期一个重要的经济区和文化区。经过秦汉时期的进一步开发经营，作为一个区域经济体，其作用和地位则更为重要。

二　关中—天水经济区的演变

政区分合是一个经济区演化发展最显性的标志。秦汉以后，关中—天水经济区随着不同时期政治、军事和民族关系的变化，也经历了一系列的分合演化，并在不同阶段显示出不同的特点。

秦始皇统一中国后，在全国推行郡县制，首都咸阳所在的关中地区，为内史辖区，天水属陇西郡所辖。西汉置州之后，关中为司隶校尉部统辖，下设京兆尹、左冯翊、右扶风三郡，天水分属凉州刺史部陇西、天水二郡。三国鼎立之际，关中、天水均属雍州。其时，随着羌人内迁关陇和魏蜀相争，关中—天水地区成为魏蜀对峙的前沿和主战场。西晋统一后，关中地区为雍州所辖，天水一带属新设的秦州领地及州治所在。进入十六国动荡时期，关中、天水一带成为各霸主争夺角力的战场，前赵、前秦、后秦均占有关陇地区。南北朝时期，北魏、西魏、北周相继统治关陇一

---

① 《汉书》卷六九《赵充国传》，中华书局 1982 年版，第 2999 页。

带。隋时关中设有京兆、冯翊、扶风三郡，天水为天水郡辖区并占有陇西郡一隅。唐初关中为关内道所辖，后设京畿道辖关中同州、华州、岐州、陇州诸州和京兆府诸地；天水为陇右道管辖，占有秦州全州和渭州一隅。北宋关中东部三州一府为永兴军所辖，关中西部陇州、凤州和凤翔府，天水之秦州为秦凤路辖区。金大定年间，该区州府与北宋大体一致，唯关中新设乾州。该区分别为京兆府路、凤翔路和庆原路辖区。元朝建立后，该区俱在陕西行省辖区，明代依然，清代陕甘分省，关中为陕西之同州、西安、凤翔三府，天水一带为甘肃省秦州和巩昌府辖区。

从历史上的政区演化来看，天水与关中地区的二级政区变化不大，相对稳定。在一级政区的归属上，除了宋、元、明时期同在一个大行政区之外，其他时期基本上分属于不同的行政区。但是，由于关中与天水同在西北、相互毗邻，相同的地缘因素和地处边地、命运攸关的军事形势，却使两者紧密地联系在一起。从汉魏时期的氐羌分布区，到十六国时期同一割据政权对该区域的统辖，再到隋唐时期的关陇集团的活跃政坛，都显示出本区域内在的联系十分紧密。一方面，作为中原王朝的西北国防前沿，关中特别是天水及关中外围，正处于我国古代农牧民族、农牧经济的过渡带，农牧民族长期的交错分布，这里成为民族融合的主要舞台，也是农牧文化交融汇通的源地。这种人文环境和文化氛围，既为本区域所特有，也为中原王朝文化发展和社会进步源源不断注入新鲜血液和养料。另一方面，从秦汉到隋唐，关中西部及天水一带始终是中原王朝重要的国家牧场和战马输送基地，这在唐代表现得最为典型。唐前期在陇右"秦渭二州之北，会州之南，兰州狄道之西"的"东西约六百里，南北约四百里"的广大地区设置牧场，由陇右群牧使管辖经营①。至唐代后期，"自长安至陇西，置七马坊，为会计都领。岐、陇间善水草及膏腴田，皆属七马坊。"② 史称"秦汉以来，唐马最盛"③。不仅如此，唐朝前期陇右农业垦殖也有显著发展，史称从长安"自安远门西尽唐境万二千里，闾阎相望，桑麻翳野，天下称富庶者无如陇右"④。这是历史上关陇地区农牧经济发展的辉煌时期。可见，关中作为国都所在，为富庶的农业经济区，而其外

① 《元和郡县图志》卷三《关内道·原州》，中华书局 1983 年版，第 59 页。
② 《唐会要》卷七二《马》，文渊阁四库全书本。
③ 《新唐书》卷五十《兵志》，中华书局 1975 年版，第 1335 页。
④ 《资治通鉴》卷 216《唐纪》第三十二，文渊阁四库全书本。

围以及陇右一带，作为半农半牧经济区和战马产地，与关中在经济上的互补性很强，从而在服务国都安全和促进经济社会发展上紧密结合起来，共同构成一个政治上一体、军事上唇齿相依、经济上互补、文化风俗上大同的经济区。

唐代中后期是关中—天水经济区发生转折的关键点。安史之乱发生后，陇右、河西精兵东调勤王，防御空虚，吐蕃乘机攻陷陇右，天水等地遂为吐蕃占有，陇右作为国家战马基地的历史由此结束。中经 80 余年，唐王朝渐次收复天水等地，但是，原来作为国家牧马基地的"监牧使与坊皆废"。政府反而大力鼓励民间开垦久已荒芜的牧场，将秦、原、安乐等"三州七关地庾衍者，听民垦艺，贷五岁赋，⋯⋯四道兵能营田者给牛种，成者倍其资饟，再岁一贷，⋯⋯兵欲垦田，与民同"①。进而还对民间新垦土地"五年不在税限，五年之外，依例收税"②。这一措施不仅助长了民间垦荒之风，更为严重的是由此民间百姓为了逃避纳税，对新开土地只在五年免税期耕种，五年之后再开新荒。这样周而复始，遂致草场荒地屡垦屡废，牧地退化，终致陇右失去了作为国家牧场的基本条件。这在关陇经济发展进程和陇右开发史上是一个转折点事件。从此之后，陇右不仅失去了中原王朝作为国马重地的地位，而且，自先秦以来一直与当地生态条件相适宜的半农半牧生产方式和经济形态由此打破，复经宋元时期的推波助澜，陇右地区逐步成为以农为主的单一经济区。虽然宋代在陇右等地的茶马互市，明代在陇右设立监牧，但其重要性已与汉唐时期不可同日而语。

北宋建立后，关陇地区为永兴军路和秦凤路辖地，宋与西夏对峙的严峻形势，使关陇地区成为北宋经营西北国防、防御西夏的前沿，也因此将关中与天水地区紧密地联系起来。为了加强对西夏的防御，北宋曾在神宗庆历年间设秦凤、泾原、环庆、鄜延四路（史称"陕西四路"）统一协调和防御西夏。这种战时的军事布防，进一步强化了关陇地区的政治、经济联系，并将关陇地区纳入国家的战时经济体系。如陕北、陇右天水等地的番兵弓箭手战时作战，平时垦田种地，大量闲田乃至山坡地被广泛垦殖。但是，由于宋代以来关中国都地位丧失，特别是随着中原王朝政治、经济

---

① 《新唐书》卷五〇《兵志》，中华书局 1975 年版，第 6104 页。
② 《唐会要》卷八四《租税》，文渊阁四库全书本。

重心东移南迁，西北边防区域的外移，加之气候的持续变冷变干，关陇地区的政治、经济地位开始下降。宋元时期，这里在民族贸易和通过丝绸之路与西域胡商间的贸易活动规模不小，成为中原与少数民族、域外贸易的主要中转基地。

明清时期，随着关陇地区人口的增加，特别是以汉族为主、多民族杂居格局的定型，当地以农业经济为主的开发模式得到巩固。关中地区作为传统的农耕区，伴随农业技术、农田水利、品种改良的进步和劳动力资源的提升，农业经济不断取得新的进步，成为西北地区最为富庶之区。天水地区自唐宋以来农牧兼益的开发模式逐渐被以农为主的单一模式所代替，其经济优势也不复存在。加之环境恶化、水土流失、自然灾害频发和人口增长，经济开发走上了"越穷越垦，越垦越穷"的恶性循环之中。虽然天水地区与关中地区在经济上的互补性依然很强，但是其在关陇地区的地位则进一步下降。自清以降，虽然由于分省管辖和省域经济圈的形成，关中与天水区际间的行政联系趋于弱化，但是，千百年来基于地缘优势，特别是相同的地域文化和共同的风俗习尚，两地的民间联系和经济互补不是削弱，而是随着现代交通通信的发展而更加紧密。这正是今天构建关中—天水经济区最重要的文化背景和人文基础。

第二节 关陇文化的历史考察

关陇地区的地域文化自史前肇始之时，就属于一个文化区，在此基础上，秦汉时期关陇文化不仅形成，而且优势明显、特色鲜明，至隋唐时期关陇文化出现繁荣，此后，关陇文化的发展又显示出新的特点。

一 关陇文化的起源

关陇地区古为雍州之地，自远古以来，这一区域就是我国古史传说中的炎帝部族及其西羌集团的分布区，氐、羌、西戎、周人和秦人等部族都曾先后生活在这一区域。各部族在长期的生产生活和文化交流活动过程中，创造了堪称发达的远古文化，也促进了各部族间的交融和发展，在中华民族形成和中华文化发展中产生了重要影响。

关中地区是我国境内有人类活动足迹的最早区域之一，以蓝田人、大荔人为代表的一系列旧石器时代文化遗址即是典型。关中地区新石器时代的考古学文化大致依次有老官台文化、仰韶文化、陕西龙山文化等类型。老官台文化是早于仰韶文化的新石器时代早期文化，故又被称之为前仰韶文化，它与陇右的大地湾文化属于同一类型。由前仰韶文化直接发展而来的陕西仰韶文化，按早、中、晚依次又有半坡、庙底沟、北首岭晚期三个类型。进入新石器时代晚期的陕西龙山文化有早、晚两个类型，早期为庙底沟二期类型，晚期是客省庄二期类型，其时，已是由母系氏族社会向父系过渡并完成了向父权制的转变。

陇右地区同样很早就有了人类活动：在陇东华池县赵家岔、辛家沟，泾川大岭上发现了旧石器时代早期的石器；在华池赵家岔，镇原姜家湾和寺沟口出土有旧石器时代中期的石器；在旧石器时代晚期在泾川牛角沟发现了"平凉人"，庄浪长尾沟发现的"庄浪人"，武山鸳鸯镇发现的"武山人"，其中，"庄浪人"的碳测年代为距今 $27\,100 \pm 600$ 年前，"武山人"距今为 $38\,400 \pm 500$ 年前；在环县刘家岔、楼房子，庆阳巨家塬、黑土梁，泾川南峪沟、桃山嘴、合志沟，庄浪双堡子，榆中徒安村，东乡王家，兰州陈坪，肃北明水乡都有旧石器时代晚期的石器等工具出土。这表明甘肃特别是陇右有人类活动和文化创造的历史非常久远。

关陇地区是中华文明的重要起源地之一，其新石器时代的文化在起源和谱系上完全相同，特别是在早期阶段，大地湾早期文化面貌与关中考古学文化属同一谱系。人们公认陇右东部的大地湾文化与同期中原的裴李岗文化、磁山文化和陕西的老官台、李家村文化等共同发展为仰韶文化，故它们与中原仰韶文化、龙山文化是一脉相承，构成中原文化的主体。但从仰韶时期开始，差异逐渐增大。从大地湾晚期即仰韶晚期开始，其文化的地方色彩日益浓厚，开始形成较为独特的地方类型。此时，陇右地区的古文化也进入到多元发展的阶段。独领风骚的马家窑彩陶，较早的青铜铸造标志着齐家文化时期已经进入铜石并用时代。而齐家文化时期贫富分化、父权制和巫师阶层的出现，已经预示着阶级社会即将到来。

在我国古史传说中，人文初祖伏羲、女娲和炎帝，均诞生于天水、宝鸡等陕甘一带，结合文献所载氏羌最早就分布于陇右地区，而炎帝部族为姜姓也出自氏羌集团，再考虑到远古部族流动和文化的频繁交流等因素，我们完全可以将新石器时代的关陇地区的古文化称之为姜羌文化，而且它是一支与北方炎黄文化、东夷文化并存的文化。

进入青铜时代，我国各地的部族集团在原有古文化的基础上，通过部族流动、文化交流，进一步走向融合，并伴随社会进步、文化发展而逐步聚合为不同的民族。越来越多的考古发现、考古成果和学术研究共同证实，在距今 4 000 年前后的中华大地上，无论东西还是南北，曾发生了一次气候持续性寒冷的变化过程，寒冷干旱和水灾频仍，引起自然环境的变化和震荡。这种变化，必然对生存于不同地域和环境的远古部族与文化集团带来程度不同、灾难各异的破坏性影响，引发了空前广泛的部族大流动、族群大融合和文化大交流。这种流动、融合与交流，其范围之广、距离之远、频率之高和程度之深，几乎无远弗届，超乎我们传统的认识和想象。这种巨变，催生了中华大地上各部族集团的文化整合与族群汇聚，也催生了中华文明的诞生。我们所说的华夏与四夷正形成于此时，而华夏与"四夷"之间及其各族内部的部族流动与文化交流仍在继续，这一过程既使大量的部族或民族被融合而消失，同时，又有一些新的民族和文化还在形成和产生。

我们把新石器时代以来关陇地区的考古学文化和文献记载中的西戎、氐羌等资料结合起来，也将周边同时代的文化及其相互交流纳入视域并加以梳理，当地远古文化的主人和部族归属也就大致清楚了。以大地湾和老官台文化为陕甘前仰韶时代文化，共同催生了陕甘地区仰韶文化，而陕甘仰韶文化就是炎帝西羌集团的遗存。具体而言，甘肃大地湾一期文化、陕西老官台文化，当为炎帝姜姓氏族的早期文化。仰韶早期的陕西半坡类型文化与甘肃秦安大地湾二期文化，应是炎帝姜姓氏族的中期文化。约从半坡期的末尾和庙底沟期的开头起，即从距今 6 000 年前后起，炎帝姜羌部落集团一些支族开始了向西北方的甘青、东北方的山西汾河与晋冀桑干河流域、东方的豫西、东南方的鄂西北数百年的漫延与迁徙行动。其向西北方甘青地区迁徙的一支，与当地土著融合，而产生了独具面貌的马家窑文化。陕甘青地区与龙山时期及夏代大致相当的齐家文化，与商周时期相当的辛店文化、刘家文化，则是炎帝姜羌族仍在陕甘青的后裔的文化遗存。所以，马家窑文化之前的陇右地区与关中地区同属西羌炎帝部族。在炎帝族向四方迁徙之时，还有不少炎帝族民继续留在关中故地，他们与此后回流的部分炎黄族民构成了炎黄集团形成后的姜炎部族。接着就是来自于山西西部的光社文化以及姬周文化、陇右及关中西部的辛店文化，与寺洼文化、西入关中的商文化共同结合而生成的先周文化。马家窑文化作为炎帝部族西迁一支与当地土著融合的产物，具有自身特点，标志着羌人部族的出现。齐家文化以及其后甘青地区的辛店、卡约、四坝（或称火烧沟）、沙井、诺木洪文化等，当都属于西北羌族集团及其各支的文化。为了将这既同源又分流发展的两支文化加以区别，我们可称青铜时代之前关中一带的文化为姜炎文化，陇右马家窑文化以来的古文化可称之为姜羌文化。分布于陇右东部及关中西部一隅的寺洼文化，则为东夷一支西迁融合三苗再至洮河流域与西羌土著融合而形成的一个新的部族——氐族。其东进至西汉水、渭水流域后北上平凉一带的为犬戎，后向北发展的一支就是玁狁，而原留在陇南的即是后来的氐族。氐族、犬戎、玁狁出现后，陇右姜羌文化又加入新的部族成分，当地文化又可以羌戎文化相称。

二　秦文化与关陇地域文化的形成

关中—天水经济区也正是秦人活动和崛起壮大之地，伴随秦人在天水地区的兴起建国和在关中地区的崛起强大与一统华夏，关陇地域文化以秦文化的兴起为标志而形成了。所谓秦文化，就是特指伴随秦人、秦族、秦国的发展演变而产生和形成的文化。这一文化产生并形成于秦人的发祥地陇右天水一带，经春秋战国时期在关中地区的发展壮大，最终因秦国统一六国而上升为波及华夏、统治中国的文化。因而，它在中华民族和华夏文化发展史上都产生过深远而巨大的影响。

秦文化的发展，经历了产生与形成、发展与壮大到上升为统治文化这样一个渐进的过程和阶段。秦人在陇右天水一带长达 300 多年的发展过程，伴随秦人的兴起与建国，秦文化也随之产生和形成。所以，天水地区就是秦人、秦族、秦文化的发祥地。然而，由于史料简略，特别是受传统史学观念的束缚与限制，人们谈及秦人建国前的历史与文化，往往将其视为戎狄，而与野蛮、落后画上等号，从而忽视了秦人自兴起至建国期间的文化创造和文化成就。这一偏见与谬误长期盛行，几成定论，已严重阻塞和限制了人们对秦人早期历史文化丰富内涵和真实面貌的认识。

秦人族出东夷，以昊吴苗裔、伯益之后自居，其始祖为卵生神话中的女脩。这是秦人早在母系氏族社会就已留下自己足迹的反映。秦人的这位始祖女脩是少昊支系颛顼的裔孙，她与少昊族后裔通婚而生子大业；大业娶中原黄帝族后裔女华为妻生子大费。这反映出三层文化信息：其一，秦人始祖女脩因吞玄鸟即燕子卵而生子，则揭示了秦人以燕子为图腾的来源；其二，大业的父族和母族都是少昊后裔，因而秦人奉少昊为先祖；其三，大业与女华的通婚，标志着东夷部族的秦人与炎黄部族已开始交往与融合，说明秦人很早就已与华夏族有了血缘关系和文化交往。

大业又称皋陶，大费又叫伯益。父子二人都曾辅佐帝舜与大禹，并屡建功勋而享有很高的威望。如伯益佐舜驯化鸟兽，又助大禹平治水土等。他们在舜禹时代显赫的地位，便利和推动了秦人的发展。后伯益在与夏启争夺王权的斗争中失败被杀，秦人的发展因此受到削弱，秦人部族也被迫分化与迁徙。

从女脩至商周之际的秦人，其历史尚处于传说与历史相混杂的阶段。期间，秦人经历了两次兴衰起落和三次西迁。舜禹时代，秦人获姓嬴氏，地位日显，促成秦人的初步兴起。但至夏初，伯益被杀，秦人第一次受到打击而衰落。夏末，秦人叛夏归商，其"子孙或在中国，或在夷狄。……自太戊以下，中衍之后，遂世有功，以佐殷国，故嬴姓多显，遂为诸侯"①。秦人重新崛起并得到空前的发展。周人灭商过程中，秦人作为商朝的坚定追随者和反周势力而遭到周人的残酷镇压。这又一次打击不啻是一次灭顶之灾，嬴氏部族被迫离散、迁徙，而且，秦人也失姓灭国，沦为周人的部族奴隶而长期受到压制排挤。秦人的第一次西迁发生于商初。在商人灭夏的战争中，属于东夷族的"九夷"部族中的畎夷，曾进军关中扫灭夏朝残余势力，战争之后即居留陕甘一带。部分秦人随畎夷而西迁。文献中留下的有关山东曹县、河南永城县、陕西兴平县和甘肃天水都曾有过"犬丘"一名的记载，正是上古地名随部族而迁移的反映。秦人的第二次西迁出现于商末，其时，秦人首领胥轩、中潏奉命西迁天水，"在西戎，保西垂。"周初，周公东征，曾灭嬴姓十七国，部分嬴姓部族被迫西迁至天水一带，与前次西迁的秦人会合，这就是秦人的第三次迁移。

秦人的两次起落、三次西迁经历了由夏初到商末周初长达千年的漫长过程。秦人与夏商及中原各族广泛、频繁而又密切的交往，一方面促进了秦人自身的发展和文明进步，秦人不仅以培植水稻、发展农业而著称，也以驯化鸟兽、发展畜牧和善御而见长；另一方面，秦人及其文化也完全汇入华夏民族与华夏文化。所以，秦人西迁天水之前，已经是华夏民族与华夏文化的一部分，秦人、秦文化的原始发祥地在东方。

----

① 《史记》卷五《秦本纪》，中华书局 1982 年版，第 174 页。

　　商末，中潏在西戎、保西垂入居天水地区，秦人进入了世系清楚、有史可证的信史时代，也开始了秦人长达 300 多年的部族发展和文化创造活动。周初秦人遭到失姓灭国、被迫迁徙和沦为部族奴隶的沉重打击，周公东征后一部分西迁的嬴姓族人也入居天水与中子孙会合，从而形成秦人部族的主体。他们肩负起复兴本族的历史使命，承受失姓之辱和亡国灭族之恨的巨大创伤，面对残酷现实，无怨无悔迎接新的挑战，主动适应完全陌生的新的生存环境，以重新振兴秦族和实现秦文化的再生。

　　秦人在天水地区的重新兴起和文化创造，是在一种极为险恶的生存环境中起步的。陇右天水一带东隔陇山与周室王畿之地相邻，其西、北两面，广布戎、狄，西垂正处于周人与戎狄的夹缝之中。西北戎狄部族长期以来一直威胁着周王室的西部边界，秦人入居天水，在群戎包围的形势下要定居下来，并争取生存空间，无异于虎穴谋皮，困难重重。与此同时，天水地区群山溪谷、山原广布和林茂草丰的自然环境，也与秦人原在中原的自然面貌大异其趣，这同样是一种新的挑战。好在秦人历经变故与磨难，又有农牧兼长的生产经验，在新的生存环境中，一方面主动与西戎友好交往、虚心学习并通婚融合，开创了与西戎和睦相处的新局面，从而使秦人广泛吸收了戎狄文化的异质养料，为秦文化的再生注入了活力与新鲜血液；也使秦人赢得西戎的认可，在西垂站稳了脚跟；而且秦人也通过戎人的周旋与周王室改善了关系。另一方面，秦人因地制宜、趋利避害，发挥农牧兼长的优势，荜路蓝缕、披荆斩棘发展生产，种植黍、粟和养马牧畜均获得成功，出现农牧两旺的景象，为秦人的兴起和文化创造奠定了基本的物质基础，从天水市毛家坪与董家坪发现的西周时期秦墓遗址文化层表明，秦人屈肢葬、西首墓等葬俗，显然是秦人受西戎文化影响的结果，而农业定居与丧葬礼仪等又是秦人生活"周式化"的反映。实际上，人们习惯所称的秦人生活与文化的农耕文明因素，与其说是秦人"周式化"的产物，毋宁说是秦人在天水对此前中原农耕文化的保留与继承。总之，自中潏至非子八代秦人在天水地区艰苦卓绝的创业活动，终于使秦人开始摆脱困境、走向复兴，秦文化也由此产生。

　　黄留珠先生对秦文化渊源曾精辟地概括为"源于东而兴于西"。指出："所谓'源于东'者，是讲秦人、秦文化的原始发祥地在东方；而'兴于西'者，是说秦人、秦文化的复兴之地在西方。易言之，就是说秦文化有两个'源'：一曰'始发之源'，一曰'复兴之源'。依据通例，始发源与复兴源是不同的,二者不可混为一谈。然而由于秦人经历了一个漫长的由东而西的迁居过程,在迁居之后,深受西方戎人文化的影响,乃至被戎化,这样其复兴就不是以原有文化为基础,而是在'戎化'这一全新的起点上开始的。这种几乎是从零开始的复兴,使秦文化成为一个特殊的变例——即它在西方的复兴具有某种始发或曰再次起源的性质。"① 这种秦文化的"再次起源"正是在非子受封之前完成的。所谓秦文化的"戎化"过程也主要是这一阶段出现的。

周孝王时(前891—前886年在位)封非子为附庸,是秦人发展史上的里程碑,也是秦与西戎、周王室关系发生变化的转折点。秦人从此恢复了嬴姓,也拥有了新的族号——秦,我们习称的秦人、秦族、秦文化也即由此而来。以非子受封为标志,秦文化的发展又由"戎化"进程转而向华夏文化回归。与此同时,受封是秦人在周室政治地位上升的起点,从此,秦人与西戎友好和睦的关系被兵戎相见所代替,周秦关系则由以前那种受压疏远转为协同一致,共同反戎。秦与西戎、周人关系的这一转换,既有现实利益的需要,更有深层的文化背景和民族心理因素。秦人虽然西迁天水后才开始稳定下来并走向复兴,但他们始终没有忘记失姓亡国之耻,因而有着强烈的回归故土、同归华夏进而重新崛起建国的愿望,此志世代相传而不移。要实现这一夙愿,得到周王室的认可,改善双方关系就成为不可超越的前提。一旦秦人在群戎包围的环境中立足已稳,则弃戎亲周就成为必然之举。而秦人扩充势力,又必然要从戎人手中争夺生存空间,因而,秦人与周人在对待西戎上利害共同、利益一致,只不过秦人为反击西戎保卫西周西部安全付出的代价,需要周王室以不断提高其地位作为补偿,借以壮大自身,崛起建国。从非子至襄公六代秦人百余年间,是秦人迅速发展的阶段,他们不惜失地亡君,惨淡经营,勉力抗击西戎,誓死保卫西周西部的安全,终于由附庸而大夫,由大夫而西垂大夫,进而位列诸侯,始建秦国,并得到周平王允许秦人东进关中的许诺。在此阶段,秦人在文化发展上也是突飞猛进,秦仲时已"始有车马礼乐侍御之好",襄公始国更有一番从政治、军事、经济,到制度、宗教、礼仪等各方面的文化建设,使秦人在物质文明与精神文明诸方面,都取得了不亚于关东诸国的文明成就。尽管如此,秦文化中的"戎化"因素和自身特点,仍被

---

① 黄留珠:《秦文化二源说》,《西北大学学报》1995 年第 3 期。

中原文化视为戎狄之教而往往受到歧视，再加之秦人长期与西戎作战，不仅无力制服西戎，而且常常受到作战失利的打击，进一步促使秦人自强不息、发愤图强。经过文公迁都关中至穆公的百余年发展，秦人终于拓地广境，称霸西戎，位列春秋五霸之一，成为东方诸国不敢轻视的诸侯大国。进入战国，秦人又经商鞅变法不仅走上封建化的道路，而且也为秦的强大和统一六国奠定了基础。

由此可见，秦人的起源与发展经历了中原—天水—关中的演变轨迹，与之相应的文化发展也有一个华夏化—戎化—回归华夏的转换升华进程。可见，秦文化既是秦人重新崛起强大过程中走向文明的文化结晶，也是秦人建立霸业、统一中国的文化优势所在。无疑，这一文化具有不少显著的特点和潜在价值。

首先，秦文化具有强烈的兼容性和博大的开放性。陇右天水一带已是一个各族杂处、文明交汇和农牧文化相互碰撞之地。秦人迁入这块具有深厚文化土壤与多元文化背景的土地上，无疑不可避免地要受到当地人文环境的熏染和塑造。面对空前的生存压力，怀着强烈的复国回归心理的秦人毫不犹豫地选择了兼容开放的文化政策，在固有华夏文化传统的基础上，入乡随俗，兼收并蓄西戎文化中对其有用的异质养料，也不断从周文化中吸取精华，从而迅速实现了摆脱困境、站稳脚跟而复兴再生的初衷；也使秦人在群戎环峙中由弱到强、脱颖而出。传统所谓天水秦文化的"戎化"倾向和"周式化"风格，实际正是秦文化具有兼容性特点的最好注解；兼容性特点又促成秦文化产生开放、进取的价值观念，这对于秦人及其秦文化的发展壮大与文化优势的积淀都至关重要。

其次，秦文化具有鲜明的功利色彩和进取精神。秦人西迁天水，是在亡国失姓、遭受打击的情况下完成的，其回归故土振兴旧业的愿望始终不坠；而中原诸国与华夏文化对秦人的歧视与排挤，更是激起了秦人奋起直追、后来居上的跃进意识，并且一以贯之。秦人不惜失地亡君和血的代价，世代与西戎争战，以求得周室的重视和提拔；秦人在祭祀、丧葬乃至礼乐制度等方面不断僭越礼制名分的大胆之举，还有多神崇拜的宗教信仰，无不是这个后起的民族功利心理的集中展现。这一切既是秦人力图崛起、建立霸业、入主中原政治抱负的体现，也是他们跻身华夏、回归中原文化心理渴求的反映。正是这种进取精神，不断推动和塑造了秦人不畏艰险、百折不挠实现理想与目标的坚定信念，并支撑秦人取得自身发展和文化勃兴的辉煌业绩。

再次，秦文化具有典型的尚武精神。秦人入居天水，与长于游猎骑射、强健勇猛的戎狄部族为伍，面对高原旷野、山林野兽出没和放牧驰骋的环境；特别是与戎狄部族旷日持久的对峙与血战，练就了秦人轻死重义、果敢勇猛、粗犷悍厉的民族气质和洋溢着不怕困难、积极向上、开拓进取的乐观精神。秦人文化中像《石鼓文》和《秦风》等文学作品多以歌颂本民族车马田狩和赳赳武夫的内容为主。秦人正是挟持这种大无畏的文化优势，一江春水向东流，走向强大、建立霸业进而扫灭六合，一统天下。而且影响所及，直至两汉魏晋，秦人故地西北地区仍然名将辈出，雄风不减，六郡良家子、十二郡骑士、金戈铁马、驰骋疆场，关东出相、关西出将常为人们津津乐道。所谓"山西天水、陇西、安定、北地处势迫近羌胡，民俗修习战备，高上勇力，鞍马骑射。故秦诗曰：'王于兴师，修我甲兵，与子偕行。'其风声气俗，自古而然，今之歌谣慷慨，风流犹存耳。"[1] 正是对秦文化尚武精神的极好概括。

最后，秦文化具有质朴无华的风格。秦人那种兼容开放的文化政策和功利主义的价值取向的长期推行，在民众习俗中又形成了质朴豪爽、朴实现实的文化风格。在秦人的领地，既少周文化中的宗法等级约束，亦无齐鲁之邦崇厚礼教的传统。秦人不但没有实行嫡长子继承制，而且缺乏严格的礼义道德修养，他们重视和追求的是现世世俗生活。如在宗教信仰上，他们对山川、人物、动物、植物乃至星宿都可祭祀崇拜，这种多神崇拜和鬼神观念更表现出直观、质朴的世俗特色，"天""上帝"均与世间事物对称，而且与道德伦理无关，没有从理论上把它神秘化，使之玄幻莫测。在音乐上，那种敲击瓦器、呜呜快耳的"秦声"，正是秦人久居地老天荒的西北高原而产生的那种苍凉粗犷、古朴厚重、雄奇激越的民俗文化的生动写照。

我们从秦人兴起壮大的征程中发现，秦人的文化建树，既内涵丰富，又独树一帜。其文明成就和文化水平都达到相当的高度。由于这种文化包含着不少戎狄游牧文化的因素，是一种以华戎交汇、农牧并举为特征，具有秦人、秦地特色的新文化，与中原农耕文明及其文化自然面貌不同，差异明显。无论周人还是中原诸侯，从自身政治需要和价值观念、文化标准

---

① 《汉书》卷六九《赵充国传赞》，中华书局1962年版，第2999页。

出发，斥秦人及其秦文化为"戎狄之教"。与野蛮、落后等同，显然是有失客观公允的偏见与歧视。如秦人贵族中就不乏精通诗书礼乐修养之人，秦穆公以拥有"中国诗书礼乐法度为政"自居，坐而论道、出口成章、滔滔不绝，就是一个典型例子。如果我们从科学的立场出发，排除传统观念的干扰与限制，揭开秦人早期兴起发展的神秘面纱，展现在我们面前的秦早期文化，是一派生机勃发、洋溢着青春活力而充满希望的景象。它有"胡风汉俗共相融""华姓夷种共一家"的气度，开放进取、兼容质朴；富有刚劲雄奇、尚武重利的特色和积极向上、开拓进取的精神风格。虽然秦人入关之后，由于地域的变化和发展、统一的需要，秦人文化中农耕文明的成分不断上升，但积淀于秦人民族心灵深处的固有特质和文化内核，却始终永葆活力、威力不衰。正是秦人所特有的民族气质、价值追求和文化优势，奠定了其铁骑东向、扫灭六合统一中国的文化基础，并最终完成了一统天下的大业。此后，秦人那种"同书文字，匡饬易俗"，吞纳六国文化精粹，儒法互补、尚武轻文和皇帝极权的文化模式对以后中国的发展产生了深远影响，还有那"秦汉雄风"的形成，究其渊源，无不与秦早期文化具有水乳交融的联系。

据上可知，具有浓郁地域特色和深受戎狄文化影响的秦文化的产生和形成，正是基于关陇地区特殊的自然与人文因素基础之上的产物。因此秦文化兴起之时，也就是关陇地域文化形成的标志；秦文化所具有的特点，也就是关陇文化的基本特点。把握这些基本特点，对于我们认识关陇文化的演变与发展至关重要。

三　隋唐时期关陇文化的繁荣

关陇地区进入两汉，随着一统国家的巩固和文化的发展，地域文化以秦文化余续为主而形成三秦文化，又经汉代建都关中的地域优势而得到长足发展。此后的魏晋北朝时期，由于民族纷争和动荡、战乱影响，文化发展处于徘徊状态。但是，随着民族融合在空前的深度和广度上的展开，却为隋唐一统政权和大唐文明的出现与文化繁荣奠定了雄厚基础。

唐王朝正值中国封建社会的鼎盛时期，其社会发展的各个方面都显现出不同于前代的新气象，而唐都长安则正是这种盛唐气象的生发荟萃之地和辐射源泉。因此，隋唐时期都城长安文化的发展及其面貌，正是关中地区文化发展的一个集中代表和典型展示。而陇右作为李唐王朝关陇集团重要依托，在隋唐时期凭借邻近国都和经济的繁荣，在文化发展上也是成就辉煌，独具特色。

1. 唐都长安的文化发展与盛唐文明

长安作为唐王朝国都：既是政治中心，也是文化中心和国际性的文化交流中心。这里是中外文化交流输送、融合创新的发源地；是一代文化、教育、学术、宗教、艺术的中心；是中外交通的枢纽，这种无与伦比的优势条件和多重功能，共同造就了国际名都和长安文化。

第一，雄厚的人才优势。人类是文化的创造者，而文化的发展、创新、传播和交流，又离不开各类专门人才。在两《唐书》中，除去宗室诸王及后妃公主，入传人物约有 2 055 人，其中又有 154 人籍贯不明，有籍贯可考的有 1 901 人①。姑以两《唐书》入传人物作为唐代人才分布的一个侧面，则长安城的人才优势极为明显。唐都长安所辖万年、长安两县入传人物共计 202 人，约占唐代入传人物总数的 1/10 多。人才的活动常常呈群体状态和网状结构，论长安人才亦应考虑其周围邻县的人才状况，长安城及京兆府则共有入传人物 418 人，约占唐代入传人物的将近 1/5。由此可见，唐都长安及其依托的京兆府各县，无疑是唐代人才分布最为密集的地区。

一代都城又是风云际会、五方杂处、八方辐辏的所在。唐代盛世，四方学子赴考应试博取功名，文武官员各展其才奔求仕进，僧徒道士布法施教，文人学士著书立说，无不以流聚长安为施展抱负的舞台。仅以唐代诗人而言，《全唐诗》著录 2 200 多位诗人，他们中的大多数都有在长安居住或逗留的经历。仅在开元、天宝年间，生活或主要活动在长安的诗人，据统计就有 230 多人②。至于其他方面在长安居留的人才，大致与诗人的情况相仿佛。一般而言，人才分布密集之地，亦是文化相对发达之区，而文化的发达又是造就、吸引人才最多的地方。人才的分布与文化的发展体现着一种同生共荣、相得益彰的密切关系。

不难看出，唐代长安的人才优势，一方面表现在产生的人才数量多，而且不少大族望姓累世显名，历久不衰。如韦、杜、颜、李、萧氏等即是

---

① 史念海：《两〈唐书〉列传人物本贯的地理分布》，载《河山集》第五集，山西人民出版社 1991 年版，第 404 页。

② 史念海：《开元天宝时期长安的文化》，载《河山集》第五集，山西人民出版社 1991 年版。

如此，反映出当地人才成长的稳定性和高密度。另一方面，唐都长安又是国内人才最大的流入和吸纳地，如李白、杜甫等诗人曾长期居留于此；而褚遂良、陈子昂、白居易、柳宗元、元稹、韩愈、刘禹锡等人也长期在都城任职；著名的唐初秦王府十八学士中，更有杜如晦、于志宁、苏世长、苏勖、姚思廉、颜相时六人入籍长安及周围各县。这极大地扩展了人才成长的基础，有助于都城文化的繁荣发展、融通创新和交流扩散。这种人才优势，奠定了唐都长安优越的成才环境和文化兴盛的空间，也促成长安人整体文化素质普遍提高。

　　第二，优良的教育环境。隋唐时期是我国古代教育制度走向完备的重要阶段。唐代学校体制分为官学和私学两大类，官学则由中央和地方两个系统构成。李渊登基的当年，即"命裴寂、刘文静等修定律令，置国子、太学、四门生合三百余员。郡县学也各置生员"①，首创唐代中央与地方官学的雏形。第二年，为了"兴化崇儒"，命立周公、孔子庙于国子学内，四时致祭②，给儒学以崇高地位，这就形成了有唐一代崇儒兴教的文化政策。作为都城，长安是唐中央官学六学二馆的所在。所谓六学是国子学、太学、四门学、律学、书学和算学，均直辖于国子监；二馆是弘文馆和崇文馆，分属门下省和东宫。其中，国子学、太学和二馆为贵族性质的学校，四门学介于贵族与庶人之间，律、书、算三学则是下级官吏及庶人子弟的专科学校。六学二馆有生额 2 250 人③，后增至 3 200 多人，而最多时学生则增至 8 000 余人。此外，还有广文馆"掌领国子学生业进士者"④。医学、乐学和天文历学等，也是中央官学的组成部分。其中医学有生额 90 余名，天文历算学生额 230 余名。唐代地方官学由京都学、都督府学、州学、县学、市镇学、里学组成。其中：京都学即包括以长安为中心的京兆府；县学中的京县、畿县学，前者包括长安城内的长安、万年两县，后者含长安周围京兆府诸县。由中央官学和地方官学构成了长安及其周围地区完整的官学体系。至于私学则属私人行为，其设置与多寡，与个人家境、知识分子境遇及人们对于教育文化的价值判断密切相关。长安乃人才济济、文化发达之区，私学的兴盛实属必然之事。都城的优势和多

①　《资治通鉴》卷一八五，文渊阁四库全书本。
②　《册府元龟》卷五〇，《帝王部·崇释氏》，文渊阁四库全书本。
③　《新唐书》卷四四《选举志》，中华书局 1975 年版，第 1159—1160 页。
④　《新唐书》卷四八《百官志》，中华书局 1975 年版，第 1161 页。

而且全的学校建置，营造出长安地区良好的文化氛围和教育环境，为当地学子入学求教提供了得天独厚的条件。

唐代又是我国古代科举取士制度趋向健全的重要阶段。唐代科举与学校的关系极为密切，因为学校是科举人才的基本来源，参加科举考试又是学校学生追求的目标。中央和地方官学每年冬天通过校内设科考试，成绩优秀者作为生徒推荐到尚书省，才能参加省试的各科考试，考试及格者才能取得受吏部铨选的资格，铨选合格即可委以官职。学校教育、科举考试、铨选入仕这种三位一体、相互关联的体系结构，共同推动了唐代教育的兴盛，人才的大量涌现和文化的繁荣，也促使长安成为教育最为发达的城市。

长安既为学校教育发达之地，又是四方莘莘学子登科考试、博取功名的场所，而围绕科举考试兴盛起来的行卷、温卷之风，以及曲江宴饮、雁塔题名等活动，更是一时时尚，对于文人学士具有无比的吸引力。天下学子无不辐辏京城，文人学士亦群贤毕至，他们以文会友、诗赋唱和，交流信息、相互砥砺提携，又奔走于官府显宦之间，形成门生故吏关系。所有这些使长安文化教育环境更臻优化，奠定了长安城有唐一代教育中心的显著地位。

第三，发达的学术文化。儒学和史学是中国古代传统学术文化发展中最具代表性的学科。盛唐时代稳定繁荣的社会经济环境，开放进取的文化氛围，为传统学术文化的发展提供了得天独厚的条件。唐代统治者对于儒学和史学尤其给予特别的关注。史称，"高祖建义太原，初定京邑，虽得之马上，而颇好儒臣"[1]。他即位之初，便创设孔子庙于国子监内，并在各州郡亦同时设立[2]，此后，历代相袭遂成定制。出于对儒学的尊崇和大一统的需要，唐太宗曾命孔颖达和颜师古等人分别撰写了《五经正义》和《五经定本》，完成了儒学从内容到文字的统一；再加上当时私人撰写的一些儒经义疏，从而共同实现了统一儒学的任务。在此基础上，国都长安成为唐代儒学文化最为发达的中心。长安城内既是中央官学的主要所在地，州县学等地方官学亦多有设置，中央官学六学二馆汇集了全国各地前来求学的士庶子弟，而当地的百姓子弟更集中于地方官学。这些学校均以

①　《旧唐书》卷一八九《儒学传序》，中华书局 1975 年版，第 4940 页。

②　《大唐六典》卷四《礼部尚书》，三秦出版社 1991 年版，第 53 页。

儒家经典为主要教学内容，即使是专科性质的中央官学书、律、算学，学习儒家经典亦是必修的功课。唐代科举考试虽然科目繁多，然就主要和常设科目而言，儒家经典无疑是法定的科目。因而，长安地区教育的兴盛实际上也反映了儒学发展的一般状况。这里成为儒学教育的重要基地，拥有最为庞大的习儒队伍和经学大师，史称"四方儒士，多抱负典籍，云会京师"。作为官方哲学，那些出入朝廷的官员和文臣谋士，也往往精通儒术，以儒家学说作为效命社稷、评判是非、知人论世和安身立命的根本。他们或入学研经提高学业，或追逐科场以求仕进，或主讲中央官学布道施教，或暂入私门授业解惑，或驰骋文坛学界开风气之先，尊经崇儒之风，儒学价值观念和思想意识弥漫于朝廷内外、士庶之间。通经术、精儒学既是莘莘学子功成名就的必备素养，也是官员百姓安身立命的生存哲学。这种学术文化追求，构成了唐都长安文化的主流特征。刻制于唐文宗开成年间并保存至今的《开成石经》，正是长安儒学兴旺发展的历史见证。

我国自古就有重视修史的传统。唐代设立史馆和实行宰相监修史书的制度，是统治者重视史学和古代修史制度的一大进步。官修史书和宰相监修制度的确立，也为后世所效法。唐代设立史馆和史官地位的提高，是统治者吸取历史经验教训和渴求史学资治功能的反映，从而促成了唐代史学的繁荣。李渊登基不久，即命肖瑀等人撰修六代史；太宗李世民亦子承父命，令魏征等人编修梁、陈、齐、周、隋五代史。唐王朝对前代历史的编撰，对国史的整理创修，注记类史书的大量出现，无不是在史馆及宰相府所在地国都完成的。唐代所修的八部正史，其中五部系出官修；李延寿私撰的《南史》和《北史》，也同样是作者在长安最后完成的。官修史书将著名史学家网罗于都城，长安也成为史学人才和史学研究的中心。像刘知几及其《史通》，李吉甫及其《元和郡县图志》等一批史学名著代表了私人在长安进行史学研究和撰述的空前盛况。唐魏王李泰《括地志》及大学者杜佑《通典》等作品，则显示了长安人史学研究的雄厚实力。

唐都长安儒学文化的繁荣和史学研究的巨大成就，无疑展现了作为一国学术文化中心的时代风采。

第四，高度繁荣的艺术文化。音乐舞蹈和书法绘画是唐代艺术文化的主体，唐代社会的空前开放和稳定，又为艺术文化的繁荣与发展提供了便利条件。作为都城，长安不仅是艺术人才成长的理想之地，而且是艺术人才汇聚显名的舞台。在成千累万的艺术家中，至今留有名姓且有籍贯可考的唐代艺术家，据统计仅得 540 多名，其中，长安艺术家就有 93 人[①]，约占 1/6 强。若把长安周围京兆府艺术家计算在内，则人数为 119 人，占将近 1/4。这一比例是相当高的。在这些长安籍的艺术家中，书法家有 61 人，画家 33 人，音乐家 8 人，颜真卿是盛唐时期的著名书法家，也是唐代杰出书法家中成就最高的一个，其书法变化多端，并融入篆、隶之古雅、涩重的特点，形成其宽绰开张、拙重浩大的气势。京兆华原人柳公权是晚唐书法名家，他遍阅诸家，师法于颜而加以遒劲丰润，自成一家，"颜筋柳骨"揭示了两大家的不同风格。长安画家中以阎立本、李思训、李昭道、张萱、周昉、韩干、韩滉、韦偃、边鸾最为著名。阎立本的《步辇图》《历代帝王图卷》是传世名作；李思训父子所创"金碧山水"，开创了中国绘画史上所谓"北宗"画法，影响深远；张萱、周昉是唐代仕女画成就最高的艺术家；韩干、韦偃以画马著称，韩滉以画牛传神，边鸾则精于花鸟。他们的艺术创造，代表了唐代绘画的高超水平。在音乐方面，唐太宗李世民曾制《破阵乐》（又称《秦王破阵乐》），《功成庆善乐》亦为太宗赋诗，吕才制曲，后改为《九功舞》。高宗李治也曾编有《上元舞》。玄宗李隆基所编《霓裳羽衣》乐舞是中国历史上最为有名的乐舞，其阵容"皆执幡节，被羽服，飘然有翔云飞鹤之势"[②]。白居易所作《霓裳羽衣歌》曾有："千歌百舞不可数，就中最爱霓裳舞"之句。

作为国都，长安又是艺术人才向往汇集和施展才华的场所，许多著名艺术家都曾长期居留长安，一显身手。如盛唐时，以给皇室和政府奏乐、歌唱为职业的就有"数万人"。即使到唐后期大中年间，仍有"太常乐工五千余人，俗乐一千五百余人"[③]。这些人中当有不少是技艺精湛的音乐家，可以说集中了国内不少音乐人才。唐王朝在长安设有大乐署和鼓吹署，隶属太常寺；又在宫廷设有教坊和梨园，前者主要演习乐舞、百戏，后者以培养歌舞艺人为主。京师左右两教坊，右多善歌，左多工舞，域外新声曲一经教坊摹演，全城艺人遂相仿效；唐代所设三个梨园有两个在长安，一个在宫廷演奏法曲，玄宗常往观赏，发现错误还亲自校正，故该园弟子被称为"皇帝梨园弟子"[④]。另一个在太常寺习演艺人新作，人称

---

① 费省：《唐代艺术家籍贯的地理分布》，载《唐史论丛》第四辑，三秦出版社 1988 年版。
② 王谠：《唐语林》卷七《补遗》，文渊阁四库全书本。
③ 《新唐书》卷二二《礼乐志》，中华书局 1975 年版，第 475 页。
④ 同上书，第 473 页。

"太常梨园别教院"。可见唐代音乐兴盛以长安为最。唐统治者中,李渊、李世民、李治、李旦、李隆基等既擅长书法,又特别重视书法,其国学即设有书学,置书学博士,不少官员进士,亦为著名书法家。这种人文环境和艺术追求推动了唐代书法艺术的大发展。初唐尉迟乙僧、盛唐吴道子等著名画家或入居长安,或应诏入京,长期在都城从事绘画创作,既留下了大量杰作,也使长安画坛锦上添花。

繁荣的经济和稳定的社会环境是唐代艺术文化发展的社会土壤,而统治者的大力提倡推崇,以及唐代社会对于艺术文化的强烈需求,更是促成了艺术文化的空前兴盛。唐都长安艺术文化的繁荣无疑具有典型的象征意义。

第五,多彩的宗教文化。宗教作为一种意识形态和文化观念,它在唐代社会具有独特而重要的地位。唐王朝提出所谓"以佛治心,以道治身,以儒治世"的三教并用政策①,使佛、道等宗教很快发展起来,形成独特的宗教文化。

道教尊老子李耳为教主,故李唐统治者遂以教主后裔自居,高祖李渊定道教为三教之首,太宗规定道士、女冠在僧、尼之前,高宗封老子为太上玄元皇帝。中宗时下令诸州各立一寺观。玄宗更在两京及各州府建有玄元皇帝庙,教人画老子像颁行全国,塑老子雕像于太清宫中,并将高祖、太宗、高宗、中宗、睿宗五帝塑像侍立老子塑像左右;又于崇玄馆置玄学博士,诸州置玄学士,学《老》《庄》之文,以应科举考试,称为"道举";玄宗还曾大力倡导搜集整理道教经典,令京都名道士和两宫学士将当时存有的数千卷道经编成《一切道经义》140卷,后又遣使往各地访求亡逸道经,把唐以前道教经籍勘定成道藏,编成《三洞琼纲》3 944卷,分送诸道采访使,以扩大道教影响。据杜光庭《历代崇道记》记载,唐代共有道教寺观1 900余所,道士15 000余人,仅长安就有道观30余所,足见道教之盛。

唐朝统治者在尊奉道教的同时,也大都崇佛,而佛教在社会上又有更为广泛的影响和信徒。因而,唐代成为佛教中国化的重要阶段,而且出现了自有理论体系的佛教宗派,主要有天台宗、法相宗、华严宗、禅宗、净土宗、律宗等。这些佛教宗派的形成,标志着世界佛教中心由印度转移到

---

① 《三教平心论》卷上,中华书局1985年版,第1页。

我国。长安作为国家中枢，自然也是佛教活动盛行和佛教文化昌盛之区。据统计，长安城中坊里的 60% 都设立了寺庙，一些重要的佛寺，往往"穷极壮丽，土木之役愈万亿"①。日本僧人圆仁在《入唐求法巡礼行记》中说，"长安城里，一个佛堂院，可敌外州大寺"。可谓寺庙棋布，寺塔林立。城内的僧徒更是佛事不断、春风得意，他们"街东街西讲佛经，撞钟吹螺闹宫廷"②。一地佛教高僧产生的多寡和高僧入寺的多少，最能反映当地佛教活动和佛教文化的发展状况。有唐一代的佛教高僧中有确切籍贯者 555 人，长安所在的京畿道共出高僧近 60 人，主要是京兆府，尤以长安城密度最大。而在唐代高僧有明确驻地的 688 名高僧中，京畿道占 222 人，占总数的 1/3，他们主要驻于长安城内，仅唐代前期入居长安城的高僧就有 149 人③。可知长安城内佛教活动及其文化颇为兴盛。

　　长安作为国都，无疑是国家宗教活动的主要场所，如唐朝统治者自太宗至宪宗前后近二百年间，曾七次从法门寺迎佛骨，主要是在长安供奉，每次都兴师动众、劳民伤财，且关涉当时国家的政治、经济、文化等领域，影响重大。玄奘自印度取经回国后，先后在长安弘福寺、慈恩寺和宜君山王华宫潜心译经，19 年间共翻译佛经 75 部 1 335 卷。类似这样的佛事活动，极大地推动了长安佛教文化的发展。

　　此外，作为国际交往的中心，唐代长安城内驻有不少来自中亚、西域和高丽、日本的传道求法的宗教人士及商人，便利了佛教的发展和传播及其他宗教的传入。如从波斯传入的祆教、摩尼教和景教，由阿拉伯传入的伊斯兰教等，均在长安建有祠寺，并开展宗教活动，从而丰富和扩展了长安宗教文化的内容。

　　第六，享誉世界的中外文化交流中心。唐王朝是中国封建社会的鼎盛时期，国家统一，社会稳定，经济繁荣，这不仅造就了文化的繁荣，而且，开放、宽容的文化环境，自信、进取的文化追求，也使长安成为一座具有国际影响的大都市和国际文化交流的中心，推动了中国古代文化的繁荣发展和世界的文明进步。

　　作为国都，长安是各方来往使臣的目的地，无论是吐蕃、南诏、回

---

　　①　《旧唐书》卷一八四《鱼朝恩传》，中华书局 1975 年版，第 4764 页。

　　②　韩愈《华山女》，载屈守元、常思春主编《韩愈全集校注》，四川大学出版社 1996 年版，第 934 页。

　　③　辛德勇：《唐高僧籍贯及驻锡地分布》，载《唐史论丛》第四辑。

鹘、高昌、契丹等周边部族的使者，还是中亚昭武九姓国、大食、波斯、拂菻、天竺、新罗、日本等外国的使节，往来频繁，人数众多，涉及亚、非、欧洲诸洲。仅长安的鸿胪寺在6—8世纪接待的外国使节就涉及70多个国家，形成"万国衣冠拜冕旒"的空前盛况。据统计，当时在长安百万人口中，各国的侨民和外籍居民占到总数的2%左右，若加上突厥后裔，其数当在5%左右①。外方人士在都城人口所占比例之高，为历朝少见。日本在唐朝曾前后十多次派"遣唐使"到长安等地，有意识地观摩摄取中国文化。其成员往往是学有所长的专家和留学生，人数最多时一次达500余人，中国文化对日本社会的深广影响正产生于此时。不少外国的王侯亦曾流寓长安，长期居留，他们或任职朝廷，或参加科举，或拜将统兵，效命于唐王朝，从而成为中外文化交流和传播的使者。许多国家的留学生来到长安，尤以新罗、日本为多，他们长期生活在长安，向慕华风，深受中国文化的熏陶和影响，并将中国的文化和社会制度介绍、宣传和移植于本国。如日本学者大和长岗和吉备真备依唐制删定日本律令，推动了日本大化革新的施行。不少居留长安的各国学问僧和求法僧，他们带来了外国宗教和域外文化，又将中国化的佛教及其他文化传播于各自国家，拓展了中外文化交流的渠道，推动了中外文化的交流、融合与创新。唐代社会高度重视乐舞艺术，唐代燕乐十部乐从名称就可知不少来自周边国家和西域胡人，而"泼寒胡戏""胡旋舞"等舞蹈亦传自西域。一些中亚及西域的乐人舞士也曾旅居长安，从事乐舞艺术的交流传播。不难看出，唐代频繁的中外交往和文化交流，以及对周边民族文化的吸收，对唐代文化繁荣创新带来多方面的影响与收获。南亚的佛学、医学、历法、语言学、音乐、美术，中亚的音乐、舞蹈，西亚的祆教、景教、摩尼教、伊斯兰教、医术、建筑艺术等，犹如八面来风，汹涌奔入唐帝国开放的国门，而帝都长安自然成为中外文化交流汇聚的中心。

文化的交流与扩散是双向的，以汉字、儒教、中国式律令、中国式科举、中国化佛教为基本要素的中华文化圈正是在空前强盛的唐朝确立的②。唐文化在吸纳、融通域外文明的同时，也将自己的文明成就和文化扩散到国外，这不仅表现在受唐文化影响形成以中国为母体，包含日本、

① 沈福伟：《中西文化交流史》，上海人民出版社1985年版，第156页。
② 冯天瑜等：《中华文化史》，上海人民出版社1990年版，第6页。

朝鲜、越南等国在内的东亚文化圈的形成，而且唐文化又对中亚、西亚和印度文化产生巨大影响。唐都长安无疑在唐文化的扩散和中华文化圈及东亚文化圈的形成中，处于策源地的核心位置。

唐代社会是一个高度文明、文化全面发展的时代，长安作为一代文化发展的中心，其作用和功能是多方面的，除上述以外，在空前繁盛的诗文创作和科技文化等方面，长安也同样处于开风气之先和独领风骚的优势地位。至于长安城中那些声势浩大、瑰丽多彩的以节庆、娱乐活动为主的民俗文化，更是举国同仰、竞相慕袭。国都长安不愧是大唐文化和盛唐气象的典型代表和生长、流播与扩散的源地。

博大恢宏、宽容开放、进取自信的唐文化，上继魏晋以来民族融合的巨大文化潜能，又充分吸纳和融入周边少数民族"胡文化"生命活力，并兼收域外文明的异质养料而消化之，最终形成了中国古代文化发展史上最为辉煌灿烂的篇章，而唐都长安无疑是这一瑰丽文化最耀眼的明珠和最华美的乐章。唐文化最为鲜明的特点在于充分吸收外来文化又升华光大了中华文化。虽然大量外来文化输入中国文化系统，并深切浸染了唐人的文化生活与风习，但文化的特质内核如价值观念、伦理观念以及各种制度却得以保持并推陈出新；同时，唐文化在保持本土主体性的同时，以海纳百川的气度，对外来文化加以能动的主体选择与改造，从而吸取精华，为我所用，最终转化为中国文化肌体的有机成分，南亚佛教的全面中国化，即是吸收外来文化、消化外来文化的杰出范例。

唯有民族的，才是世界的。日本学者井上靖在《日本历史》中认为："唐朝的文化是与印度、阿拉伯和以此为媒介甚至和西欧的文化都有交流的世界性文化"。英国学者威尔斯指出："在整个七、八、九世纪中，中国是世界上最安定最文明的国家，……在这些世纪里，当欧洲和西亚敝弱的居民，不是住在陋室或城垣的小城市里，就是住在凶残的盗贼堡垒中；而许许多多中国人，却在治理有序的、优美的、和谐的环境中生活。当西方人的心灵为神学所缠迷而处于蒙昧黑暗之中。中国人的思想却是开放的、兼收并蓄而好探求的。唐代确是中国封建社会的鼎盛时代，是文化史上最为绚丽多彩的篇章。文苑艺林，不拘一格，气魄闳放，襟怀豁达。当日既能悉心承接汉魏六朝的余晖，且又善于采撷殊方异域的菁英，兼收并蓄，参酌国情，敢于淋漓酣畅地创新，才焕发出夺目的异彩，对人类文化作出了卓越的贡献。唐代留下不少无价的文物，它们既有地道的中国气派，却又具有外来影响；是中华民族的，因而也是世界的。鸣沙石窟宝藏，至今不是还令中外神往吗?"① 这一评价是客观而符合实际的。这种世界性的文化和辉煌成就，正是透过唐都长安而走向世界的。

2. 隋唐时期天水文化的发展

隋唐时期国家强盛、经济繁荣、社会稳定，良好的民族关系和频繁的对外友好交往，促进了陇右经济文化的繁荣，特别是唐王朝的建立者以陇西为郡望，包括天水在内的陇右官僚又挟有皇族郡望和关陇集团的政治优势，加之经魏晋北朝时期民族融合所生发累积的鲜活能量与文化活力得以释放发散，这一切无不为天水地域文化的繁荣提供了优越的条件。

首先，世族望姓文化优势明显。隋唐时期以汉文化为核心的家族文化在天水一带仍然十分发达，如天水、陇西等地李氏、牛氏、辛氏、姜氏和赵氏等家族出将入相者为数不少，其中多以通经博学而参与军国大事。隋朝尚书右仆射赵煚"深沉有器局，略涉书史"，为官以德化人，"冀州俗薄，市井多奸诈，煚为铜斗铁尺，置之于肆，民以为便。上闻之，颁告天下，以为常法"。隋尚书左仆射赵芬博涉经史，"与郢国公王谊修律令，俄兼内史，上甚信任之"②。辛彦之精通经学礼仪，是与江南沈重齐名的硕学名儒。北周"朝贵多出武人，修订议注，唯彦之而已"。隋代北周之后，他与牛弘共撰《新礼》，并有《坟典》《六官》《祝文》《五经异议》《礼要》等行于世。史称："彦之制定新礼，蔚然可观，盖有得于古代制作之意者，彬彬然与叔孙通、曹褒并称矣"③。唐代天水人姜宝谊"少游太学，爱书"；姜暮是参与李渊太原起兵的谋划者之一，其子孙累世仕唐，如姜行本、姜皎、姜晦等皆有政声。姜皎还曾"监修国史"④，其家族长盛不衰，与家学及重视儒学礼教是分不开的。赵憬身居相位，"多学问，有辩辞"，史称"憬精治道，常以国本在进贤、节用、薄赋敛、宽刑罚"，曾向唐德宗献《审官六议》⑤。辛祕通五经，尤精礼学，德宗曾"推其达礼"。这些深受传统文化哺育的官僚，往往居官清廉简约，又能

① H. G. 威尔斯：《世界简史》，李少林译，上海科学普及出版社2014年版，第18页。
② 《隋书》卷四六《赵煚、赵芬传》，中华书局1982年版，第1249、1251页。
③ 《隋书》卷七五《儒林传·辛彦之传》，中华书局1982年版，第1709页。
④ 《旧唐书》卷五九《姜谟传》，中华书局1975年版，第2332—2335页。
⑤ 《旧唐书》卷一三八《赵憬传》，中华书局1975年版，第3777页。

通达时变，有所作为，在当时复杂的国家政治、军事斗争中发挥积极的影响。

其次，文化名家辈出。受家学渊源的影响，门生关系的提掖和科举取士的吸引推动，在进入仕途的天水籍人中，大多在文化方面卓有建树。李翱是中唐著名的散文家和思想家，也是古文运动的骁将，主张"文以载道""文以明道"，著有《复姓书》，又与韩愈合著《论语笔解》，是当时很有影响的人物。略阳权氏之权崇本、权崇基、权崇先等"皆以文学政事显名于贞观、永徽之际""文章之美，为当时冠首"①。而权德舆更是以文章进身的政治家，其三岁"知变四声，四岁能赋诗，积思经术，无不贯综。自始学至老，未尝一日去书不观。"诗文兼长，著述甚富②。李中敏"与进士杜牧、李甘相善，文章趣向大率相类。"李巨川善写诏讨檄文，其文"洒翰陈叙，文理俱惬，昭宗深重之，即时巨川之名闻于天下"③。李揆官至相位，又监修国史，被唐肃宗称为"卿门第、人物、文学皆当世第一"，故时称"三绝"④。李益善诗作，与李贺齐名，"每一篇成，乐工争以赂求取之，被声歌，供奉天子。至《征人》《早行》等篇，天下皆施之图绘。"⑤。李朝威、李公佐和李复言人称"陇西三李"，是中唐小说名家，其代表作《柳毅传》《南柯太守传》《谢小娥传》和《续玄怪录》等作品⑥，不仅是著名的中唐传奇小说，而且对后世产生过深远的影响。这些文化成就标志着天水乃至陇右地域文化的整体水平达到了相当高的境界。

再次，尚武与佛教文化发达。尚武风俗是陇右一带早自先秦以来兴盛不衰的传统习尚。魏晋以来诸如姜维、辛毗、庞德、尹纬、垣护之、赵贵、赵昶之流，隋唐之董纯、李景、姜宝谊、李大亮、李晨、李朔等人或为将帅之才，或为安边能吏，大都胸怀耿直之气，均以英武显名，从而透示出其家乡仍有浓厚的尚武氛围。隋唐频繁的对外交往与文化往来，对于丝路要道天水无疑具有重要影响，魏晋以来空前发展的佛教文化在隋唐时

---

① 《权载之文集》卷二八，上海书店1989年影印四部丛刊本。
② 《旧唐书》卷一四八《权德舆传》，中华书局1975年版，第4002页。
③ 《旧唐书》卷一九〇《文苑传·李巨川》，中华书局1975年版，第5082页。
④ 《旧唐书卷一二六《李揆传》，中华书局1975年版，第3560页。
⑤ 《新唐书》卷一三七《李益传》，中华书局1975年版，第5784页。
⑥ 李鼎文：《甘肃古代作家》，甘肃人民出版社1982年版，第123页。

期继续走向繁荣。如在《续高僧传》《华严经传记》《宋高僧传》等佛教传记中，隋唐两代入传的天水高僧约有近20人。玄奘西行取经时，即有在长安学《涅槃经》的秦州僧孝达，陪同玄奘到秦州；天水籍高僧释惠立曾被"敕召充大慈恩寺翻经大德，次补西明寺都维那，后授太原寺主"。并为玄奘撰《大唐大慈恩寺三藏法师传》①。辛彦之"崇信佛道"，并曾建造浮图。这都反映出隋唐两代天水一带佛教文化的发展盛况。

最后，边塞特色较为鲜明。安史之乱以后，陇右尽陷吐蕃，天水地区失去了盛唐时期良好的文化环境，地域文化也开始了承上启下的转型。陈寅恪先生曾说："秦凉诸州西北一隅之地，其文化上续汉、魏、西晋之学风，下开（北）魏（北）齐、隋唐之制度，承前启后，继绝扶衰，五百年延绵一脉。"② 此语道出了魏晋隋唐时期陇右文化的发展大势。魏晋北朝时期的民族大融合以及佛教文化的兴起，为天水地域文化在保持原有特色的基础上趋向多姿多彩提供了优越条件；并且由于少数民族的大量入居和向慕华风，又给当地汉文化的发展注入新鲜血液和异质养料。及至隋唐一统，社会的繁荣与稳定，又给这种文化潜能得以释放升华提供了舞台，于是天水地域文化终于呈现繁荣勃发的景象。

汉唐陇右是华夏文明与西域乃至西方文明交流融合、西传东渐的最活跃的地区。古代特别是魏晋以来中原人士把西越陇坻至陇右，看作是步入边塞的开始，所谓"陇头流水，鸣声呜咽。遥望秦川，心肝断绝"即是这种心情的真实写照，这也反映出陇右民俗与文化有不同于中原的地域特色。美国学者谢弗曾对唐代陇右"首府"凉州作过这样的评价："凉州是一座地地道道的熔炉，正如夏威夷对于20世纪的美国一样，对于内地的唐人，凉州本身就是外来奇异事物的亲切象征。凉州音乐既融合了胡乐的因素，又保持了中原音乐的本色，但是它不同于其中的任何一种，这样就使它听起来既有浓郁的异国情调，又不乏亲切熟识的中原风格。"这一比喻也大致适合于对天水地域文化特征的评价。

四　宋元明清时期的关陇文化

唐代之后，关中失去了国都的优势地位，在汉唐间大放异彩特别是对

---

①　《宋高僧传》卷一七《惠立传》，文渊阁四库全书本。

②　陈寅恪：《隋唐制度渊源略论稿》，上海古籍出版社1943年版，第41页。

西北地区经济文化发展产生重要作用的丝绸之路也渐次衰落，中国政治、经济、文化中心也随之东移南迁。但是，具有深厚人文积淀和文化传统的关陇地区，地域文化仍然异彩纷呈，显示出自己独有的特点。

1. 关学的发展与关中文化

关中自西汉以来，向有治经学或儒学的传统，且代不乏人。下及宋代，理学成为传统儒学发展的又一高峰。其时，关中文化最具代表和影响的无疑是张载所创立的"关学"，这一学派与宋代其他理学三家被并称为"濂洛关闽"四大派，可见影响之大。

关学的创始人张载祖籍大梁（今河南开封），生于长安，实际为陕西眉县横渠镇人。他"少孤自立，无所不学"，深受唐都长安文化影响，面对宋朝积贫积弱和西北边防被动的现状，青年时"喜谈兵，至欲结客取洮西之地"[①]。并曾上书主持对西夏防务的陕西招讨使范仲淹《边议》九条。其后，张载致力于儒家经典的研读，发现"知人而不知天，求为贤人而不求为圣人，此秦汉以来学者大弊也"[②]。为了既知人又知天，他"访诸释老""尽弃异学"，力图从佛教和道教的自然观念中吸收养料以改造儒学，"日益久，学益明"，其学问渐渐受到社会的关注。1057 年张载考中进士，曾任祁州司法参军、云岩县令，任上他不仅重教化，体恤下情，而且关心边事，建言献策，受到朝臣关注。经御史中丞吕公著引荐得到宋神宗召见，后因与王安石意见相左不得重用，遂辞职回归故里横渠镇，以著书立说和讲学为务。据《横渠先生行状》载：张载"终日危坐一室，左右简编，俯而读，仰而思，有得则识之，或中夜起坐，取烛以书，其志道精思，未尝须臾息，亦未尝须臾忘也。学者有问，多告以知礼成性变化气质之道，学必如圣人而后已，闻者莫不动心有进。又以为教之必能养之然后信，故虽贫不能自给，苟门人之无资者，虽粝蔬亦共之。其自得之者，穷神化，一天人，立大体，斥异学，自孟子以来，未之有也。"经过长期求索和思考，写成了体现其儒学思想和学术观点的《正蒙》十七篇。他提出了自己的治学目标和经世理想："为天地立心，为生民立道，为去圣继绝学，为万世开太平。"[③] 这种人生理想和道德境界是

---

① 《宋史》卷 427《张载传》，中华书局 1976 年版，第 12723 页。
② 同上。
③ 朱熹、吕祖谦编：《近思录》卷二《为学》，文渊阁四库全书本。

何等的高远豪迈！

张载理学的主要思想观点，概括起来大约有三点：一是从"万物一体"出发，用中国传统经典《易》寻求中国的哲学本体。他针对隋唐两朝"三教论争"导致儒学正统地位受到威胁，佛、道二教攻击儒学"知人而不知天"的处境，大胆提出《易》所体现的"天道"就是自然运行的记录，故"《易》与天地准"。二是提出"气本体论"（或"气一元论"）。张载认为，《易》所体现的"天"与"道"，均是气的反映和体现。他在《正蒙·太和篇》中认为，天地宇宙为太虚，太虚即宇宙中充满了气，气聚而形成万物，万物散而归太虚，一切都是由于气的凝聚而成，气就是构成宇宙的本质之物。张载所说的"气"也就是我们现在所称的"物质"的内涵。他进而指出，"由太虚，有天之名；合虚与气，有性之名；合性与知觉，有心之名"。在张载看来，宇宙充满了气，因此被称为天，天以"气化"为运行方式，故称之为"道"，道既然是"气"的聚散运行，便是"性"，而能够感知这个"性"的唯有人，因为人一旦将"性"上升为理性认识，便有了"心"，即思想。这一"气—道—性—心"的"气"本体认识论结构和过程，正是张载唯物主义哲学体系的基本结构①。三是"以天下为一家"的民族社会观。张载在其居室墙壁上的座右铭《西铭》中，认为天为父，地为母，人生期间虽然渺小，但人有思想心灵，可以认识感知天地自然，故为"天地之帅"、万物之灵长。而天地间的人，不论长幼贵贱，皆是同胞兄弟。张载的这种"天下一家，中国一人"民族社会观，尽管难以实践，但却具有很强的追求社会和谐的理想主义色彩。由此可见，张载的理学思想和唯物主义哲学体系，展示了中华民族理论思维的时代特征。

张载之学开创了理学的关学流派，成为在当时和后世颇具影响的学派。当然，作为一个学派，其发展与传承必非一人之力。宋代时，除张载之外，华阴申颜、侯可及其孙侯仲良，眉县张载之弟弟张戬，蓝田吕大防、吕不忠、吕大钧和吕大临，武功苏昞、游师雄，郴州范育、张舜民，长安李复等，也都为理学的发展和关学的兴盛做出了贡献②。故有"关学之盛，不下洛学"之称。北宋之后，关中被金人占领，接着元代统治者

---

① 黄新亚：《三秦文化》，辽宁教育出版社1998年版，第201—202页。
② 陈俊民：《张载哲学思想及关学学派》，人民出版社1996年版，第33页。

又轻视儒学的正统地位，包括关学在内的理学发展自然受到限制。及至明代，随着理学正统地位的恢复和王阳明心学的兴起，关学从明中叶走向"中兴"。长安人冯从吾罢官回籍后，建书院，授生徒，著书立说，弘扬关学，编《关学编》收录关中籍知名学者 15 人，后李元春续补至 25 人，计有段坚、张杰、周惠、张鼎、李锦、薛敬之、王恕及其子王承裕、吕楠及其子吕潜、马理、韩邦奇、杨爵、南大吉、郭郛、王之士、刘儒、刘子诚、冯从吾、温予知、张国祥、赵应震、张舜典、盛以宏、杨复亭等。他们既恪守程朱，又尊崇心学，并坚守"躬行礼教为本"的关学传统，致良知，讲气节①，在传统与创新中推进三秦学术与传统文化的发展。清初思想家李颙、周至人，因号二曲而被尊称为二曲先生，他继承张载"学贵有用"的精神，主张"文武兼资"，致力于儒学的复兴和传统文化的弘扬。

不难看出，由宋至清，以关学为代表的传统文化学术的发展，既有深厚故都文化积淀的浸润，也有关中笃行敦礼传统的传扬。清代理学家倭仁曾说：

> 自横渠张子以礼为教，关学之盛与濂、洛并称同时，如蓝天吕氏。有明则韩恭简（字苑各，名邦奇，朝邑人）、吕文简（字泾野，名楠，高陵人）、冯定恭（字少墟，名从吾，长安人）、国朝励中孚（名容，周至人）、王丰川（名心敬，鄠人）。率皆践履笃实，不愧圣人之徒。今者流风未泯，歧阳、渭涘间必有笃行之儒，抱道自重如古人者。②

这段话，揭示了宋元以来关中理学发展和学术文化的传承线索与演进脉络，对于我们认识以儒学为主的传统文化发展过程，无疑提供了一把钥匙。

2. 宋元明清时期的天水文化

晚唐下继五代宋金朝间，天水文化开始了承上启下的转型期。与关中

---

① 黄新亚：《三秦文化》，辽宁教育出版社 1998 年版，第 205—206 页。
② 倭仁：《莎车行纪》，载《小方壶舆地丛钞》第二帙，杭州古籍书店 1985 年版，第 154 页。

有所不同的是，天水地区中国传统儒学的发展以及学者不在少数，但其卓有成就者却不多见，反而在文学等方面有一些学者及成就犹可称道。

关中国都地位的丧失和政治、经济中心的东移南迁，也进一步使天水地区在文化发展中走向边缘。尽管唐末五代之际的牛峤、牛希济，以诗、词著称；多产作家王仁裕"性晓音律，喜为诗""以文章知名五代"，有诗作万余首，勒成百卷，号《西江集》，并有《开元天宝遗事》《玉堂闲话》《归山集》等作品传世①；赵延义自曾祖起累世精术数、天文，任职司天监②。宋、金间又有邓千江、张炎等词人和钱乙等医学家，标志着天水文化仍有相当成就，但从整体高度和地域特色上已不可同盛唐相比。实际上这正是民族融合、汉族人口复居主体后，地域文化向中原文化趋同过渡进程的必然反映。

明清时期五百余年间，中国汉文化圈在长期国土展拓和域内地区的空间分异缩小的基础上趋于定型③。在这种大的文化环境下，天水一隅文化的地域特征已更多地被文化共性所代替，当陇右失去东西交通要道的地域优势，民族结构上以汉族为主的格局形成，社会经济发展又明显低于江南和中原地区的时候，秦地文化在高层发展上的衰落乃属必然结局。以诗人胡釴、安维峻，作家胡缵宗，散曲家金銮等人为代表的秦地文人，其作品虽然也多能从家乡文化土壤中吸收养料，反映社会现实，同情人民疾苦，讴歌祖国山河与故乡的民俗风情，仍保持了一定的地域风格，但与前期文化不时领风气之先的生动景象相比已相去甚远。与此相反，秦地基础文化教育在科举取士的吸引、地方官吏的倡导下，兴学校、办书院蔚然成风，不过这种状况只是汉文化涵盖秦地之后的真实反映。

---

① 《新五代史》卷五七《王仁裕传》，中华书局 2002 年版，第 662 页。
② 《旧五代史》卷一三一《赵延义传》，中华书局 1976 年版，第 1730 页。
③ 赵世瑜：《中国文化地理概说》，山西教育出版社 1991 年出版，第 166 页。

第 三 章

关中—天水经济区经济开发与
环境演变的历史考察

关中—天水地区原本地处西北森林草原区，山清水秀，环境优美。人类早期在这里定居，繁衍生息，农业的开发活动就已经开始了。进入战国时期，关中地区的农业开发明显加快，地表覆盖区渐次裸露。秦汉以来，随着人口的增长，经济开发步伐加快，森林草原等植被破坏势头显现。但迟至隋唐以前，这里的环境依然没有根本性的变化。隋唐和明清时期的大规模屯田活动，表现出非常明显的农业生产活动的盲目性特征。由此，这里的森林草场等植被遭到严重破坏，环境变迁也很剧烈，甚至部分地区难以恢复。近现代时期关中—天水地区的工业化进程中，一系列新的现代生态环境问题随之而来，最终导致了整个关中—天水地区乃至西北地区形成脆弱的生态环境。

第一节　关中—天水地区人类
早期活动与生态环境

远古时期，我国西北地区主要分布在森林草原区、森林区和草原区，原本是林草丰茂之地，空气湿润，湖泊遍布，自然环境更适宜人类居住。这里山区的林区往往延伸到山下川区，"茂密的森林间间杂着农田和草原，到处呈现一片绿色，覆盖着广大的黄土高原"①。在距今 1 万年前的全新世期间，关中地区分布着大片森林。远古时期的今天水一带，也属森

---

① 史念海：《河山集》第二集，人民出版社 1981 年版，第 232 页。

林草原地区，从考古资料证明，距今 7 000—8 000 年前，该地气候较现在湿润，亚热带物种仍未消失，野生动物繁多。

一　史前时期的人类活动与自然环境

关中地区是我国境内很早就有人类活动的地区，蓝田人、大荔人即是明证。进入新石器时代，人类聚落已遍布关中地区，西安附近聚落很稠密；在冲积原上也有人类聚落。关中早期居民既从事种植业，也有畜牧业，还从事纺织。关中地区作为我国原始农业开发较早的区域，已为人所共知，兹不赘述。关中外围的天水地区，正处于我国农耕文化与游牧文化的过渡带上，自有其独特性。陇山以西的天水渭河流域各县新时期遗址也很稠密，从史前到先秦时期，天水渭河流域在中华农牧文化起源与发展中发挥了重要作用。

天水地区是中国旱作农业的重要起源地之一，当地气候温润、植被良好、山川台原相间分布和黄土疏松肥沃的条件，成为原始旱作农业兴起和早期农业多元发展的理想之区。大地湾、西山坪、师赵村三处前仰韶时代的文化遗址，从距今 8 000 年一直延续发展至距今 4 000 年前，在长达 4 000 多年之久的岁月里，早期先民创造了堪称发达的旱作农业。大地湾出土的黍、粟、油菜籽标本距今已有 7 000 年之久，说明这里是我国重要的旱作农业起源地。冯绳武指出："以秦安大地湾为中心的清水河谷是中国农业文化的起源地之一。尤其是旱作粮油谷物黍稷、油菜籽等最早的栽培地，距今在 7 000—8 000 年。由秦安清水河谷东越陇山南段，经汧河和汭河谷地，到关中平原与黄河大三角洲然后分别向南、北传播，主要沿着三条南北向的河谷交通线或两河间低平分水带。……最西一条从秦安南到天水，循西汉水和嘉陵江谷地及綦江谷地经过四川盆地而至云贵高原。"[①] 安志敏对大地湾遗址的中心作用有过精彩论述："大地湾文化主要分布在甘肃、陕西的渭河流域，个别的遗址穿过秦岭到达丹江上游，其实际分布范围要更大一些。"[②] 而在天水境内另一处新石器时代早期遗址西山坪出土了粟、黍、水稻、小麦、燕麦、青稞、大豆和荞麦等 8 种农作物标本，它囊括了东、西亚两个农业起源中心的主要作物类型。不仅证实西

---

①　冯绳武：《从大地湾遗存试论我国农业的源流》，《地理学报》1985 年第 3 期。

②　安志敏：《略论华北的早期新石器文化》，《考古》1984 年第 10 期。

亚的小麦和燕麦早在距今 4 650 年前已传播到中国西北地区，也揭示了中国最早的农业多样化可能出现在新石器时代的甘肃天水地区①。说明这里不仅适宜多种农作物种植，而且，起源于西亚的小麦、燕麦种子的发现，将中国与西亚之间的联系和文化交流的时间大大提前。在这样一种有着良好农业发展环境的天水地区，开始了自己的农业生产。

天水渭河流域大地湾、西山坪和师赵村遗址及其遗存，作为新石器时代早期三个典型遗址，其距今年代在 8 000—4 800 年前之间，遗址丰富的文化内涵和众多的动物骨骼，真切地反映了当地畜牧业发展的实际状况，也成为我们探索秦早期牧业发展的重要背景资料。三个遗址发现的动物计有猕猴、兔子、红白鼯鼠、仓鼠、中华鼢鼠、中华竹鼠、狗、豺、貉、棕熊、黑熊、虎、豹、豹猫、象、马、苏门犀、苏门羚、家猪和野猪、麝、獐、梅花鹿、马鹿、黄牛、羊、狸、鸡、龟、蚌等数十种。这些动物越往后期驯化类动物数量越多，尤以猪的骨骼为多，则表明当地很早就有了畜牧业，而在距今 8 220 年前就有了家鸡的驯养，为我国最早的记录②。其中，特别值得一提的是，中国传统的所谓"六畜"在三个遗址中均有发现，而且，作为家畜，其数量在遗址早期相对较少，而时间愈往后家畜数量则愈多，这就清楚地表明，早在新石器时代早期，天水地区的家畜饲养和畜牧业就已经发展起来。

《韩非子·五蠹》说："上古之世，人民少而禽兽众，人民不胜禽兽虫蛇。有圣人作，构木为巢以避群害，而民悦之"，又说："古者丈夫不耕，草木之实足食也；妇人不织，禽兽之皮足衣也。不事力而养足，人民少而财有余，故民不争。"这应该是当时人类真实的生活状态。所以，在远古时期，关中—天水经济区曾是非常适宜人类生存的区域，尤其是在气候较现代更为暖湿的远古时期，疏松的黄土、温暖湿润的气候，为原始人类的生存提供了优越的条件。但是，那时关中—天水经济区毕竟地广人稀，人类活动的有限性和人类活动的自然性对环境的影响力自然非常有限。

---

① 李小强等：《甘肃西山坪遗址生物指标记录中国最早的农业多样化》，《中国科学》D 辑《地球科学》2007 年第 7 期。

② 甘肃省文物考古研究所：《秦安大地湾新石器时代遗址发掘报告》，文物出版社 2006 年版，第 863 页；中国社会科学院考古研究所：《师赵村与西山坪》，中国大百科全书出版社 1999 年版，第 338 页。

二 先秦时期的人类开发活动

据古文献资料，至西周时，尚有竹、漆、棕等亚热带甚至热带树种。战国至秦汉时期，西北地区无论是自然环境条件和气候条件都要比现在优越得多。当时的关中平原，不仅"河湖纵横，水网密布"①，拥有丰富的水资源和便利的灌溉条件，还有比现在温暖湿润的气候。

关中农业区的形成是周人从陇东发展农耕和开发关中西部的周原开始的，到了西周时，丰镐附近农业也得以发展。关中东部得到基本开发是战国末期的郑国渠开凿以后。人工渠的开凿改变了关中东部的盐碱沼泽地质环境，也使东部开发全面展开，关中农业自西向东连成一片，形成千里沃野②。由于关中平原地理条件优越，平原沃野，所以，传统农业发展较快。但天水地区仍然是农、牧混合经营③，夏商时期，根据《竹书纪年》《左传》等记载，甘肃东部主要居民是西戎。西戎从商代末年起已经过着农牧兼营、以农为主的经济生活④。所以一直到西汉初，天水一带仍是以"畜牧为天下饶"而著称的畜牧区。

据史念海研究，周孝王养马地西迁至陇山以西的秦亭，渭河下游，丰镐附近及其以东至黄河之滨，已是为时已久的农耕区，陇山以西在周时为畜牧区，蓝田、西安一带农耕有一定的发展。泾阳县高家堡、焦获也已成为农耕地区。春秋时期，随着人口增加，水利发展，铁器利用使生产力大大提高等推动了关中地区的社会发展，兴建了许多重要城市。商鞅变法时，并小乡成立41个县，此后陆续增添。对关中一带进行了大规模的垦荒，并以"茅草之地，徕三晋之民"，使西安一带的森林砍伐殆尽，影响及秦岭北坡森林⑤。

西周时期，天水一带森林茂密，水草丰美，畜牧业较为发达。据《史记·秦本纪》载："非子居犬戎，好马及畜，善养息之。犬丘人言于

---

① 徐卫民：《秦立国关中的历史地理研究》，《西北史地》1998 年第 4 期。
② 李令福：《历史时期关中农业发展与地理环境之相互关系初探》，载《中国经济史上的天人关系学术讨论会论文集》，1999 年。
③ 李喜霞：《西北地区农牧业交错对生态环境变迁的影响》，《甘肃理论学刊》2004 年第 3 期。
④ 陈英：《秦汉时期甘肃生态环境的变迁》，《甘肃林业》2000 年第 2 期。
⑤ 马正林：《由历史上西安城的供水探讨今后解决水源的途径》，《陕西师范大学学报》1981 年第 4 期。

周孝王，孝王召使主马于汧渭之间，马大蕃息。"《诗经·秦风·小戎》中也有西戎"在其板屋"的记载。这时植被丰茂，河流丰沛，甚至有僖公十三年的"泛舟之役"①，说明渭河水量足以载舟。正是在秦人的长期经营下，陇右天水一带秦人故地，逐步成为半农半牧区。尤其是当地适宜畜牧养马，这里成为秦人逐鹿中原、一统天下的重要战马基地。

由于人口非常稀少，活动范围局限，人类的开发活动尚未对生态环境产生明显的影响。尽管环境变迁也在悄然而行，但总体而言，先秦时期，这一区域的自然环境的变迁程度并不十分剧烈②。

三　先秦时期的动植物分布

先秦时期关中—天水地区仍覆盖着茂密的森林。新石器时代，泾渭下游关中平原有过大片森林；西周春秋时期，关中平原有不少大片森林；甘谷县灰地儿新石器时代文化遗址出土的木炭，证明当地森林的存在。春秋战国时期森林的破坏也主要集中在关中平原地区。而战国秦汉时期渭河上游的居民利用木材建房，对森林的影响不具很强破坏性。黄土高原上的群山郁郁葱葱，到处森林覆盖，山上的林区延伸至山下的平川原野。

从当时的动植物种群来看，这一时期的环境仍很优越。根据动物化石可知，公王岭动物群中最多的是森林动物，虎、象、猕猴、獏、野猪、毛冠鹿、水鹿等，其次是草原动物，马牛，也有草原及森林草原动物，包括羚羊、狮子、大角鹿等，其他有鬣狗及獾等。哺乳动物群中大熊猫、猎狗、剑齿象、獏、毛冠鹿、水鹿等都是我国南方及亚洲南部更新世时期的动物，反映当时气候温暖。据孢粉分析，陈家窝植被以阔叶树桦、朴树为主，针叶林比较稀少。加上动物群特征，由此推断秦岭北坡应为亚热带森林植被。半坡时期，渭河南岸的水系沣、滈、浐、灞都早已形成。发现植物的孢粉有冷杉、松、云杉、铁杉、柳、胡桃、桦、鹅耳枥、栎、榆、柿树，还有禾木科、藜科、十字花科、葎草、蒿、石松和其他一些蕨类。大

---

① 《左传》载："冬，晋荐饥，使乞籴于秦。秦伯谓子桑：'与诸乎？'对曰：'重施而报，君将何求？重施而不报，其民必携，携而讨焉，无众必败。'谓百里：'与诸乎？'对曰：'天灾流行，国家代有，救灾恤邻，道也。行道有福。'郑之子豹在秦，请伐晋。秦伯曰：'其君是恶，其民何罪？'秦于是乎输粟于晋，自雍及绛相继，命之曰泛舟之役。"上海科学技术文献出版社2012年版，第99页。

② 史念海：《河山集》第一集，生活·读书·新知三联书店1963年版，第26页。

多数动物属于华北动物群，也有獐、竹鼠等南方动物。

　　根据考古学家对天水师赵村、西山坪的新石器时代考古发掘可知，当时在人类居住地附近，有茂密的森林，植被发达。地面分布着以蒿、藜、菊科、禾本科为主的草原，而在略高的山地有松杉等针叶树生长，在坡地上分布着栎、榆、桦、桤、椴树等落叶树。在孢粉组合中含有水生植物香蒲花粉和淡水藻类，反映住处附近也有低凹的水泽地。这种植物的存在和上述植物组合，表明当时的气候比现在可能略湿①。在这样的自然条件下，如前所述，有众多的林缘动物、食草动物生活在这里适宜生存。

第二节　秦汉时期关中—天水地区
人类活动与环境变迁

　　秦汉以后，随着生产力水平不断提高，人口增加和人类活动强度增加，关中—天水（简称关天）地区的经济开发明显加快，森林植被逐步缩减，黄土裸露情况趋于严重。

一　人口迁入与土地垦殖

　　秦汉时期，关中—天水地区的农业开发呈现加速之势，其主要原因之一是人口的迅速增长。其时该地区人口增长不仅得益于生产力水平不断提高的经济贡献（关天地区人口的自然性增长），而且得益于秦、西汉定都咸阳和西安的政治贡献（关天地区人口的社会性增长），这两者都可以推动人口向本地区迁徙，导致人口增长。

　　人口迁徙是关中—天水地区人口增长的重要因素之一。当秦和西汉两朝都将都城定于关中时，自然对周边产生较强的吸引力，因而促使人口向关中迁徙，"四方辐辏并至而会"的现象也必将延续。

　　其二是政府的主动人口迁徙。秦始皇统一六国后，大规模地移民实边，垦荒屯田。汉武帝时，北击匈奴，又大量移民。公元前120年，徙关东贫民70余万口以充实陇西、北地、西河、上郡及朔方等。东汉永元十三年（公元101年），东汉打败烧当、迷唐部落，6 000人降汉后，迁至

---

　　①　中国社会科学院考古研究所：《师赵村与西山坪》，中国大百科全书出版社1999年版，第320页。

今甘谷等地。灵帝建宁元年（公元 168 年），汉羌再次发生战争，羌人战败，投降 4 000 余人，分别安置在甘谷、陇西等地。元狩四年（公元前 119 年），"徙贫民于关以西及充朔方以南新秦中七十余万口"，从而导致其地用度艰难。元狩五年，"徙天下奸猾吏民于边"①。秦汉政府多次徙民"实关中"，如《秦始皇本纪》载，始皇二十六年，"徙天下豪富于咸阳十二万户"②，使关中人口有了较大幅度的增加。《太平寰宇记》载："长陵故城，在今县东北四十里。汉初徙关东豪族以奉陵邑，长陵、茂陵各万户，其余五陵各五千户"。③ 据考证，当时汉都长安周围人口密度达每平方公里 1 000 人左右。如西汉时，长安附近的京兆、左冯翊、右扶风一带，地处关中地区，人口特别稠密，共有 240 多万人。秦汉两朝对西北边地的移民遍及朔方、五原、西河、上郡、北地、安定、陇西、天水④、金城、武威、张掖、酒泉、敦煌诸郡，而以朔方、五原、金城及河西四郡最为集中。换言之，这一时期的移民主要集中在河套地区和甘肃河西走廊，但仍有相当一部分人口迁入关天地区，特别是天水地区人口增长与此直接相关。西汉时，天水郡辖 16 个县的人口已达 261 348 人，如取平均数计算，现天水市辖区，其时人口在 11 万余人。东汉时，陇右人口下降，这时，天水郡辖 11 个县的人口为 130 138 人（跟辖区缩小关系很大）。如对比其他各郡人口，天水郡人口在陇右地区各郡中比例大为提高。

秦汉时期移民的方向重点并不在关天地区，这也在一定程度上说明关天平原地区可供开垦的土地已经不多了。于是"伐木而树谷，燔菜而播粟，火耕而水耨"⑤，森林植被面积不断缩减。

秦汉时期的屯田，史书记载甚少。东汉建武五年（公元 29 年），刘秀同意马援在关中上林苑屯田。汉灵帝中平元年（公元 184 年），黄巾起

---

① 班固：《汉书》卷六《武帝纪》，中华书局 1962 年版，第 179 页。
② 司马迁：《史记》卷六《秦始皇本纪》，中华书局 2008 年版，第 239 页。
③ 乐史：《太平寰宇记》卷二六。
④ 西汉元鼎三年（前 114 年），析陇西郡地置天水郡，治平襄县（今通渭县平襄镇），领平襄、冀县（今甘谷县东）、成纪（今静宁县西南）、獂道（今陇西县东南）、望垣（今天水市西）、罕开（今天水市北道区南）、绵诸（今清水县西南）、陇县（今张家川县）、街泉（今庄浪县东南）、戎邑道（今清水县北）、略阳道（今秦安县东北）、清水、阿阳（今静宁县西南）、勇士（今榆中县东北）、兰干（今陇西县东北）、奉捷 16 个县。东汉永平十七年（74 年），天水郡更名曰汉阳郡，改治冀县，领 11 个县。原领冀县、平襄、成纪、望垣、陇县、略阳、阿阳、勇士 8 个县，由陇西郡划入西县、上邽 2 个县，新置显亲县（今秦安县西北）。
⑤ 桓宽：《盐铁论》卷一《通有》，上海人民出版社 1974 年版，第 7 页。

义爆发，河陇各族人民斗争遍及陇右、三辅，致使朝廷一些权贵主张放弃凉州，而傅燮坚决反对遭排挤，于中平三年"出为汉阳太守"。据《后汉书·本纪》载："燮善恤人，叛羌怀其恩化，并来降服。乃广开屯田，列置四十营，安置降羌。"另据《后汉书·西羌传》记载，汉顺帝永建四年（公元 209 年），尚书仆射虞诩建议将原来内迁的北地、安定、上郡复归原地，顺帝乃"复三郡，使谒者郭璜督促徙者，各归旧县，缮城郭，置侯驿。既而激河浚渠为屯田，省内郡费岁一亿计"。从这一记载可知，以上三郡此时的屯田大多应为旧垦区的恢复。这一现象在汉政府与少数民族及割据政权的拉锯战中应较为常见。比如傅燮广开屯田仅一年后，军阀韩遂进围汉阳，傅燮战死，由此屯田必然遭到破坏。而这种耕荒的反复，对环境的影响较大，垦殖已经破坏了植被，会导致水土流失，而抛荒使土地裸露则会加剧水土流失。

由于记载甚少，其屯田具体情况知之不多。但当人口迅速增长时，对耕地的需求也将迅速增加，土地垦殖、农业开发的加速势在必然。那么，如与人口增加相对应，民垦规模应该不小。

二　水利工程建设与农业区扩张

在生产力水平相对低下时，要满足日益增长的人口衣食需要，就必须提供足够的耕地作为支撑。此外，提高生产力是最主要、最根本的手段。为此，秦汉时期政府在关天地区大力推进水利工程建设，并取得了很大成就，分别建成龙首渠、六辅渠、白渠、成国渠等大批农田水利工程，为农业生产发展注入了强劲动力。

龙首渠，约在汉武帝元狩到元鼎年间修建。渠从今陕西澄城县状头村引洛水灌溉今陕西蒲城、大荔一带农田，是我国历史上第一条地下水渠，可灌溉沿渠两岸近万亩盐碱地。六辅渠是武帝元鼎六年由左内史倪宽主持兴建，为六条辅助性渠道的总称，主要灌溉郑国渠上游北面的农田。史载："元鼎六年，百三十六岁，而兒宽为左内史，奏请穿凿六辅渠，以益溉郑国傍高卬之田。上曰：'农，天下之本也。泉流灌浸，所以育五谷也。左、右内史地，名山川原甚众，细民未知其利，故为通沟渎，畜陂泽，所以备旱也。今内史稻田租挈重，不与郡同，其议减。令吏民勉农，尽地利，平繇行水，勿使失时。'"关于白渠，《汉书》载："太始二年，赵中大夫白公复奏穿渠。引泾水，首起谷口，尾入栎阳，注渭中，袤二百里，溉田四千五百余顷，因名曰白渠。民得其饶。"① 成国渠从今陕西省眉县杜家村西南引渭河经扶风、武功、咸阳复入渭水，全长 110 千米，溉田面积约万顷，一度是关中最主要的灌溉渠道。以上所举是秦汉时期关中著名的灌溉工程。除此之外，还有一些小型灌渠，例如武帝时，位于今周至县境内有灵轵渠，位于今扶风县境内有渭渠等。它们以发源于南山的山溪水为水源，灌溉了渭南的农田②。

水利工程建设农业生产条件有了很大改善，推动了农业的迅速发展，既缓解了人口增长带来的生存压力，也为首都供给做出了重要贡献。"田于何所？池阳、谷口。郑国在前，白渠起后。举臿为云，决渠为雨。泾水一石，其泥数斗。且溉且粪，长我禾黍。衣食京师，亿万之口。"③

人口增加和农田水利化程度提高，推动了关中—天水地区农业的长足发展，农业区域也将不断扩张。

关中东部渭北冲击平原地势低洼，土地盐碱化较严重，郑国渠的修建，就使关中实现了"自汧、雍以东至河、华，膏壤沃野千里"，这都反映了水利建设在关中农业疆域扩展中的作用。随着定都关中期间关中人口的增加，东部渭北地区已日益成为关中农业经营的重点区域。关中西部渭北地区农业开发最早，由于周人和秦人的长期经营，一直较繁荣。关中东部渭南地区河流众多，水资源较丰富，农业起源很早。武帝开凿漕渠，从长安附近引渭水，沿南山东流，沿途收纳灞、沪等水，依次经过汉代的霸陵、新丰、郑县、沈阳、武城、华阴诸县，在船司空附近重新入渭，全长150 余千米，流经的主要是关中东部的渭水以南地区。由此而言，关中平原农耕文明区已经形成。

相比较，天水农业的发展与关中仍有很大的差距。《汉书》言："天水、陇西，山多林木，民以板为室屋。及安定、北地、上郡、西河，皆迫近戎狄，修习战备，高上气力，以射猎为先。"④《史记·货殖列传》也载："天水、陇西、北地、上郡与关中同俗，然西有羌中之利，北有戎翟之畜，畜牧为天下饶。"⑤ 即就是说，天水地区旧有的生产方式变化并不

① 班固：《汉书》卷二九《沟洫志》，中华书局 1962 年版，第 1 685 页。
② 魏新民：《浅议秦汉时期的关中水利与农业发展》，《安徽农业科学》2007 年第 25 期。
③ 班固：《汉书》卷二九《沟洫志》，中华书局 1962 年版，第 1 685 页。
④ 班固：《汉书》卷二八《地理志》，中华书局 1962 年版，第 1 644 页。
⑤ 司马迁：《史记》卷一二九《货殖列传》，中华书局 2008 年版，第 3 262 页。

大，从零星记载来看，农业区大略均在河谷川原地区，点状化特征很明显。

水利工程是人类对自然的积极开发，其意义十分明显。但引水灌溉工程的扩大，则会使自然河流流量较少，对下游的生态环境不利，这需要从流域大范围综合考量。

三　秦汉都城与土木建设

随着生产发展，人口增多和加强统治的需要，秦汉王朝都曾大兴土木工程。从史书记载来看，秦都咸阳、汉都长安的土木建设规模宏大，而王侯府邸也"殚极土木，互相夸竞"。秦汉时期大规模的土木工程，无疑使关中—天水地区的植被造成破坏。

1. 秦都咸阳的土木建设

秦始皇统一中国后，曾进一步扩展都城咸阳的宫室建设，大兴土木。秦始皇除了对先王宫室进行大力扩建外，还建成了风格各异的齐、楚、燕、韩、赵、魏六国宫殿。而信宫"自雍门以东至泾、渭，殿屋复道周阁相属"。秦都规模更大的土木建设是修建阿房宫。秦始皇三十五年（公元前212年），秦始皇在渭南上林苑中营造咸阳最大的宫殿——朝宫。《史记》载："（始皇）乃营作朝宫渭南上林苑中。先作前殿阿房，东西五百步，南北五十丈，上可以坐万人，下可以建五丈旗。……作宫阿房，故天下谓之阿房宫。隐宫徒刑者七十馀万人，乃分作阿房宫，或作丽山。发北山石椁，乃写蜀、荆地材皆至。关中计宫三百，关外四百馀。"① 这种大规模的土木工程，既是人力、物力、财力的巨大浪费，也必然对关中地区的森林植被造成破坏。

2. 汉都长安的土木建设

比之秦都咸阳，汉都长安的土木建设毫不逊色。汉高祖刘邦在渭水之南另建新都长安，其平面大致为不规则矩形。城墙周长22 690米，包纳面积35平方千米，每面有城门三座。城内大部为宫殿所占据，主要有长乐宫、未央宫、桂宫、北宫、明光宫，官署、武库杂处其间。城南偏西有社稷、宗庙及辟雍等礼制建筑。汉武帝时，又在城西修造建章宫及上林苑。以长乐宫为例，据《三辅黄图》记载，宫殿有前殿、临华殿、温室

---

① 司马迁：《史记》卷六《秦始皇本纪》，中华书局2008年版，第256页。

殿、长定殿、长秋殿、永寿殿、永宁殿，宫中特建有长信宫、永寿殿、永宁殿，台榭有鸿台、鱼池台、酒池台、著室台、斗鸡台、走狗台、射台等。可见土木建设规模之宏大。

3. 诸侯府邸

在最高统治集团宫室之好的影响下，对豪华富丽的宅第的追求一时成为汉代上层社会普遍的风尚。《后汉书·梁统传》载："冀（梁统玄孙）乃大起第舍，而寿亦对街为宅，殚极土木，互相夸竞。堂寝皆有阴阳奥室，连房洞户。柱壁雕镂，加以铜漆；窗牖皆有绮疏青琐，图以云气仙灵。台阁周通，更相临望；飞梁石蹬，陵跨水道。金玉珠玑，异方珍怪，充积臧室。远致汗血名马。又广开园囿，采土筑山，十里九坂，以像二崤，深林绝涧，有若自然，奇禽驯兽，飞走其闲。冀寿共乘辇车，张羽盖，饰以金银，游观第内，多从倡伎，鸣钟吹管，酣讴竟路。或连继日夜，以骋娱恣。客到门不得通，皆请谢门者，门者累千金。又多拓林苑，禁同王家，西至弘农，东界荥阳，南极鲁阳，北达河、淇，包含山薮，远带丘荒，周旋封域，殆将千里。又起菟苑于河南城西，经亘数十里，发属县卒徒，缮修楼观，数年乃成。"① 梁冀是"五侯群弟，争为奢侈"的代表。

宏大宫室建筑对木材需求极大，《淮南子·说山》说"上好材，臣残木"。这一点，正所谓"宫室之侈，林木之蠹也"②，时人已经认识到了。

四　秦汉时期关中—天水地区的环境态势

1. 森林植被的退化

森林植被是衡量环境状况的重要尺度，森林植被的破坏和退化是环境破坏的主要因素之一。秦汉时期关天地区的农业开发对森林植被的影响较大，而土木建设、生活燃料及简单的手工业生产能源需要等也是森林植被退化的重要原因。另外，秦汉时期的战争也直接或间接地加速了森林的退化。

农业开发包括移民垦荒、农田水利建设必然促进关天地区农业的迅速发展，但大片的森林和草原必将让位于村庄和农田。

---

① 范晔：《后汉书》卷三四《梁统列传》，中华书局1973年版，第1 181—1 182页。
② 桓宽：《盐铁论》卷六《散不足》，上海人民出版社1974年版，第65页。

土木建设是森林退化的又一推手。由于天水地区与关中相连，运输便利，加上土木等建设需求的不断膨胀，因而也成为木材原料地。东汉末年，董卓想迁都关中，杨彪认为，"关中遭王莽变乱，宫室焚荡，民庶涂炭，百不一在"，加以反对。董卓则言："关中肥饶，故秦得并吞六国。且陇右材木自出，致之甚易。"① 可见秦汉时期天水地区的森林不但要满足本地需求，还要支持关中的土木建设等需要。天水地区由原来"山多林木，民以板为屋室"到慢慢搬进窑洞，林木的破坏是其原因之一。

战争对森林的破坏也较为突出，且常常更显得非理性。东汉光武帝建武六年（公元 30 年），割据陇右的隗嚣"发兵反，使王元据陇坻（即陇山），伐木塞道"②。建武八年光武帝为了荡平隗嚣势力，派中郎将来歙等从番须、回中袭取略阳时，"伐山开道"③。即就是说，平原地区的森林在农业发展中被一步步推平，而大兴土木和战争则将手伸向远山的森林。

秦汉时期，关中地区的森林覆盖率仅为 42%，规模较大的林区已不多见。森林日益退化，西北风的缓冲明显减弱。而黄土高原现象在周围和西北地区已在逐步形成，水土流失、黄河泛滥、气候干旱、土地沙化等环境问题随之而来，所谓"泾水一石，其泥数斗"。

2. 上林苑——关天地区环境变迁的缩影

上林苑是秦朝的旧苑，汉初为其内苑，坐落在关中平原的中部，南靠秦岭、北临渭水，地势南高北低，是一个由南向北微微倾斜的冲积平原。汉武帝时扩建，有 36 个苑囿、12 道苑门、12 组宫室、25 观、10 个沼池。山石青翠、曲流环绕、茂林丰草，是各种动植物繁衍生息的乐园。据《西京杂记》卷一，"初修上林苑时，群臣远方各献名果异树，亦有制为美名，以标奇丽。"④ 上林苑南界秦岭，当时称终南山，森林蔚为壮观。动植物种类繁多，有 3 000 余种植物，40 多种动物，是当时我国生态资源丰富的地区之一。

然而，汉武帝以后，上林苑开始衰落。表现之一是农田化趋势；其二是动植物种群减少。先说农田化趋势。汉元帝曾令在"水衡禁囿"中假与贫民种地，上林苑归水衡管辖，可能部分辟为农田。西汉末年战乱，上

① 范晔：《后汉书》卷五四《杨震列传》，中华书局 1973 年版，第 1 786—1 787 页。
② 司马光：《资治通鉴》，甘肃民族出版社 1998 年版，第 534 页。
③ 范晔：《后汉书》卷一五《李王邓来列传》，中华书局 1973 年版，第 587 页。
④ 葛洪撰，周天游校注：《西京杂记》，三秦出版社 2006 年版，第 8 页。

林苑遭到严重破坏。东汉迁都洛阳，上林苑逐渐辟为农田。《后汉书·马援传》载："援以三辅地旷土沃，而所将宾客猥多，乃上书求屯田上林苑中，帝许之。"①《后汉书·冯异传》载：建武三年，"异且战且行，屯军上林苑中。"② 由此可见，农业扩张和战争对上林苑的破坏。动物种群减少是上林苑环境受到破坏的有力证据，这有两个代表性的事例：一是麋鹿在秦汉以后不复存在；二是大约在西汉晚期，犀牛在关中绝迹③。动物种群减少在很大程度上反映出局部环境的变迁已经较为剧烈。

3. 秦汉时期的生态建设

由前文可知，秦汉时期关天地区的环境变迁主要原因在于农业发展、土木建设和战争等对森林植被的破坏。但是，在这一时期，仍有一些有利于环境恢复和生态建设的举措值得重视。

首先，是法制建设。《四时月令五十条》颁布于西汉元始五年（公元5年），这是一份以诏书形式颁布的法律，以当时在位的汉平帝的太皇太后的名义向全国发布的。这部法律规定：孟春（一月）禁示伐木，不能破坏鸟巢和鸟卵，勿杀幼虫、怀孕的母兽、幼兽、飞鸟和刚出壳的幼鸟，同时要做好死尸及兽骸的掩埋工作。仲春（二月）不能破坏川泽，不能放干池塘，竭泽而渔，不能焚烧山林。季春（三月）则要修缮堤防沟渠，以备春汛将至，并且不能设网或用毒药捕猎。孟夏（四月）勿砍伐树林，不要搞土木工程。仲夏（五月）不能烧草木灰。季夏（六月）要派人到山上巡视，察看是否有人伐木。④

其次，是苑囿建设。秦汉时期的关天地区的园林建设有利于环境保护。最具代表性的是前文已经论及的上林苑，鸟语花香，林密水美。苑囿中绿色的林海和厚厚的绿色植被，可以净化空气，吸尘杀菌，防风，保持水土，对关中环境起到很好的保护作用。

再次，人工池沼建设。秦都咸阳周围本来就有许多天然湖泊和人工修建的池塘。如秦始皇时，引水为池，就近建筑兰池。《三秦记》言："秦始皇作兰池，引渭水东西二百里，南北20里，筑土为蓬莱山，刻为石鲸，

① 范晔：《后汉书》卷二四《马援传》，中华书局1973年版，第831页。
② 范晔：《后汉书》卷一七《冯异传》，中华书局1973年版，第647页。
③ 李健超：《上林苑生态环境的变化及其对西安经济文化发展的不良影响》，《中国历史地理论丛》1999年增刊，第302页。
④ 胡平生、张德芳：《敦煌悬泉汉简释粹》，上海古籍出版社2001年版，第192—199页。

长二百丈。"① 兰池当时在咸阳县东 25 里。兰池宫所在地，水流曲折，水域宽广，山水相依。宫阁掩映，实为园林佳境。再比如鱼池。《水经注》曰："渭水右迳新丰县故城北，东与鱼池水会。水出丽山东北，本导源北流，后秦始皇葬于山北，水过而曲行，东注北转。始皇造陵取土，其地污深，水积成池，谓之鱼池也。"② 在汉武帝营造的建章宫内有"泰液池"。《汉书·郊祀志下》载："（建章宫）其北治大池，渐台高二十余丈，名曰泰液，池中有蓬莱、方丈、瀛州、壶梁，象海中神山、龟、鱼之属。"③又比如苍池，《水经注·渭水》载："飞渠引水入城，东为仓池，池在未央宫西，池中有渐台，汉兵起，王莽死于此台。"④

而苑囿中的池沼则更多，仅上林苑的池沼就达十余个。《三辅黄图·池沼》载："十池：上林苑有初池、糜池、牛首池、蒯池、积草池、东陂池、西陂池、当路池、大壹池、郎池。"⑤《初学记·昆明池》则言："汉上林有池十五所：承露池；昆灵池，池中有倒披莲、连钱荇、浮浪根菱；天泉池，上有连楼阁道，中有紫宫；戟子池；龙池；鱼池；牟首池；蒯池；菌鹤池；西陂池；当路池；东陂池；太乙池；牛首池；积草池，池中有珊瑚，高丈二尺，一本三柯，四百六十条，尉佗所献，号曰'烽火树'；糜池；含利池；百子池，七月七日，临百子池作于阗乐，乐毕，以五色缕相羁，谓为连爱。"⑥

最后，植树。据《汉书·贾山传》记载，秦朝修驰道，"道广五十步，三丈而树，厚筑其外，隐以金椎，树以青松"⑦。汉代主要交通要道两侧大都也植树，还鼓励百姓在房前屋后种植树木。《后汉书·百官志四》载：（将作大匠一人）"掌修作宗庙、路寝、宫室、陵园木土之功，并树桐、梓之类列于道侧。"⑧《三辅黄图》卷一记载，长安城中"树宜

---

①　东汉辛氏：《三秦记》，《四库全书》子部《杂家类·杂纂之属·说郛》卷 61 上。

②　郦道元著，陈桥驿译注：《水经注》卷一九《渭水》，贵州人民出版社 1996 年版，第 661—662 页。

③　班固：《汉书》卷 25《郊祀志五下》，中华书局 1962 年版，第 1425 页。

④　郦道元著，陈桥驿译注：《水经注》卷一九《渭水》，贵州人民出版社 1996 年版，第 654 页。

⑤　陈直：《三辅黄图校正》，陕西人民出版社 1980 年版，第 55 页。

⑥　徐坚等：《初学记》卷七《昆明池》，中华书局 1962 年版，第 148 页。

⑦　班固：《汉书》卷五一《贾山传》，中华书局 1962 年版，第 2328 页。

⑧　范晔：《后汉书》志二七《百官志四》，中华书局 1973 年版，第 3610 页。

槐与榆，松柏茂盛焉"，城门亦皆"周以林木"。《初学记》卷二八引枚乘《柳赋》："漠漠庭阶，白日迟迟，吁嗟细柳，流乱轻丝。"是指当时民居庭院多植柳。《古诗十九首》有"郁郁园中柳"，"庭中有奇树"诗句，可知民间居住环境追求绿荫的风习。而所谓"白杨何萧萧，松柏夹广路"，也体现公共空间因植树得以改善的情形。秦汉国家行政权力者鼓励私家发展林木种植。①

如此等等，这些措施在很大程度上对环境起到了有效保护作用，是积极的。

朱士光认为，关中虽然在西汉王朝大兴土木、移民耕垦，但终汉之时，基本保持优越的生态环境②。杨宏伟先生也认为，秦汉时期，关中农业范围大致在泾渭洛河一带，周围山原、丘陵等自然植被繁茂，类型多样，甚至低洼地带还有沼泽植被。秦汉时期关中森林覆盖率仍在 42%③。从南山号称"陆海"来看，关中地区的森林覆盖率很高。天水地区经济开发在秦国发迹和扩张初期强度较大，这从大地湾等人类遗址中可以找到根据。但秦国东扩，进入关中以后，则逐渐减弱。所以秦汉时期天水地区经济开发相对滞后，除了天水木材供应关中等记载外，农业、农田水利等方面记载非常少见，故可以推测其牧业区的基本格局仍未有根本性的变化。《汉书·地理志》言天水、陇西等六郡林海莽莽，"天水、陇西山多林木，民以板为屋"④，可见环境依然非常优美。《史记》载："秦文、德、缪居雍，隙陇蜀之货物而多贾。献公徙栎邑，栎邑北却戎翟，东通三晋，亦多大贾。孝、昭治咸阳，因以汉都，长安诸陵，四方辐凑并至而会。"⑤《史记》言"天水、陇西、北地、上郡与关中同俗，然西有羌中之利，北有戎翟之畜，畜牧为天下饶"⑥，亦可见天水农业开发程度很低。

由此而言，关中—天水地区特别是关中地区进行了规模较大的开发，

　　① 王子今：《西汉"五陵原"的植被》，《咸阳师范学院学报》2004 年第 5 期。
　　② 朱士光：《西汉关中地区生态环境特征与都城长安相互影响之关系》，《陕西师范大学学报》2000 年第 3 期。
　　③ 杨宏伟：《论历史上农业开发对西北环境的破坏及其影响》，《甘肃社会科学》2005 年第 1 期。
　　④ 班固：《汉书》卷二八《地理志八下》，中华书局 1962 年版，第 1644 页。
　　⑤ 司马迁：《史记》卷一二九《货殖列传》，中华书局 2008 年版，第 3261 页。
　　⑥ 同上书，第 3262 页。

但毕竟人口有限，人类活动的足迹也较为有限，其开发总体上是相对温和的，因而，环境的变迁也是温和的。《汉书·五行志》记载 15 次大旱，但无一次确指是发生在关中地区[①]。而东汉时期黄河安流也足以说明，这一时期的环境破坏虽较为严重，但从西北大环境到关天小环境，并没有到无以复加的地步。

第三节　魏晋至宋元时期关中—天水地区
经济开发与环境变迁

随着人口的较快增长，大规模的屯田活动的开展，关中—天水地区森林植被退化愈发剧烈，人地关系趋于紧张，环境状况开始恶化。

一　农业开发

魏晋南北朝时期，关中—天水地区经济开发呈现两种基本趋势。其一是草原面积有所扩大的牧业经济开发。在这数百年间，少数民族不断内迁，畜牧业受到前所未有的重视，黄土高原的许多地方成为牧场，草原面积有所扩大，就连河套等地的农耕区也变成了畜牧区或半农半牧区。少数民族内迁中这一趋势得到强化，但随着少数民族的汉化，以及政权变迁等因素而导致的牧区农业区化，牧场被垦被废的情况时有发生。其二是农业经济开发，主要表现为屯田活动。三国两晋南北朝战乱时期，这里先是在曹魏政权，后是在北魏政权管辖之内。曹魏政权为了发展自己的实力，加强西北屯田，重视农业发展，以解决军粮供应。司马懿"徙冀州农夫佃上邽，兴京兆、天水、南安监冶，以益军食"，度支尚书司马孚专理天水屯田，"秋冬习战阵，春夏修桑田"。邓艾驻军陇中，洮西之役后，"留屯上邽……艾欲积谷强兵，以待有事"。因而关中—天水一带成为重要的屯田产粮区、军粮供应来源。北魏统一北方以后，游牧民族和汉族杂居相处，陇中农牧经济都得到了恢复和发展。

进入唐代以后，大规模的屯田活动便开始了。唐初至唐玄宗开元末年，沿边地区的军屯已达 1 037 屯。其中河西 154 屯、关内道 256 屯、陇

---

① 朱士光：《西汉关中地区生态环境特征与都城长安相互影响之关系》，《陕西师范大学学报》2000 年第 3 期。

右道 172 屯①。按唐制，大屯 50 顷，小屯 20 顷，唐代西北屯田面积大约
在 11 640 顷—29 100 顷，而屯田总量大大超过此数②。但唐代陇右道东部
有若干森林，更有广阔的畜牧地区。农耕在森林草原之间，也只是点状分
布③。换言之，唐代大规模屯田活动中，天水地区的屯田活动依然有限。
《隋书·地理志》说安定、北地、上郡、陇西、天水、金城 6 郡，"勤于
稼穑，多畜牧"，所以是典型的半农半牧。唐代牧马地区最初为金城、
陇西、平凉、天水四郡，后扩展到岐、邠、泾、宁四州等。④ 这也足以说
明唐前期天水地区的半农半牧，或者农耕点式分布的基本经济格局。这种
半农半牧的经济形态，大约从春秋以来至唐宋之际，可以说就是陇右天水
地区基本的经济形态。而且，由于唐代前期国家强盛、社会安定，陇右经
济一度农牧两旺，史称"天下称富庶者无如陇右"。说明这种经济形态适
宜于陇右地区的生态条件。但是，安史之乱后，陇右被吐蕃占领，由此牧
地多废，大片土地荒芜。后来，唐王朝收复部分失地后，原来属于国家牧
场的草场和荒地，再没有恢复为国家牧场，反而政府鼓励百姓开荒生产，
并给予新垦之地免税五年的优惠，于是大规模的开垦使不少草场变为农
田，草场开始退化。由此，陇右也逐步失去了国家牧场的地位。

北宋初，为防备西夏的入侵，秦州成为宋廷重点经营的地区。朝廷在
天水设立堡寨，屯兵驻守。熙宁年间（公元 1068—1077 年），宁远寨屯
垦亦兵亦民兵马手 7 480 人，称军屯落户。北宋政府在陇右除设立常置管
制机构外，还增置"弓箭手营田蕃部司"，同年推出"官庄法"等屯田措
施。崇宁二年（1103 年）九月，熙河路都转运使郑仅"奉诏相度措置熙
河新疆边防利害"，上奏言："朝廷给田养汉蕃弓箭手，本以藩扦边面，
使顾虑家产，人自为力。今拓境益远，熙、秦汉蕃弓箭手乃在腹里，理合
移出。然人情重迁，乞且家选一丁，官给口粮，团成耕夫使佃官庄。遇成
熟日，除粮种外，半入官，半给耕夫，候稍成次第，听其所便。"宋徽宗
"从之"⑤。康定年间，牛头河流域因刘沪"进城章川，收善田数百顷以益

---

① 杜文玉、于汝波：《中国军事通史·唐代军事史》，军事科学出版社 1998 年版，第 147
页。
② 杨宏伟：《论历史上农业开发对西北环境的破坏及其影响》，《甘肃社会科学》2005 年第
1 期。
③ 史念海：《黄土高原历史地理研究》，黄河水利出版社 2001 年版，第 693—776 页。
④ 同上书，第 548—579 页。
⑤ 脱脱等：《宋史》卷一九○《兵四：乡兵一》，中华书局 1976 年版，第 4718 页。

屯兵"而得到垦殖。治平元年，秦凤路 13 个寨仅蕃兵强人就有 41 194 人，这 13 个寨全分布在秦州至通远军渭水干流的南北。众多的蕃兵强人之外，还有汉人义勇，他们成为官方开垦渭水流域土地的主要劳动力。薛奎知秦州，少"覆民隐田数千顷"，渭水谷地三阳寨庆历年间"开稻田四百顷"，英宗时李参平定秦州药家族叛乱，"得良田五百顷，以募弓箭手"开垦，郭遵在秦州之南"牟谷口置城堡，募弓箭手"。军屯遍及秦州东部渭水干支流地区①。

元朝在陕西的屯田，主要集中在凤翔、渭南、京兆、延安、六盘山地区。至元十八年（公元 1281 年）十月，忽必烈命"安西王府协济户及南山隘口军，于安西、凤翔、延安、六盘山处屯田"②。至元十九年，立安西、平凉、凤翔、镇原、彭原、周至、延安屯田，计有 12 000 多户，屯田 7 100 多顷。③

唐代水利工程建设成效很明显，如黄河大堰、白渠及周边渠道诸堰、石川水诸堰、升原渠上的大堰、兴成堰、民生及池苑园林用水之堰、山阳堰等。唐代关中平原渠道水利工程的兴修，不但维持了东西京间物资运输，大量农地也因灌溉之利提升了产量，作为渠道首端的潴水分流以及节水之用的堰，功不可没④。引泾灌溉历史悠久、灌区广阔，从战国至唐代，在关中乃至全国颇具影响。隋唐时期关中水利工程的建设与修复，对于农业经济的发展，发挥了重要保障作用。

二 森林与植被的变迁

这一时期，除了大规模的屯田造成森林草场植被缩减外，土木建设、战争等对森林资源的破坏也相当严重。

1. 森林的破坏

据《太平广记》，始建于后秦的麦积山石窟"自平地积薪，至于岩颠，从上镌凿其龛室佛像。功毕，旋拆薪而下，然后梯空架而上"。修建

---

① 雍际春：《论北宋对陇中地区的经济开发》，《中国历史地理论丛》1991 年第 3 期。
② 宋濂等：《元史》卷一一《世祖本纪》，中华书局 1976 年版，第 234 页。
③ 马志荣：《论元、明、清时期回族对西北农业的开发》，《兰州大学学报》（社科版）2000 年第 6 期。
④ 廖幼华：《史书所记唐代关中平原诸堰》，载史念海主编《汉唐长安与关中平原》，《中国历史地理论丛》1999 年增刊，第 149 页。

如此险窟耗材十分巨大，民谚曰"砍完南山竹，修起麦积崖"。唐代，天水的竹子还供应河南、山东一带。

　　隋唐长安城的建设足以说明这一时期林木的开采利用情况。隋开皇二年六月，隋文帝下诏修建大兴城，当年年底基本建成，其规划整齐、布设精巧、规模宏大、气象不凡，显为西汉长安城所不及。唐太宗登基以后，于贞观八年开始在城北紧靠宫城的龙首原上修建大明宫，李治时续建而成。大明宫虽与城内太极宫相仿，但气魄远较之宏伟。唐玄宗开元二年将原住隆庆坊改为兴庆宫，以后几次扩展增修。这样，唐长安城内外建成三组大型宫殿。这一时期，唐长安城内外，贵族府邸、别墅山林、寺庙道观也在不断增建①。

　　到了宋代，天水产的木材经由渭河水运至京师。据《宋史》有关传记记载，北宋在天水一带渭水两岸设置多处伐木场，"采取林木供亿京师"，"张平为右班殿直兼市木秦陇，……以春秋二时联巨筏自渭达河历砥柱以集于京师，期岁之间良材山积"。宋太祖建隆三年（公元962年），秦州知州高防"置采造务调军卒分番取材以供京师"。大中祥符七年（公元1014年），"知秦州张佶置大落门新砦，先是佶于近渭置采木场"。初官办采伐外，很多商人甚至权贵，如官居相位的赵普、吕端等也大肆从秦陇私自贩运木材，牟取暴利。史载："宋丞相吕端……时秦州杨平木场坊木筏沿程免税而至京，吕之亲旧竞托选买"，"开宝六年（公元973年），赵普遣亲吏诣秦陇市屋材，联巨筏至京师。"而私贩天水木材的官吏竟达几十人②。经过这种大规模的伐木活动，对渭水上游的森林造成严重破坏。

　　魏晋南北朝时期，关中地区战乱频繁，政权更替也很频繁，对这里的经济破坏较为严重，对环境的负面影响也不小。宋代也是处于与少数民族政权并立的时期，秦陇也就成为争夺、战事的前沿。

　　两汉之际的混乱使关中破坏较大，故东汉、曹魏、西晋都洛阳而未都长安。在两晋末年，匈奴刘汉大将刘曜入攻关中，西晋灭亡。刘曜代刘汉而建前赵，徙移关中，定都长安。前、后赵在北方对峙，后来后赵统一北

　　①　朱士光：《黄土高原地区环境变迁及其治理》，黄河水利出版社1999年版，第171—182页。
　　②　参见《宋史》张平、高防、张佶、赵普、吕端等人本传，中华书局1977年版。

方，不久又分崩。氐族建立前秦，定都长安，苻坚时统一北方。淝水之战
后，前秦瓦解，羌人姚苌略定关中，建立后秦，定都长安，改名常安。后
秦覆亡后，关中又为赫连夏所据。北魏入主中原，统一北方。后北魏陷入
动荡，高欢继尔朱荣崛起，贺拔岳与宇文泰抚定关陇。后来宇文泰迎北魏
孝武帝入关中，建立西魏，定都长安，与高欢建立的东魏对峙。北周代西
魏，亦都长安。北周灭掉北齐，统一了北方。

古代战争对环境的破坏主要是对森林植被的破坏。如战争会使人口迁
徙，导致土地荒芜，水土流失会加剧。为了加强国力，往往不惜代价征拓
疆土，却导致人口大量死亡。在新疆土上大肆垦荒，却又陷入广种薄收，
导致植被草原退化，水土保持能力大大减弱。此外，军事工程建设中，也
存在对森林植被的破坏。例如，庆历御边之备，从东一直延伸到秦陇，长
达 2 000 里。西夏和辽也在此修建了许多城堡。这些堡寨一般建造在地势
险要的地方，环境一旦破坏就很难恢复。

2. 植被的变迁

经过几百年的农业开发，森林、草场等植被破坏非常严重。魏晋南北
朝时期，陕西中部平原地区基本无森林可言。魏晋南北朝时期，函谷关所
谓"桃林之塞""松柏之塞"成了屯营设防之地。魏晋南北朝时期是平原
地区森林遭到严重破坏的时期。南北朝形成的畜牧区在唐代又改为农业区
或半农半牧区。唐初，国家养马的区域跨有陇右、金城、平凉、天水
（治所在今秦安）四郡。

唐宋时期，关中平原地带开垦殆尽，几乎无森林可言，只是在关中西
部还残存一定规模的竹木①。而且，砍伐森林已经伸向远山。渭河上游本
来是连绵不断的森林，初期清澈，下游船舶通畅，而隋唐时期就"流浅
沙深"，船只行驶困难，再后来船只绝迹②。

当时渭河上游的陇山东北地区是林木的主要产地。唐代终南山树种繁
多百木争秀，山路两旁森林绵延，往往延及山麓。秦岭、岐山等山的森林
仍有较大规模。不过由于长安、洛阳等城市建设和薪炭需要，远程采伐有
增无减，许多山林已被采空。如盛唐时期长安城南开凿漕渠，又在宝鸡、
眉县、周至、户县等地设立监司，大量伐运秦岭北坡的木材。《旧唐书》

---

① 欧阳修等：《新唐书》卷三七《地理志》，中华书局 1975 年版，第 959—979 页。

② 史念海：《黄土高原历史地理研究》，黄河水利出版社 2001 年版，第 295—328 页。

卷 44《职官志》言，将作监所辖百工等，掌采伐材木。到了宋代采伐的
范围更大，秦岭、陇山等地的林木被大量破坏，岐山甚至被伐光，成为濯
濯童山①。

北宋初年，陇山西麓至今甘谷县已无森林可言。自唐以来，天水市以
东的森林已经遭到破坏。北宋建立 30 年后，采伐的重点西移到今武山县
东洛门镇。《宋史》卷 266《温仲舒传》记载：仲舒"知秦州，先是俗杂
羌戎，有两马家、朵藏、枭波等部。唐末以来，居于渭河之南，大洛门、
小洛门皆多产良木，为其所据。岁调卒采伐，给京师，必以资假道于羌
户。然不免攘夺，甚至杀掠，为平民患。仲舒至，部兵历按诸皆，……二
皆后位内地，岁获巨木之利。"秦州老百姓甚至到西夏和羌人控制的地方
去采伐。

由此来看，唐宋时期关中—天水地区的森林破坏使森林一直向深山幽
谷地带退缩，分布范围大幅萎缩，主要覆盖终南山和山下幽谷，华山、陇
山等远山区，以及天水境内的一些山地。

林木可起到蓄水、保土、防风、调节气候、净化空气、改造环境等作
用。据推算，3 333.3 公顷（5 万亩）林木每年可涵养百万立方米水量，
这些水量在干旱时又缓缓流出，可供给城市用水。林木在太阳照射时可吸
收 50% 的热量，降低温度，还有吸碳吐氧、吸附尘埃、减少细菌等作
用②。所以森林在关天地区的步步退却显然对环境十分不利。

三　从水文环境看隋唐时期生态环境变迁

隋唐时期，关中湖池仍然很多，有人统计有 191 个，或者更多。其中
长安城就有 113 个③。耿占军《唐都长安池潭考述》中记关中湖池有 57
个，城内增加了 3 个④。唐玄宗时期修凿曲江池，促使曲江风景区具备行
政园林性质，进入极盛时期。但安史之乱时，曲江风景区遭到很大破坏。
之后，曲江虽得以修复，但渠水无人管理，以至于断流。五代以后，更为

　　① 王双怀：《五千年来中国西部水环境的变迁》，《陕西师范大学学报》（哲学社会科学版）
2004 年第 5 期。
　　② 李健超：《上林苑生态环境的变化及其对西安经济文化发展的不良影响》，载史念海主编
《汉唐长安与关中平原》，《中国历史地理论丛》1999 年增刊，第 302 页。
　　③ 史念海：《唐代长安城的池沼与园林》《中国历史地理论丛》1999 年增刊，第 3 页。
　　④ 耿占军：《唐都长安池潭考述》，《中国历史地理论丛》1994 年第 2 期。

萧条。近世虽有曲江人工造湖，但原有自然景观很难恢复，如曲江池东西南三面土丘、小冈已经夷为平地，曲江周围已经建筑连片等①。

唐代的繁荣掩盖了对环境的破坏。填池他用现象出现。如，大和九年七月戊申"填龙首池为鞠场，曲江修紫云楼"②。唐后淤填的湖池有万寿涡、万杨池、饮马池、龙泉陂、流金泊、仙游泽、莲花池、莲子池、四马务、永益池等。唐代关中湖池数量增加了，但水域总量反而减少了，以前有的湖池这时没有了。如上林苑的十池，即初池、糜池、牛首池、蒯池、积草池、东陂池、西陂池、当路池、犬台池、郎池，大多不见记载。同时，由于干旱少雨，降水量减少，不少湖池甚至干涸。如贞元元年，"旱甚，灞浐将竭，井皆无水"。水资源的掠夺性开发很严重。如关中人工开渠16大堰。从唐代开始，一些河流恶化，城内一些井泉水不能饮用。姚合《新昌里》载："旧客常乐坊，井水浊而咸。"《酉阳杂俎》载："永宁坊，王相涯宅南，有一井水腐而不可饮。"《隋书·庾季才传》载："汉营此城，经今将八百岁，水皆咸卤，不甚宜人。"渭河水变浅，运输能力降低。《隋书》载："渭川水力，大小无常，流浅沙深，即成阻阂。"③ 河流大多数由清变浊。汉代，关中水灾1次、旱灾2次，而唐代发生旱灾47次、水灾59次。有学者以唐代长安75万人计，一年就要烧掉60万吨木材④。关中水文环境的日益恶化，使关中农业经济逐渐衰落⑤。

唐东渭桥处渭水河道北移5千米有余，是唐末千余年来渭水向北不断侵蚀的结果。汉中渭桥处渭水河床向北移动了3 600余米，是秦汉2 000年来渭河向北逐渐侧蚀的结果，越向后侵蚀越强烈，尤其是20世纪50—60年代由于人为因素的参与北移速度最大。这一现象的自然地理因素有三：一是新地质构造运动。渭河盆地相对下降，南侧秦岭断块相对上升，两者一升一降造成两个断块具有"北仰南俯"，这种差异地质运动必然引起偏于秦岭一侧的渭河向北摆动。二是渭河及其支流的水文特征。渭河北岸支流大多发源于黄土高原，数量少，流域面积大，坡缓流长，而南

---

① 王双怀：《唐代曲江风景区的变迁》，史念海主编《汉唐长安与关中平原》，《中国历史地理论丛》1999年增刊，第337页。

② 刘昫：《旧唐书》卷一七下《文宗下》，中华书局1975年版，第559页；顾炎武：《历代宅京记》卷6《关中四》，中华书局1984年版，第105页。

③ 魏征：《隋书》卷二四《食货志》，中华书局1973年版，第683页。

④ 陈国生：《唐代自然灾害初步研究》，《湖北大学学报》1995年第1期。

⑤ 刘锡涛：《浅谈唐代关中水文环境》，《咸阳师范学院学报》2008年第1期。

岸恰恰相反，并且与渭河形成正相交，对渭河形成直冲之势；两岸土质的差异。北岸黄土细小颗粒，容易冲刷，南岸砂质粗颗粒，不易冲刷。三是人为因素的加速。如修建堤护岸，不合理的破坏南山山林植被，导致南岸支流来水来沙加剧。严重的水土流失：（1）造成山体涵水能力下降，一遇阵雨，容易形成山洪，下流直冲渭河北岸；（2）泥沙俱下，加重南岸支流的含沙量，加速河口三角洲的发育，从而迫使渭河加速向北摆动①。

引水灌溉改变了水分的时空分布，改善了灌区的自然环境条件，如在谷口引泾水灌溉关中农田，基本做到了水量在时空上的控制，基本改变靠天吃饭现状。河流的走向、流向也在改变。如清峪河在三原县鲁桥镇附近流出黄土塬进入关中平原，按照当地的地形，应该向东南流，而实际上向西折了个 90 度大弯，然后又直向正南流去，至附近村子，又折而东行。这里应该有人工的因素存在。据学者研究，从今三原县天井岸村向南至汉长安城，更向南至子午谷，存在一个以汉长安城为中心的西汉南北超长建筑基线。而清峪河由北向南的这段河道正好与此线重合②。水利工程对微地貌有点、线或面的影响，既能侵蚀使地面降低，又能抬升淤高地面。如洛惠渠淤泥抬高地面，泾水引流灌溉使河床下切等③。

以上史实，大致反映了隋唐时期当地区生态环境动态变化的实际。

第四节　明清时期关中—天水地区农业开发与环境变迁

一　人口增殖

明清时期特别是清代以来，关中—天水地区也一如全国，人口成倍增加。陕西在洪武二十四年（1391 年）为 231.7 万人，弘治十五年（1502 年）为 393.4 万人，嘉靖二十一年（1542 年）为 408.7 万人，

---

① 李令福：《从汉唐渭河三桥的位置来看西安附近渭河的侧蚀》，载史念海主编《汉唐长安与关中平原》，《中国历史地理论丛》1999 年 12 月增刊，第 260—283 页。

② 秦建明等：《陕西发现以汉长安城为中心的西汉南北向超长建筑基线》，《文物》1995 年第 3 期。

③ 史念海：《河山集》第七集，陕西师范大学出版社 1999 年版，第 51—73 页。

万历六年（1588 年）为 450.3 万人。① 而嘉庆二十五年（1820 年）仅关中地区的人口就达 499.5 万人，超过了明代万历初年陕西全省人口。现以天顺《大明一统志》所载西安、凤翔、巩昌三府人口作一说明。三府人口见表 3 - 1：

表 3 - 1　　　　　　　　西安、凤翔、巩昌三府人口　　　　　　　单位：里

	合计	长安	咸宁	咸阳	兴平	临潼	泾阳	高陵	鄠县	蓝田	周至	商县
西安府	1 192	55	82	12	17	52	50	14	23	19	40	12
		镇安	同州	朝邑	郃县	澄城	白水	韩城	华州	华阴	渭南	蒲城
		8	339	82	70	64	28	50	49	34	66	67
		洛南	耀州	三原	同官	富平	乾州	醴泉	武功	永寿	邠州	淳化
		10	18	31	22	44	27	21	16	10	27	33

	合计	凤翔	岐山	宝鸡	扶风	眉县	麟游	陇州	汧阳			
凤翔府	211	40	29	44	32	18	17	18	13			

	合计	秦州	秦安	清水	伏羌	宁远	陇西	安定	会宁	漳县	西和	成县
巩昌府	221	49	10	6	12	17	32	19	12	6	7	6
		阶州	徽州	两当	通渭							
		21	6	2	16							

明太祖洪武十四年时，实行"里甲制"，规定一里一百一十户，推富户十户为里长，其余百户分为十甲，每甲十人，每年轮流担任甲首，岁役里长一人，甲首十人，十年一周。由此而言，若以 10.12 人/户②来计算，天顺时期西安、凤翔和巩昌三府人口，分别约为 1 326 934 人、234 885 人、246 017 人。在此以《中国人口史》的统计数据为准，再做一分析。数据如表 3 - 2：

　①　曹树基：《中国人口史》第四卷，复旦大学出版社 2000 年版，第 112 页。

　②　方荣、张蕊兰：《甘肃人口史》，甘肃人民出版社 2007 年版，第 253 页。

表 3 - 2

地名	洪武二十四年（万人）	嘉靖初年（万人）	乾隆四十一年（万人）	嘉庆二十五年（万人）
西安	103.8	157.9	242.3	294.4
凤翔	19.0	29.0	100.0	134.8
巩昌	23.4	35.7	40.1	379.5

将天顺时期人口和洪武二十四年人口进行对比，会发现这些地区人口增长幅度较小，特别是巩昌府人口几乎没有增加。因此，洪武时期的三府人口的推算上或许有较大误差。由于关中地区人口基数较大，饱和度高，故而增长率要低一些，而地广人稀的巩昌府人口增长率要高很多。这种情况当然适用于秦州。这里先假定天顺年间的人口计算是准确的，那么，从天顺到嘉庆二十五年的人口增长率来看，各地差别很大。见表 3 - 3：

表 3 - 3 　　　　　　　　　　　　　　　　　　　　　　　　单位：万人

地区	天顺	乾隆四十一年	嘉庆二十五年	乾隆四十一年/天顺	嘉庆二十五年/天顺
西安	63.0	242.3	294.4	3.85	4.67
凤翔	23.5	100.0	134.8	4.26	5.74
巩昌	24.6	340.1	379.5	13.83	15.43
秦州	8.1	77.9	86.9	9.62	10.73

注：清代西安府辖区长安、咸宁、咸阳、兴平、临潼、高陵、鄠县、蓝田、泾阳、三原、盩厔、渭南、富平、醴泉、同官、耀州等地区，天顺时期为 566 里。统计以清代辖区为准。天顺时期的人口通过计算方式为：里数×110×10.12。

也就是说，从明代天顺年间到嘉庆时期，巩昌府的人口增加了 16 倍还多，即使秦州此值低一些，也将近 11 倍，但西安府人口才增加了不到 5 倍，其差别非常悬殊。而乾隆到嘉庆时期人口增长与此相比，则明显放缓。人口的这一变化特征还应该跟清初盛世"滋生人丁，永不加赋"的政策有很大关系。即就是说，明代的人口统计不及清代真实，清初人口的暴增并不能完全视为人口的自然增长。

从明清时期的屯田情况来看，秦州辖境迁入的人口绝对数量很高。嘉靖二十一年，秦州卫有 1 410 户、14 894 人，约占秦州总人口的 12.5%，这是一个不小的比例。从文献记载来看，同时期陕西屯田主要在关中之外。不过流民涌入关中的情况在明清时期也较为常见，秦岭山区的盲目开发是一个很好的例证。

现就秦州（以清代秦州辖区为准）人口增长趋势做一点分析。见表 3 - 4、图 3 - 1：

表 3 - 4　　　　　　　　　明清时期秦州人口　　　　　　　　单位：万人

	天顺五年	嘉靖二十一年	万历六年	乾隆四十一年	嘉庆二十五年	光绪三十三年
秦州	8.1	14.6	15.7	77.9	86.9	91.4

注：清代数据来源于《甘肃通志》；嘉靖时期人口来源于方荣、张蕊兰《甘肃人口史》，甘肃人民出版社 2007 年版，第 246 页；万历六年秦州人口计算，甘肃总人口计算 1620744 × 9.7% = 15.7 万人（嘉靖二十一年秦州人口 146368/甘肃总人口 1508739 = 9.7%）。

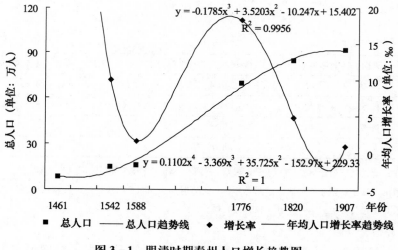

图 3 - 1　明清时期秦州人口增长趋势图

从表 3 - 4、图 3 - 1 看，秦州人口的走势非常清晰，一目了然。第一，明代人口增长缓慢；第二，清康乾时期人口陡增；第三，清代嘉庆以后人口增长放缓。就是说，明末到清康乾时期人口几乎是爆炸式增长。所以，明清时期人口和土地的扩张主要在清前期，而明朝时和清嘉庆以后，人口增长较为缓慢。在人口总的增长趋势下，周期性波动状况也存在，其至还出现阶段性萎缩。人口萎缩，必然导致土地抛荒。

二　土地垦殖

明清时期土地垦殖率大幅上升，除了人口剧增外，还跟国家政策、制度关系很大。明代军屯跟卫所制度有关。洪武年间，在中央政府在西北设立卫所，形成"以军隶卫，以屯养兵"的管理生产模式。有人说明代是我国历史上滥垦牧地的典型时代。朱元璋在明初即推行奖励垦荒、移民屯田的政策，之后的皇帝无不在经济上继续推行这一政策。据研究，明代在西北之陕西、甘肃、宁夏、青海地区开垦耕地高达 40 多万顷①，见表3-5。

表3-5　　　　　　　明清时期西安、凤翔、巩昌三府土地　　　　单位：顷

	明代洪武时期			康熙二年			
	夏地	秋地	屯地	民地	熟地	屯地	熟地
西安	96 965	44 926	17 240	245 089	208 576	29 940	25 835
凤翔	19 676	17 919	1 094	77 739	40 451	2 715	1 788
巩昌	13 440	9 366	4 294	98 333	67 507	15 158	11 655

注：数据来源于贾汉复、李楷等（清康熙六—七年）《陕西通志》卷9《贡赋》。雍正以前，明清辖区基本相同。

康熙二年（1663 年），陕西西安府、延安府、凤翔府、汉中府和兴安州屯地共 90 404 顷，其中熟地有 38 948 顷，熟地与屯地的比率仅为 43.1%。而地处关中的西安、凤翔府这一数值，分别为 86.3%、65.9%。换言之，关中地区的抛荒程度要低很多。

先说关中地区明清时期土地垦殖的盲目性。嘉庆四年（1799 年），清廷谕令："朕意南山内既有可耕之地，莫若将山内老林量加砍伐，其地亩既可拨给流民自行耕种，而所伐林木，即可作为建盖庐舍之用。"② 于是木材采伐在这里勃然兴起。秦岭西段宝鸡县西南一带，"山内多系川楚佃种山地糊口。缘山内砂石多而土少，各就有土之处垦种"。史载：宝鸡一

① 马雪芹：《明代西北地区农业经济开发的历史思考》，《中国经济史研究》2011 年第 4 期。

② 《清仁宗实录》卷五三，嘉庆四年十月戊戌条。

带曾经古木"遮天蔽日，异花奇木芬馥"，但经过数十年，迟至道光初期已经"为川楚桾民开垦，路增崎岖，而风景不复葱苍矣"①。秦岭东段华州南山一带，也渐渐成为五方杂处之处，"该民租山垦地，播种包谷，伐木砍柴，焚烧木炭"，南山森林遭到极大破坏。为了开垦土地，秦岭中的居民便焚烧森林，在树上挖一个大孔，孔中点火，树脂熔化为油燃烧，成片的林木很快化为灰烬②。道光三年（1823 年），商州所属山地已为川楚客民开垦殆尽，而商南县连深山的砖坪厅也"开垦无遗"③，山大林深之处亦为楚豫流民入山开垦取道之处④；紫阳县的山林，在乾隆末年也"尽已开垦"。⑤ 据《三省边防备览》记载，流民入山多取道西安、凤翔、商州等处，扶老携幼，千百成群，到处络绎不绝。他们开垦伐木，拾柴做饭。并于山地渐次筑土屋数板⑥。这种农田扩张，其盲目性显而易见。

再来看一看秦州的土地垦殖情况。洪武四年（1371 年）陇中卫所成立，巩昌府设立秦州卫。嘉靖年间，秦州辖境有民田 784 710 亩，秦州卫有屯田 246 299 亩，垦殖指数为 6.7%，总耕地 2 414 200 亩。明末时，秦州卫 5 167 人，有屯地 2 786 顷。在明初"额外垦荒者永不起科"⑦ 的政策刺激下，陇中渭河流域垦荒成效显著。乾隆时期，秦州有荒地 1 808 305 亩。⑧清政府和甘肃地方政府采取鼓励垦荒的政策，招抚流民开垦无主荒地，借牛种供农民开垦，并将垦荒作为地方官考核的绩效标准之一。雍正时，秦州有民田 2 315 445 亩、屯田 125 192 亩、抛荒地 1 737 303 亩，垦殖指数 21.7%⑨，总耕地 2 440 637 亩。再据乾隆《甘肃通志》记载，秦州有：民田 67 332 顷 1 亩，其中荒地 27 081 顷 59 亩、熟地 40 250 顷 42 亩；屯地 6 318 顷 50 亩，其中荒地 2 957 顷 70 亩、熟地 3 360 顷 79 亩⑩。耕地比

---

① 严如熤：《三省边防备览》卷 11《策略》，清道光二年刻本，第 3 页。

② 同上书，第 19 页。

③ 卢坤：《秦疆治略》，"砖坪厅"条，《中国方志丛书》本（华北地方第 288 号，据道光间刊本影印），台北成文出版社 1970 年版，第 127 页。

④ 严如熤：《三省边防备览》卷 11《策略》，清道光二年刻本，第 5 页。

⑤ 陈仅等：《紫阳县志》卷 1《地理志》，光绪八年刻本，第 16 页。

⑥ 严如熤：《三省边防备览》卷 11《策略》，清道光二年刻本，第 19 页。

⑦ 张廷玉：《明史》卷 77《食货一》，中华书局 1974 年版，第 1882 页。

⑧ 费廷珍、胡釴等：《直隶秦州新志》卷 4《食货》，乾隆二十九年刻本，第 291—298 页。

⑨ 雍际春：《陇右历史文化与地理研究》，中国社会科学出版社 2009 年版，第 136 页。

⑩ 许容、李迪等：《甘肃通志》卷 13《贡赋》，乾隆元年刻本，第 61 页。

雍正时增长 175.9%①，而且垦殖指数为 59.2%，将近雍正时的 3 倍。这说明明清时期垦荒和土地利用率都在不断提高，且富有成效。在军屯的同时，朝廷又从山西洪洞县迁入大量人口到秦安、武山等地落户，使民间开垦规模扩大。

从以上诸记载来看，明清时期关中的土地垦殖速度要比天水慢，但从对环境的破坏性来讲，关中则比天水要大。究其原因，主要是天水地区因为地形地貌多山岭沟壑，历来开发程度较低，特别是屯田开发力度很弱，而关中地区从战国以来就已经有了较为充分的开发，到明清时期可供开发的土地所剩不多，所以森林植被区域的民间垦殖得到了政府的支持和认可。从康熙二年熟地和民地比值来看，西安府为 0.85，而乾隆二十九年秦州的这一比值也不过 0.67，这也在很大程度上反映出关中特别是关中中心区域土地的紧张程度。那么，关中地区土地垦殖的铁锄伸向了河谷和远山也不难理解。例如，清河河谷在明代中期环境优美，景色宜人，但到了清代时，"山头地角有不成片段者，本地人不知开垦，多为客民所佃，近来已无余地矣"②。

三　水利开发

关中地区水利开发由来已久，水利发达，灌区广阔，这主要得益于河流水系密布和平原广阔的地形特征。而天水地区相对以山区为主，水资源贫瘠，故水利灌溉历来没有得到很好发展，灌渠规模小，灌溉范围不大，远不及关中。

关中地区在明清时期已经形成了非常发达的农业水利灌溉，数量多、灌区广，为关中农业发展提供了强劲动力。清峪河进入三原、泾阳县，明代主要渠道有 6 条，毛坊渠、工尽渠、原成渠、下五渠（分两个渠系）、木账渠，灌溉田地千余顷。浊峪河与下五渠合流为八复渠，清代灌田 230 余顷，其他 5 条渠道共灌田 700 余顷。引泾灌溉历史悠久，在关中乃至全国颇具影响。乾隆元年"拒泾引泉"，据称灌溉面积 7 万余亩③。水利开发和灌区的扩大也是土地垦殖扩大的又一重要表现和结果。

---

① 但是道光《大清一统志》卷 167《秦州·田赋》记载，秦州田地 40 487 顷 95 亩，屯田 3 370 顷 23 亩，更名田 32 顷 36 亩，比雍正时仅增长了 63.2%。

② 卢坤：《秦疆治略·同官》，清刻本，第 17 页 a。

③ 唐仲冕：《重修龙洞渠碑》，道光二年六月，西安碑林博物馆。

清代天水地区也有为数较多的水利灌渠。秦州州辖区内依靠赤峪水灌溉天水湖周围田地，藉河灌溉城郭一带田地，三阳川有军、民二渠，在明清之际不时进行疏浚、修筑，保证三阳川田地灌溉。秦安县有东龙峪水，居民引其水灌田；县东北六十里的平水泉已被用于灌溉。在今甘谷的通济渠、陆田渠引渭水灌溉，东西灌地达四十余里、二十余里。今武山县东路依靠红裕沟、庙裕沟、野南沟、渭水等旧渠灌溉，并开凿新渠，使灌溉地域有较大拓展，如西路代表性的有杜家山马鬃河新水渠灌田五十里，其他有十余处也有二里到十里大小不等的灌区。万历年间，知县邹浩曾在东路开凿五渠，西路开凿二渠①。据考证，在清廷谕令"大修甘肃各处渠道"背景下，加上之前所修，天水兴修水利达 23 处，灌溉面积 10 710 亩（折合 11 481 亩）②。

明清时期，该区水利的发展为农业开发提供了较强的支撑，提高了农业生产力，促进了该地区农业的迅速发展，在一定程度上也有利于缓解人地关系的紧张。同时，也促进了该区内局部经济格局的改变，比如在清代前期，秦州粮食亩产量有所提高，农业格局基本确立。但是，水利灌溉的发展在一定程度上反映了耕地的扩张。而且，水利灌溉的发展对环境也会产生负面影响，比如上游地区漫灌方式的水利灌溉开发，对下游会造成水资源的紧张，对环境依然不利。

四 环境变迁

明清时期，关中、天水地区农业开发的积极意义不言而喻，但也对环境造成了较大破坏。森林、草场等植被的破坏是农业盲目开发的必然结果。

明代的过度开垦尤其是边地军屯使得山地植被遭到严重的破坏，局部地区几乎濒于毁灭的边缘。例如明西安府（今陕西西安市）城南五六十里处的终南山麓，明初尚是封禁之山，森林相当茂密。明代中期，关中平原地少人多之处的农民纷纷进入山中毁林开荒，至明代后期，这里已经设立了政区机构，说明人口已是相当稠密了。万历十五年（1587 年），陕西都司包括河西的陕西行都司防区在内开垦 168 400 余顷③，不仅平原没有

---

① 许容、李迪等：《甘肃通志》卷一五《水利》，乾隆元年刻本，第 4—8 页。
② 雍际春：《论明清时期陇中地区的经济开发》，《中国历史地理论丛》1992 年第 4 期。
③ 李东阳等纂，申时行等重修：《大明会典》卷一八，《续修四库全书》798，史部·政书类，上海古籍出版社 2002 年版，第 312 页 b。

弃地，丘陵、沟壑也陆续开垦利用，甚至山区坡地也在其列。到了清代，这里的森林已经毫无遗留，出现了村落成聚、耕田遍野的农耕景观。明清时代大量流民涌入秦岭山区，清中叶后秦岭山地自然植被遭到严重破坏。乾隆以前南山"多深林密嶂，溪水清澈，山下居民多资其利。自开垦日众，尽成田畴，水潦一至，泥沙杂流，下游渠堰易致游塞"①。根据清中叶的记载，仅周至县辖山内砍伐林木经常不下数万②。渭河上游原是森林茂密地区，到了明清之际，只是很少几个低山和丘陵还有一些森林，分布在渭源、陇西、甘谷、天水、庄浪诸县境③。

森林、草场等植被的破坏是环境变迁的直接反映，也必将直接导致环境恶化。其一是河流湖泊变迁。清朝洛河在乾隆四十二年以前，下游仅涨溢 6 次，之后则为 17 次④。葫芦河在明代浊如黄河，牛头河在明以前犹如清水，明代改为牛头河，想见水已经不清，而灞河流沙大为增加⑤。其二是自然灾害频发。以秦州为例，有清一代，秦州自然灾害频见史籍，大的自然灾害也较为常见。例如：顺治九年，秦陇大水；康熙元年，秦州属县大雨，"十月乃止，禾尽伤"，两当县"迅雷，暴雨山崩"；康熙十四年到十六年，清水县发生大雨、雨雹。其三，水土流失。许多山地变为石质荒山，一些开垦的山地在暴雨过后"水痕条条，只有石骨"。于是水土流失加剧，泥沙俱下，会加重南岸支流的含沙量，加速河口三角洲的发育，从而迫使渭河加速向北摆动⑥。又比如清峪河在三原县鲁桥镇附近流出黄土塬进入关中平原，按照当地的地形，应该向东南流，而实际上向西折了个 90 度大弯，然后又直向正南流去，至附近村子，又折而东行⑦。再者，当该区人口阶段性减少时，导致土地抛荒，地表裸露，会加剧水土流失，造成环境的更大破坏。

---

①　高廷法等：《咸宁县志》卷一〇《地理志》，1936 年铅印本，第 5 页。

②　严如煜：《三省边防备览》卷一一《策略》，清道光二年刻本，第 20 页。

③　史念海：《黄土高原历史地理研究》，黄河水利出版社 2001 年版，第 480 页。

④　王元林：《黄渭洛汇流区河道变迁》，油印稿，第 65—66 页。

⑤　史念海：《黄土高原历史地理研究》，黄河水利出版社 2001 年版，第 433—511 页。

⑥　李令福：《从汉唐渭河三桥的位置来看西安附近渭河的侧蚀》，载史念海主编《汉唐长安与关中平原》，《中国历史地理论丛》1999 年增刊，第 260 页。

⑦　李令福：《历史时期关中农业发展与地理环境之相互关系初探》，《中国历史地理论丛》2000 年第 1 期。

第五节　近现代关中—天水地区的工业化

一　近现代关中—天水地区的工业开发

近代的工业虽在西北出现较早，但仅限于在西安、兰州等少数城市，数量少、规模小，对广袤的西北地区而言，其影响力实在是很有限。新政期间一度在关中兴起的民营企业，也大都夭折在襁褓之中①。对于农牧业政策，基本坚持左宗棠"边塞以畜牧之利为大"②。乾嘉时期，咸阳成立了花商会馆，成为陕西乃至西北重要的棉花集散中心③。清末，陕西的棉花运销川、甘，甚至沪、浙，甚至大生纱厂的部分棉花也要从陕西购买④。

"九一八"事变后，随着日本的步步进逼和国防建设的需要，国人开发大关中、大西北的呼声日渐高涨，国民政府开始制定开发西北的政策，并着手实施。1934 年至 1935 年，陕西大华纺织股份有限公司、西安成丰面粉公司、中南火柴厂、西北化学制革厂等企业的成立，标志着大关中轻工业开始起步。与此同时，重工业也开始从无到有，除了陕西机器局、西安电厂等国民政府主办的国营工业外，商办机器工业也破土而出。全面抗战爆发后，东南沿海企业大规模内迁，迁入西北的企业主要分布在陕西的西安、宝鸡和甘肃的天水等地区。到 1942 年，陕西省登记的工厂有 72 家，煤矿立案者 50 余家，土法炼铁者 50 余家，这些厂矿企业绝大多数分布在大关中，西安、宝鸡、天水等城市开始发展成为全国新兴的工业城市。

抗战时期，西安人口增长高潮，1935 年西安市区人口 151 500 人，比 1932 年增加近一半。1945 年，西安城郊人口几近 50 万。1937 年陇海铁路全线贯通。1937 年西安建成西京机器修造厂，资本 20 万元。面粉厂由原来一家增至 6 家。据实业部 1937 年 9 月统计，迁入陕西的企业有 19 家，技术人才到陕西 730 人，西安占 90%。抗战初期，西安纺织厂 17 家，织机 100 余架，1940 年工厂增加到 109 家，织机 1 100 余架。当时具

---

①　李建国：《近代西北地区城市的特点及其影响》，《北方民族大学学报》（哲学社会科学版）2004 年第 1 期。

②　左宗棠：《左文襄公全集》，岳麓书社 1986 年版，第 428 页。

③　常宗虎：《近三百年陕西植棉业述略》，《中国农史》1987 年第 2 期。

④　章有义：《中国近代农业史资料》第一辑，生活·读书·新知三联书店 1957 年版，第 425 页。

备一定规模的工厂已达 45 家。其中机器业 8 家、面粉业 6 家、纺织业 3 家、化学工业 7 家、制革业 9 家、其他化工业 12 家。西安商号 1940 年达 6 509 家[①]。

抗战胜利后国民党政府东迁,许多机关、企业抽走资金,因而西北城市很快又陷入了衰落。到 1949 年,西北五省区工业总产值才 5.12 亿元,占其地区工农业总产值的 15.65%。因而直到新中国成立前夕,西北地区大部分城市仍处在十分落后的状态[②]。

近代天水先后创办天水炳新火柴股份有限公司、创办铁厂、设立炼磺厂、煤矿,开通天水通往周边 12 县的大车道,道路总长 2 800 多里,打通了天水城的四面出入口。1919 年,在东校场第一次引进发电设备,后迁至秦州东大街,修厂房、装设备,定名为天水开明电灯公司(亦称电灯电话局),发电容量 30 千瓦,向城内主要公馆、商户及衙门等 168 户包灯 593 盏供电照明,并第一次在大城一带街道架设了路灯 137 盏,使天水成为甘肃省第一个出现路灯的城市。

二　新中国成立以来关中—天水地区的工业发展

中华人民共和国成立后,西北经济进入一个迅速发展时期。1952—1978 年,西北地区工业产值在全国所占比重出现上升趋势,25 年内上升 3.1 个百分点。在第一、二个五年计划期间,国家把建设的重点放在包括西北地区在内的“三北”地区。在苏联援助中国的 156 项建设工程中,仅陕西、甘肃两省就占了 40 项。20 世纪 60 年代初,由于中苏、中美关系紧张,国家把建设重点由“三北”地区转到三线地区。陕西的关中、甘肃的天水都属“三线”地区。国家投入巨额资金,在这些地区建设能源工业、宇航工业、飞机制造业、电子工业、重型机械制造业、有色金属与压延加工业、核工业、仪器仪表工业等。

“一五”时期,苏联援建装备制造业建设项目 21 项。经过大规模的建设,关中地区的机械工业、电子工业和国防科技工业从无到有,从小到大,构建起了装备工业的基本骨架。“三线建设”时期,大关中是国家

---

① 陕西师范大学西北历史环境与经济社会发展研究中心:《2004 年历史地理国际学术研讨会论文集》,商务印书馆 2005 年版,第 305—329 页。

② 李建国:《近代西北地区城市的特点及其影响》,《北方民族大学学报》2004 年第 1 期。

"三线建设"的重点建设地区之一,这是大关中发展的另一个高峰期。从1966年到1976年,一是建成了以航天四院为代表的固体火箭发动机和以067基地为代表的液体火箭发动机两大基地,奠定了大关中"航天动力之乡"的地位。二是建立铀矿地质研究所1个,兴建核专用设备厂和核仪器厂2个,动工兴建了核燃料、元件厂和轻材料厂,形成了较为完整的核工业体系。三是先后建成了陕西重型汽车制造厂和陕西汽车齿轮厂,结束了大关中不能生产汽车的历史。这一时期国家还在大关中迁建了黄河工程机械厂、宝鸡叉铲车厂、陕西鼓风机厂等大中型企业。与此同时,在天水地区,从北京、上海、哈尔滨、长春、洛阳等地陆续迁入了海林轴承厂、天水星火机床厂、长城系列各厂、天水风动厂、天水红山试验厂、岷山厂、天光厂、永红厂、庆华厂、甘肃棉纺织厂、甘肃绒线厂等39户企业,这批"三线"企业总投资6.8亿元。20世纪70年代末,甘肃东部形成天水的电子、机械、轻纺工业区。经过十几年的建设,天水形成了一个有重型机械、机床电器、风动工具、仪器仪表、轴承锻压、材料改制等门类较为齐全的机械加工体系。

1999—2008年,主要由国家投资的陕西省高速公路通车里程由不足200千米增加到了近2 500千米。基础设施的改善,反过来大大拉动了投资。2000—2008年陕西省固定资产投资为18 428亿元,年均增长25%。2009年前11个月,陕西固定资产投资又增长了40.8%,高于同期全国32.1%的平均水平。这是自民国时期、新中国"一五"计划"三线建设"后,大关中迎来了的第四个投资高峰期。目前,关中拥有国家级和省级开发区21个、高新技术产业孵化基地5个和大学科技园区3个,是国家国防军工基地、综合性高新技术产业基地和重要装备制造业聚集地。西安特大城市对周边地区辐射带动作用明显,区域内城镇化进程不断加快。2007年年底,经济区城镇化率达到43%以上,西陇海沿线城镇带已具雏形。

近代以来的几次开发活动,特别是抗日战争时期、大炼钢铁时期虽对西北地区一些大中城市的近代化产生了一定影响,但因战时国家经济必须首先服从军事斗争,各种建设事业不可能全面、系统地铺开,当时的建设主要涉及少量的重点城市以及和战时经济有关的几个主要行业,对一些边远城市影响很小。

近现代工业化、城市化所引发的新的生态环境问题愈发严重,有目共睹。大气污染、水资源污染、水土流失、沙漠化等已经严重威胁着人类的生存和可持续发展，成为有史以来环境破坏最为严重的时期。

近现代以来，特别是近年来，随着人们对环境问题认识的深化，环境保护意识的不断增强，建设投入不断增加，比如陕甘两省在自然保护区建设、西安动态河湖体系建设、引进和推广新型农业、河流治理和水资源开流工程建设、退耕还林、工业污染治理等方面取得了一定的成效，对改善环境起到了积极作用。

近代以来，特别是随着人口对环境问题认识的加深，保护环境越来越受到重视。由此，关天地区在改善环境，加强生态文明建设方面也做出了许多积极努力。但是，环境问题依然严重，工业排污、城郊地区垃圾污染等治理还有很长的路，离秀美山川目标还有很大距离。

第 四 章

关中—天水经济区人地关系问题的
产生及其原因探析

　　关中—天水经济区地处亚欧大陆桥中心，是承东启西、连接南北的战略要地，跨黄河、长江两大水系，是我国西北天然林最集中的区域，也是国内生物多样性分布的区域之一，具有南雄北秀的独特自然景观，是中华民族重要的生存空间和文明发源地，不仅具有重要的战略、经济、政治地位，同时对全国生态环境具有举足轻重的影响。

　　关中、天水地区曾经是一片神奇的沃土，这里雨水充沛、气候适宜、生物繁茂、美丽富饶，使人类在此得以繁衍生息，华夏文明由此发端。《汉书·地理志》记载"天水、陇西山多林木，民以板为屋"。司马光在《资治通鉴》中描述盛唐时期陕、甘的发展情景时写道："闾阎相望，桑麻翳野，天下称富庶者无如陇右"[1]，可以说这一地区是西部经济基础好、自然条件优越、人文历史深厚、发展潜力较大的区域。2010 年 5 月 6 日国务院办公厅发布的《关于进一步支持甘肃经济社会发展的若干意见》给予充分肯定："甘肃位于西北地区的中心地带，是黄河、长江的重要水源涵养区，是多民族交汇融合地区，是中原联系新疆、青海、宁夏、内蒙古的桥梁和纽带，对保障国家生态安全、促进西北地区民族团结、繁荣发展和边疆稳固，具有不可替代的重要作用。"后来由于战乱的破坏，加上自然灾害、滥砍滥伐以及现代工业污染造成了生态环境恶化，如陇南地区，目前森林保存面积与新中国成立初期相比，减少了 5 280 平方千米[2]，

---

　　① 国家环境保护总局：《新时期环境保护重要文献选编》，中央文献出版社 2001 年版，第 30 页。

　　② 奚国金、张家桢：《西部生态》，中共中央党校出版社 2001 年版，第 44 页。

这种状况直接制约和影响了西部地区的经济、社会发展，也对中华民族的生存和发展构成严重威胁。江泽民在西北五省区国有企业改革和发展座谈会上强调指出："改革生态环境是西部地区开发建设必须首先研究和解决的一个问题。如果不从现在起努力使生态环境有一个明显的改善，在西部地区实现可持续发展的战略就会落空，而且我们整个民族的生存和发展条件也将受到严重的危害。"① 实施西部大开发战略以来，陕西和甘肃两省的生态环境明显改善，基础设施大规模建设，特色产业不断兴起，经济综合实力明显增强。但是，与东部省份相比，陕西与甘肃仍然发展缓慢②。甘肃省自然条件差、经济总量小、人均水平低的基本省情仍未改变，国务院发布的《关于进一步支持甘肃经济社会发展的若干意见》指出："甘肃国土面积广阔、生态地位重要，但自然条件严酷、生态环境脆弱；地处交通要冲、区位优势明显，但基础设施薄弱、瓶颈制约严重"。关中—天水经济区的建立，有利于增强区域经济实力，形成支撑和带动西部地区加快发展的重要增长极；有利于深化体制机制创新，为统筹科技资源改革探索新路径、提供新经验；有利于构建开放合作的新格局，推动西北地区经济振兴；有利于深入实施西部大开发战略，建设大西安、带动大关中、引领大西北；有利于应对当前国际金融危机的影响，承接东中部地区产业转移，促进区域协调。

国务院颁布的《关中—天水经济区发展规划》将关中—天水经济区定位为全国内陆型经济开发开放高地，按照《规划》的目标，到2020年，经济区的经济总量占西北地区比重超过1/3，人均地区生产总值翻两番以上，力争把经济区建成全国区域协调发展新的重要增长极。同时《规划》也对关中—天水经济区生态重建规划了新目标，要求2020年关中、天水地区森林覆盖率达到47%以上，自然湿地保护率达到60%以上，甘肃省人民政府《关于贯彻落实〈关中—天水经济区发展规划〉的意见》中也明确指出2020年天水市的城镇绿化率要达到40%以上，这体现了中央，地方政府对生态建设的高度重视，同时也对关中—天水经济区生态环境建设提出了严峻的挑战。

---

① 江泽民：《抓住世纪之交历史机遇，加快西部地区开发步伐》，《人民日报》1999年6月19日第1版。

② 拜琦瑞：《甘肃省域经济特征及其协调发展研究》，《科学经济社会》2007年第25卷第4期，第15页。

第一节 关中—天水经济区的人地关系问题

关中—天水地区土地肥沃，气候温和，工、农业发达，号称"八百里秦川"，富庶之地，因此，适宜的气候和经济的快速发展形成人口密集地区，造成人口超载严重。同时，关中—天水地区地处西北地区内陆，降水量相对偏少，地表水径流量小，水资源总量贫乏，地下水超采现象严重等一系列人地关系问题。这些问题的存在严重影响着人民的生存条件、经济投资环境、农村与城镇社会发展，不仅给经济区的社会经济和自然生态带来了严重危害，而且制约了整个流域经济社会可持续发展。关中—天水经济区主要存在的人地关系问题表现在以下几个方面。

一 水资源短缺且污染严重

1. 水资源短缺

人类的一切生活、生产活动都离不开水，水是地球上最重要的自然资源之一，是我们这个星球赖以生存和发展的基本要素。水问题也是世界各国历来非常关注的问题之一。在我们生存的地球上，由于水资源在地域和时空上的分配不均匀，加之人类对水资源的不断开发利用和巨大浪费，以及工业化程度的提高对水源污染的日趋加重，使水资源短缺的问题越来越突出。近些年来，由于世界性用水矛盾的日益尖锐和全球旱象的不断扩大，水资源的合理开发和可持续利用显得越来越重要。可以预见，在21世纪内，人类将首先面临严重的水资源短缺问题。

关中—天水经济区是我国北方资源型缺水地区，人均水资源占有量不及全国的1/5，水资源供给难以支撑流域社会经济的高速增长。对于地表水而言，关中地区河流众多，有渭河、泾河、洛河、沣河、黑河等，分属黄河和长江两大流域（关中地区大约90%的面积属于黄河流域，其余属于长江流域）以秦岭峰脊线为界，南面为长江流域，面积为5 261平方千米；北面为黄河流域，面积为50 123平方千米。区内流域面积大于100平方千米的河流有135条，其中黄河的主要支流渭河在陕西段长502千米，流域面积3.32万平方千米，横贯整个关中平原，是关中地区的主要地表水源，可以说是这一地区的母亲河。

关中—天水地区，目前缺水状况相当严重，如关中平原，占陕西省人口 61%、地区生产总值 63%、工农业总产值 60%、灌溉面积 86.6%，水资源总量仅占陕西省的 18%。多年平均水资源总量仅为 82 亿立方米，其中地表水 73.7 亿立方米，地下水可开采量为 38.68 亿立方米。全区平均产水模数 14.8 万立方米/平方千米·年，为全国平均值的 46%、陕西省的 62%；人均水资源占有量为 401 立方米，相当于陕西省平均水平的 30%、全国平均水平的 17%；耕地亩均水量 311 立方米，是陕西省的 34%、全国的 15%。关中地区的人均水资源占有量低于国际公认的绝对缺水线 500 立方米，属于水资源贫乏地区，为资源型缺水区。

天水市境内有两大流域水系。黄河流域——渭河水系；长江流域——嘉陵江水系。以西秦岭为界，渭河水系总面积 11 695 平方千米，占全市总面积的 81.7%，渭河支流发育，年径流量大于 1 000 万立方米的一、二级支流有 22 条。其中：一级支流有榜沙河、山丹河、聂河、散渡河、藉河、葫芦河、牛头河、马鹿河、永川河、东柯河、东岔河等 12 条；二级支流有清溪河、南沟河、清水河、显清河、西小河、南小河、后川河、樊河、汤浴河、白驼河等 10 条。天水市的嘉陵江水系大都在分水岭附近，为西秦岭山地，总面积 2 622 平方千米，占全市总面积的 18.3%，年径流量大于 1 000 万立方米的河流有白家河、花庙河（两河均系嘉陵江的一级支流永宁河上游段）、红崖河、西汉水、苏城河（西汉水支流）。

天水市多年平均水资源总量 15.46 亿立方米，其中自产地表水资源量 15.17 亿立方米，平均年径流深 106 毫米，只有全省的 5.34%，居甘肃省 14 个市（州）的第 5 位。按 2008 年指标计算，全市人均水资源占有量 445 立方米，其中长江流域麦积区人均占有水资源量最多，达 25 167.50 立方米，长江流域秦州区次之，为 1 056.5 立方米，黄河流域甘谷县最少，仅为 128.3 立方米。全市亩均水资源占有量 183.8 立方米，长江流域麦积区亩均占有水资源量最多，达 4 765.9 立方米，长江流域秦州区次之，666.7 平方米（亩）均为 5 353 立方米，黄河流域甘谷县最少，亩均仅为 59.5 立方米。人均水资源量为全国人均水资源量的 1/5，为甘肃省人均水资源量的 2/5，666.7 平方米（亩）均水资源量仅为全国 666.7 平方米（亩）均水资源量的 1/10 左右，为甘肃省亩均水资源量的 1/2。按国际上承认的标准，人均水资源量低于 1 700 立方米，为用水紧张的国家。因此，天水市属于资源性缺水、用水紧张的地区。

随着关中—天水经济区的建立，经济区内高新技术产业带、星火产业

带和城镇群的建设，该地区社会经济增长呈现出强劲的发展势头，引起水
资源供需矛盾日趋紧张，水资源供给难以支撑流域内社会经济的高速增
长，愈来愈成为制约地区可持续发展的瓶颈①。同时随着人民生活水平的
提高，关中—天水地区生活用水量的年递增率将会保持在 2.5% 左右，农
业需水量由于节水灌溉的推广可能在 1% 以下，工业需水量的年递增率可
能要超过 3.94%，与现状供水能力的年增长率不足 4% 相比，关中地区水
资源供需矛盾日趋严重。水资源的严重短缺，将对关中经济区的经济社会
持续快速发展构成极大的威胁，水资源供需矛盾将日益尖锐。

2. 水资源分配不均

关中—天水经济区主体属暖温带半湿润季风气候，关中多年平均降雨
量约在 600 毫米、320 亿立方米左右。其降水主要特点是：降水集中、雨
热同期。一般是夏季、初秋多雨，秋末冬春少雨，区内降水量的季节变化
和年际变化都较大。天水市境内年降水量在 449 毫米—570 毫米之间，最
大年降水量 642 毫米—818 毫米，最小年降水量在 242 毫米—393 毫米之
间。时空变化大，降水变率大，最大年降水量与最小年降水量之比常常在
一倍以上。

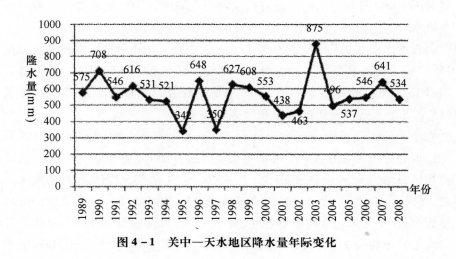

图 4 - 1   关中—天水地区降水量年际变化

① 王文科、王钊、孔金玲等：《关中地区水资源分布特点与合理开发利用模式》，《自然资
源学报》2001 年第 16 卷第 6 期，第 499—505 页；史鉴、陈兆丰：《关中地区水资源合理开发利
用与生态环境保护》，黄河水利出版社 2002 年版，第 267—321 页。

时间上，每年 6—10 月份，月平均降水量为 87.7 毫米，可得全年77.6% 的降水和 50%—70% 的径流量，而其余月份的月平均降水量为18.1 毫米，在农作物最需要水的 3—5 月份仅有 14.7% 的降雨。由于每年的丰水期短，汛期洪水流量所占比重过大，且含沙量大，对于缺少大型蓄水工程、水资源调控能力较差的关中地区，其地表水资源在汛期大部分流失，使本就缺水的关中地区，水资源更为紧缺。而天水市降水量在区域分布上极不平衡，东南部长江流域的小部分地区降水量多，西北部黄河流域渭北地区降水量少，在季节分布上，春季（3—5 月）占年降水量的19.8%；夏季（6—8 月）占降水量的 47.78%；秋季（9—11 月）占年降水量的 30.4%，且夏秋两季的降水多以暴雨的形式出现；冬季（12—次年 2 月）占降水量的 2.1%。另外，历年四季降水的年际变化也较大，有的年份一季中多雨年和少雨年的雨量相差多达 5 倍。由此可见，关中—天水地区即使在正常或偏丰的降水年份，实际上也存在季节性干旱灾害。

空间上，关中地区降水量季节变化和年际变化大的特点，也致使区域内河流的径流量变化显著。渭河、泾河、洛河的年平均径流量，分别为 702 亿立方米、20.1 立方米和 10.0 亿立方米，最大年径流量分别为154.5 亿立方米、42.5 亿立方米和 20.6 亿立方米，而最小年径流量分别为 24.3 亿立方米、9.7 亿立方米和 5.7 亿立方米，最大径流量和最小径流量的极值比分别高达 6.4、4.4 和 3.6。由于受地形影响，关中地区降水量较少又分布不均，且关中地区河流主要靠大气降水补给，降水量的多少直接关系着地表径流的大小。所以全区降水量较多的南部秦岭山区（年平均降水量为 700 毫米—1 000 毫米），地表水资源也较为丰富，中部的渭河平原区年平均降水量在 550 毫米左右，北部的黄土塬沟壑区降水量为 650 毫米左右。故渭河平原区和黄土塬沟壑区地表水资源比较缺乏，尤其是渭北高原区地表水资源更缺。

渭河平原区内降水量也不均匀，大致呈现出西多东少、南多北少的特点。位于渭河上游的天水市降水量分布的特征是，东南部长江流域的小部分地区降水量多，西北部黄河流域的渭北地区降水量少，在同一地区山区大于河谷区，迎风面大于背风面，年降水量山东南部 700 毫米—750 毫米的半湿润带，过渡到西北武山 400 毫米—500 毫米的半干旱带，水资源时空分布不均，生态环境承载力较低，资源环境与人口、耕地及地区经济发展不相适应的矛盾十分突出；位于渭河陕西段门户的宝鸡地区水资源较为丰富，水质良好，可满足其社会经济发展的需水量；位于陕西省渭河中段的西安、咸阳地区是流域经济发展的核心，是陕西省经济发展的重中之重，但其水资源的数量和质量完全不能满足其社会经济发展的需要，这已经成为制约该地区社会、经济发展的主要因素之一；渭河下游的渭南、铜川地区经过其上游地区的层层盘剥和水质污染，水资源同样难以满足社会经济发展的需要。

在自然 - 人工二元模式的作用下，渭河流域的河川径流出现了减少的趋势，而社会经济发展和生态建设又对水资源的需求持续增长[①]。因此如何科学有效地协调水资源在时空上的调配，使水资源最大限度地发挥其经济、社会和生态效益，解决关中—天水经济区水资源与社会经济系统的时空协同问题，成为该地区可持续发展的关键。

3. 地下水开采过度

随着地表水资源日趋减少，人们开始开采地下水资源，但是地下水过度开发不仅会导致城市地面沉陷，而且还会进一步加剧城市水污染危机。与地表水资源相比，地下水资源开采容易、水质稳定、开采简单，所以长期以来，关中—天水地区在水资源利用上一直重地下，轻地表。关中—天水地区的城市用水有相当一部分都取自地下水，导致大部分地区地下水超采严重，区域性的地下水位大幅度下降。长期取用地下水的结果是破坏了水资源的动态平衡，引起城市地面沉降、地裂缝活跃等一系列环境地质灾害。除此之外，关中—天水地区城市浅层地下水的污染也日益严重。

以西安市为例，西安市在启动黑河引水工程之前，仅有浐河上游一处地表水源地，且取水量很小，其余用水均是由地下水源提供，使得西安市地下水连年超采，年超采率达10%以上。西安市城西近郊、城东北近郊、城东及西南近郊地下水开采量曾超出允许开采量的9—15倍[②]。形成了约250平方千米的降落漏斗，漏斗中心埋深在140米以下，导致西安大雁塔向西倾斜998毫米，钟楼下沉约394毫米，诱发的地裂缝达11条之多，

① 李同升、徐东平：《基于 SD 模型下的流域水资源——社会经济系统时空协同分析》，《地理科学》2006 年第 26 卷第 5 期，第 551—556 页。

② 康杨、张洪诚：《陕西水资源现状与可持续发展》，《全国商情（经济理论研究）》2008 年第 20 期，第 21—23 页。

累计长度达 65 千米①。关中地区的渭南、咸阳、宝鸡等市也因开采地下承压水过量出现了类似的环境地质问题，已危及城市建筑物的安全。

4. 河流泥沙含量高

河流泥沙含量高，水污染日趋严重，是关中地区地表水资源的两个重要特点。虽然近年来关中—天水地区在水土流失治理和人工造林上取得了显著成果，但多年来由于采伐过量等各种原因，水土流失仍然严重，区内河流含沙量高，输沙量大，利用困难。据统计：渭河（华县站）多年平均含沙量 50.7 千克/立方米，历年最大含沙量达 905 千克/立方米；泾河（张家山站）多年平均含沙量 137 千克/立方米，历年最大含沙量达 1 430 千克/立方米；洛河（状头站）多年平均含沙量 110 千克/立方米，历年最大含沙量达 1 200 千克/立方米；三条河流含沙量都高于黄河多年平均含沙量 37 千克/立方米，由于河流泥沙含量高，致使多数河流水资源很难直接利用。

而天水市全市多年平均输沙总量为 5 357.6 万吨，平均输沙模数为 3 742 吨/平方千米。黄土高原区的河流，含沙量普遍较大，一般每立方米超过几十千克甚至几百千克，如南河川站为 80.4 千克/立方米；瞬时最大断面平均含沙量高达 1 000 千克/立方米以上，如秦安为 1 210 千克/立方米。河流的高含沙量，进一步加剧了关中地区水资源的供需矛盾。

5. 水污染严重

伴随着工业和城市的发展，数量有限的水资源成为迅猛发展的工业部门、越来越富裕的城市人口竞相追逐利用的目标，水资源的数量供给和质量保障均面临严峻的挑战。在工业化和城市化的进程中，由于对水资源的需求越来越大，往往造成中国水资源不断向城市非农产业等部门倾斜，其中工业用水量所占的比重较之以往有较大的增幅，统计数据表明，1949—2004 年城市化的快速推进过程中，工业用水量所占的比重从 2% 增长到 22%，生活用水量的比重则从 1% 增长到 13%。由于大量的城市污水未经处理就直接排入水域，导致中国城市目前水污染的现象非常严重，七大江河水系中，劣五类水质占 41%、1/4 的人口饮用不合格的水。据 120 多个

---

① 黄彩海、赵静：《西部大开发解决陕西水资源短缺的战略思考》，《陕西环境》2000 年第 7 卷第 4 期，第 1—6 页。

城市地下水质监测资料统计分析，97.5%的城市受到不同程度的污染，其中40%的城市受到重度点状和面状污染，且有逐年加重的趋势①。

近年来，随着关中—天水经济区社会经济的不断发展，开发建设性项目和生产规模不断扩大，工业、生活污水排放量日益增长，致使水体污染加剧，水质型缺水日益严重。就渭河而言，流域有机物污染严重（其中严重污染的河段占45.8%、重度污染的占16.7%），且 COD 排放量超过环境容量70%；关中地区2008年工业废水排放总量为3.94亿吨，单位面积工业废水排放量为7 098.86吨/平方千米，是全国单位面积排放水平（2 517.20吨/平方千米）的2.82倍。以西安为例，2007年西安市工业废水排放总量和城镇生活污水排放总量分别为1.91亿吨和2.31亿吨，合计4.22亿吨，日平均排放量为115.61万吨，而废水处理能力仅为66.67万吨/日，因为废水处理成本太高，实际日处理废水仅为10万吨/日—15万吨/日，约90%的工业及生活污水未经处理直接排入河道。

水环境污染直接影响水体功能和用水。在严重污染的水域（如渭河中下游），河流生态已受到严重破坏，鱼类和水生生物已基本灭绝，水体功能几乎完全丧失。例如，以黄河为主要饮用水，渭河是黄河流域的一级支流，中下游段水质超标，最严重的是葫芦河，水质均超过五类，主要超标物质是氨氮、酚、化学需氧量和氟化物。如2008年天水市对境内河流水质的分析评价中，天水市渭河干流总评价河段长度269.1千米中：五类水河段长度48千米，占17.8%；劣五类水河段长度221.1千米，占82.2%；水质污染严重，超过国家《地表水水质标准》五类以上的河段长度269.1千米，占100%，基本丧失了使用功能。

除少数几个污水处理厂和小型水库外，关中天水地区绝大多数污水都未经处理就排入河道。被污染的地表水以直接或间接的方式渗入地下水，对地下水造成污染；农业上大量施用的农药、化肥，工业"三废"、生活垃圾、生活污水经排放或利用污水灌溉后有害成分在土壤中长期积累，造成土壤板结、土地质量下降，土壤污染的同时也污染了地下水和农作物，并进一步影响到食物安全和人的健康，同时使原本紧张的水土资源变得更严重，进一步加剧了关中天水地区水资源的供需矛盾。

---

① 张敦富：《中国区域城市化道路研究》，中国轻工业出版社2008年版，第142页。

二　人多地少，人均耕地不足

土地资源作为人类活动、生存和生产的场所和空间，是人类社会存在、发展的基础和载体。能否合理利用土地资源，决定着农业和整个国民经济能否持续、健康的发展。无论从全国还是从关中地区看，坚决保护土地资源，有效控制耕地面积的减少，科学合理地利用土地，已经成为关系到国计民生和子孙万代的一个大问题。但近年来，随着经济技术的发展，土地开发利用率逐渐提高，农业内部结构调整以及非农业用地增加导致耕地比重逐年下降，耕地质量恶化以及耕地后备资源不足等严重制约经济社会的进一步发展，以及关中—天水经济区的粮食安全。

1. 人多地少，人地矛盾突出

关中-天水经济区总面积 8.01×10^4 平方千米，2008 年年末总人口为 2 863.33 万人，平均人口密度为 357.39 人/平方千米，是西北地区人口最密集地区之一。如关中地区，是陕西省人口最为集中的地区，人地矛盾十分突出。2008 年年底，全区有人口 2 297.64 万人，占陕西人口总数的 61%，而土地面积 5.55 万平方千米，约占全省的 26.96%；人均土地 0.002 4 平方千米，不足全省同期（0.005 5 平方千米）的一半，仅为全国人均水平（0.007 2 平方千米）的 33.33%。而随着人口的不断增加，人均土地面积正不断减少，由 2000 年的 0.002 6 平方千米下降到 2008 年的 0.002 4 平方千米。伴随着城市化和工业化的加速推进，势必使土地需求压力越来越大，土地供需矛盾加剧。同时关中地区内各市的人均国土面积也相差悬殊，按人均国土面积的多少将各市进行排位，依次为：宝鸡、铜川、渭南、咸阳和西安。西安的人均国土面积仅为全国人均水平的 18.06%，其人地关系的紧张程度由此可见一斑。

渭河流域（干流地区）为平原，是西北地区土地资源质量很好的地区，是西北地区经济发展的核心之一，同时，该区域大部分县域也是国家的商品粮基地县，因此，该地区城市建设用地的供需矛盾很突出，可利用的土地资源能够占用耕地的空间很小，经济发展的需求与土地资源紧缺矛盾非常突出。天水的小陇山林业示范区多林草覆盖，可利用土地资源缺乏，可利用土地资源的质量也不高，被甘肃省确定为限制开发的生态保护区。在关中—天水经济区的建设中，未来的土地利用规划中应主要解决城市建设用地和农业生产用地的矛盾，重点协调好耕地、工矿组团、卫星城

（区）、城市绿地和周边林地、中心城区、各类开发区的用地结构。确保基本农田面积，同时还要加强城镇建设，形成合理的城镇体系，控制城镇盲目外延扩展。

2. 人均耕地面积不足，且不断减少

关中—天水经济区内人均可利用土地资源仅 526.6 平方米（0.79 亩），属于比较缺乏的地区。仅以关中地区为例，根据 2009 年陕西省统计年鉴数据，2008 年关中地区年末实有耕地总资源 1 511.13 千公顷，占全省耕地面积的 53.05%，人均 0.065 8 公顷，低于陕西人均耕地（0.075 7 公顷），更低于全国人均水平（0.091 7 公顷）。由于农业结构调整和非农建设用地的不断增大等原因，关中地区耕地不断减少。2000 年至 2008 年，关中地区累计减少耕地 130.83 公顷，平均每年减少耕地 14.53 公顷，人均耕地面积减少 0.01 公顷，均高于全省及全国人均减少量。全区内，咸阳和铜川人均耕地面积减少的速度最快，2000—2008 年，咸阳和铜川的人均耕地面积分别减少了 0.015 8 公顷和 0.011 3 公顷。关中各市按人均耕地面积的多少进行排位，依次为：渭南、宝鸡、铜川、咸阳和西安。西安的人均耕地面积仅为全国人均水平的 33.80%，关中地区仅有渭南市略高于全国平均水平。随着人口的不断增加和经济建设的进一步发展，耕地占用现象将愈演愈烈，人地矛盾将更趋严峻。

3. 土地资源污染破坏严重

关中—天水地区土地污染存在的问题主要有：由于宏观总体规划和调控不足，乡村居民村庄基地过多；盲目发展乡镇企业导致乱占滥用耕地；陡坡耕垦，弃耕撂荒造成土地资源浪费；城市垃圾占用郊区耕地造成土地污染等现象普遍存在。

关中地区工业经济发达，乡镇企业发展迅速，工业"三废"污染相当严重。2008 年，工业废水排放量近 4 亿吨，含有大量有毒有害物质的工业废水和生活污水未经处理直接排放到自然环境中，势必造成土地污染。大量工业废渣、城市生活垃圾不断向土壤表面堆放和倾倒，占用郊区耕地。工业排放的 SO_2 等有害气体在大气中发生反应而形成酸雨，以自然降水形式进入土壤，引起土壤酸化。再加上农业生产中农药、化肥等农用化学物质大量使用，破坏了土壤的理化结构，使土壤僵化板结、肥力下降。农药和化肥的过量使用不但使土壤污染更为严重，还威胁到人体的健康。

关中和天水一带是我国农耕文明的发祥地，也是人口聚集地，关中人口占陕西全省的 60%，天水也是甘肃人口最密集的地区之一。随着经济区的建立，耕地锐减和人口剧增会使人地供需矛盾进一步尖锐。一方面经济区的建立，势必会进行大规模的基础设施建设，这在大力推动经济发展的同时也在一定程度上影响经济区的生态环境，特别是一些大型工程的开发，会占用大量土地，使地表植被遭到破坏，对生态环境产生一定的负面影响。另一方面经济区的开发也将进一步加剧人口增长与资源负载的矛盾。在《规划》中，西安将成为人口超过 1 000 万的国际化大都市，宝鸡也将建成人口超过 100 万的大城市，人口的急剧增长与资源承载能力之间的矛盾将日益凸显。在人口和经济增长的双重压力下，环境和发展的矛盾将会十分突出，使经济区开发面临"建设型污染"的严峻挑战，将直接制约关中—天水经济区人民生活水平的提高和经济发展。

三　环境污染严重

环境污染是伴随着关中—天水经济区工业化的发展而与日俱增的。现代工业的发展：一方面提高了社会生产力，增加了社会财富；另一方面又造成了环境的污染。随着城市化的发展和城市规模的逐渐扩大，人口增多，各项生产建设事业的发展，特别是工业的发展，产生和向环境排放大量各种废弃物等。这些废弃物如果不加处理，任意排放，超过了环境的自净能力，就会产生环境污染。关中—天水经济区的环境污染与工业发展密切相关。一方面是工业发展过程中直接造成的污染，如铜川地区的煤炭工业，西安、天水等地的加工工业等；另一方面是关中—天水经济区工业特别是农村工业的发展，由于企业规模小、设备落后、工艺陈旧、操作技术水平低，任意向环境排放各种未加处理的废弃物而造成的污染。关中—天水地区生态环境的污染问题主要包括三个方面：大气污染、水污染、固体废弃物污染。具体来看：

1. 大气污染

世界经济发展的历史表明，迅速发展的工业化和城市化有意无意的都导致了使用大气作为处理废物的介质。当在一定的地域和一定的时间内，由燃料、生产和其他经济活动所产生的废气和颗粒物质的累积数量，超过了大气的自然扩散能力，空气无法按废物进入大气的速度或超过它们进入大气的速度，使之扩散的话，即导致环境的污染。

目前，我国的城市化依赖于重化工业的有力推动，同轻工业和加工制造业相比，重化工业又是以高耗能、高污染、高排放为特点的，从而在城市化的快速发展过程中形成了强大的能源需求与环境压力，加之我国目前的能源结构中，煤炭是主要的能源，在环保技术不佳的情况下，煤炭燃烧将会向大气中排放大量二氧化碳，对大气环境形成污染。

城市化所导致的大气污染问题，也特别体现在城市垃圾处理上。作为主流的垃圾处理方式，填埋在中国城市的垃圾处理比重中占50.4%，其次是堆放占38.4%，焚烧占9.6%，堆肥占1.6%。填埋的方法虽然处理能力强、作业难度低、投资运行费用低、管理简单，但在生活垃圾不断增加、城市用地紧张的前提下，不少城市再建新填埋厂已经很不容易。2007年公布的全国城市生活垃圾无害化处理设施建设"十一五"规划中提到，焚烧处理可有效实现生活垃圾的减容、减量、资源化，在经济发达、土地资源紧张、生活垃圾热值符合条件的城市，在有效控制二**噁**英排放的前提下，可优先发展焚烧处理技术。但是相关文献显示，每吨垃圾焚烧后会产生大约4 000立方米—7 000立方米的废气，还会留下体积近半数的灰渣和飞灰，这些有毒物一旦进入大气势必对大气环境产生严重的影响。

随着工业的发展，能源的消耗导致了工业废气的排放，SO_2排放是工业废气的代表；水资源的消耗导致废水及污染物的排放，COD排放是水污染物的代表。选择SO_2排放总量和COD排放总量对关中—天水经济区污染物排放情况进行评价（见图4-2、图4-3），发现关中—天水经济区城镇、人口密集，产业比较集中，资源消耗和污染物排放量都非常严重，工业布局和人群分布超出了环境承载力，污染物超出了环境自净力，尤其是西安市辖区和咸阳市辖区这个区域核心区的环境承载能力已极度超载。关中必须调整产业结构，大力发展高技术、低消耗、低排污的企业，才能较好地解决SO_2排放与经济发展的矛盾。

从上文中我们可以看出，1990—2008年间，除了工业废水排放量和工业二氧化硫排放量在波动起伏中有一定的增加外，工业废气排放量、工业固体废弃物产生量和工业用电量均明显呈现上升的趋势。上升幅度最大的是废气排放量和固体废弃物产生量，分别从1990年的1 444.40亿标立方米和1 212万吨，上升至2008年的6 273.96亿标立方米和4 027万吨，

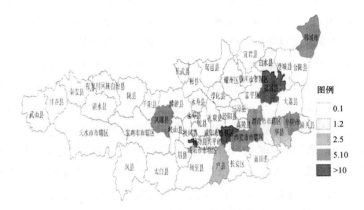

图 4 - 2　二氧化硫排放空间分布图

图 4 - 3　化学需氧量排放空间分布图

分别是 1990 年的 4.34 倍和 3.32 倍。

2. 水污染

伴随着工业和城市的发展，数量有限的水资源成为迅猛发展的工业部门、越来越富裕的城市人口竞相追逐利用的目标，水资源的数量供给和质量保障均面临严峻的挑战。在工业化和城市化的进程中，由于对水资源的需求越来越大，相关调查显示，在中国 661 个城市中，有 400 多个水资源不足，其中大约有 100 个城市处于水供应严重不足的状态，无法保证居民的用水需求和工业生产的需要。水资源不断向城市非农产业等部门倾斜，其中工业用水量所占的比重较之以往有较大的增幅，统计数据表明，

1949—2004 年城市化的快速推进过程中，工业用水量所占的比重从 2% 增长到 22%，生活用水量的比重则从 1% 增长到 13%。在水资源日益匮乏的中国，比水资源短缺更可怕的是水体污染也日趋严重，许多地方的工业污水和城市污水基本上未作任何处理就直接排入各水域，导致中国城市目前水污染的现象非常严重。令人不安的是，这一地区积极发展与环境保护存在着尖锐的矛盾，尤其是在较为贫困的县域，污染的治理主要涉及利益问题，除了部分地区是由于认识水平外，大部分地区明知有些企业会污染环境，但又无力解决治理的资金问题，特别是在某些偏僻地区，问题几乎成了要么停产、要么污染的两难选择。关天经济区部分城市因污染性缺水已经影响到城市化进程，城市因缺水而提高用水价格会提高生活和生产成本、降低城市竞争力，从而抑制城市化。

因此，改善城镇水环境，保障水安全、促进水的可持续利用是当今世界各国和许多国际组织关注的重大课题。中国是世界上最大的发展中国家，也是人均水资源占有量相对较低的国家，在工业化、城市化快速发展的过程中，水资源短缺和水环境问题直接影响到社会经济和人居环境的可持续发展。

3. 固体废弃物污染

城市规模日趋庞大，城市人口迅速增加，固体废弃物污染已经成为影响城市生态环境的主要问题之一。固体废弃物对生态环境产生的威胁主要反映在对其的处理方式上。一般地，填埋、堆放和焚烧是普遍的做法，其中填埋方式最为常用。但这三种方式均会对城市的生态环境产生破坏性的影响。在固体废弃物的填埋与堆放的过程中，会产生大量的酸性和碱性有机污染物，这些物质与固废发生化学反应将会溶解出其中的重金属，经过长期的堆积，这些物质会随着雨水、地表水逐步渗透到地下水层，会对水体产生严重污染。中国环境科学研究院研究员赵章元在 2004 年就已指出，垃圾填埋场普遍存在渗透问题，我国城市地下水已普遍受到不同程度的污染，其中受到较重污染的城市占 64%，轻污染的城市占 33%。

此外，固体废弃物的填埋与露天堆放处置不仅会侵占大量宝贵的土地资源，而且在其露天堆放的过程中，还会产生大量的氨和其他的有机挥发气体，严重污染了大气环境。在垃圾的焚烧过程中，由于固废燃烧产生的大量的硫化物、氮化物等有害气体，会形成对大气的二次污染。由于城市固废量的增加，尤其是对其处理将对环境产生相当程度的污染，由此将进一步引发垃圾处理方式等深层次难题。

四　自然灾害危险性

自然灾害危险性由洪水灾害危险性、地质灾害危险性、地震灾害危险性三个要素构成，主要是评估特定区域自然灾害发生的可能性和灾害损失的严重性而设计的集中性指标。依据渭河流域地理环境基本现状，自然灾害主要有地质、洪水、地震等，其中地质灾害包括滑坡、泥石流、崩塌、地面塌陷、地裂缝、不稳定斜坡等，对自然灾害各分指标进行了分别计算，并依据主导因素法计算出自然灾害危险性的总体评价等级。在关天经济区自然灾害危险性各等级中，没有处于最低等级危险性的区县，属于危险性最高的等级的区县也仅有 2 个，只占区域面积的 2.28%，而处于较高危险性、中等危险性和较低危险性的区县，分别占流域（干流地区）总面积的 26.56%、36.72%、34.43%。从图 4－4 可以看出，虽然关中—天水经济区内各市域范围内都有危险性等级较高的区县，但自然灾害危险性等级高的区县的数量是东部高于西部，南部和北部高于中部。从影响灾害危险性的因素分析，危险性高的地区以地质灾害为主，较高和中等危险性地区以洪水危害因素为主。

图 4－4　自然灾害危险性空间分布图

五 农村环境污染加剧

改革开放以来，关中—天水地区农村经济快速增长，农民居住条件不断改善，生产生活水平大幅提高。然而，不容忽视的是，随之而来的农村生活环境却日益恶化，其中最突出的问题就是农村垃圾越积越多，并出现了毒害化的新趋势。关中—天水经济区人口重点在农村，如果农村生态环境恶化趋势不从根本上扭转，将不仅严重影响和制约农业稳定增收、农民脱贫致富和农村现代化进程，而且也直接影响我国社会经济可持续发展，严重威胁人民群众的身体健康，关乎农产品安全，牵系社会稳定。

1. 农村水资源短缺、饮水安全保障程度低

关中—天水地区是一个承受着人口、生态、经济、社会发展多重压力的极度缺水区域，当前正面临着水资源匮乏所带来的严峻挑战。这一地区大部分年降水量 500 毫米—600 毫米，水资源总量少，人均不足，仅为全国水平的 38%；境内干、支流含沙量大，基本上无调蓄能力，地下含水层厚度小、调节能力差，不利于开采利用[1]，天水某些农村，地下水埋深已经突破 200 米。

在关中—天水经济区，农村用水保障优先性大大低于城市和工业，因此在水资源总体紧张的状况下，农村的缺水问题尤其突出。由于农村人畜用水普遍缺乏必要的质量监管，供水设施和用水器具简陋，农村饮水面临着日益严重的水污染和多种水型地方病问题。水量和水质两方面的压力导致了农村总体用水的安全性较差，已成为群众最关心、最迫切需要解决的问题。如仅在天水市秦州区，截至 2009 年年底，全区仍有 25.24 万人饮水不安全。其中饮水水质不达标人口 5.65 万人、水量不达标人口 5.44 万人、方便程度不达标人口 8.49 万人、水源保证率不达标人口 5.66 万人[2]，几乎呈现了"无河不干，有水皆污"的局面。

2. 农村环境基础设施落后，废弃物污染严重

关中—天水地区环境基础设施的建设相当落后，在大部分农村更没有

---

① 洪光荣：《甘肃天水市农村城镇化的障碍与对策》，《河北农业科学》2009 年第 13 卷第 2 期，第 150 页。

② 胡小波：《秦州区农村饮水工程建设和管理存在问题及对策》，《甘肃水利水电技术》2010 年第 6 期，第 53 页。

任何环境基础设施，除县城城关镇外，各乡（镇）集镇都还没有规范的垃圾处置场。农村生产生活产生的各类污染源直接排放，农村的生活垃圾一直处于无人管理的状态。农户的生活垃圾和污水随便倾倒，流向田头沟渠、池塘、路边，特别是现代化产品大量流入农村，大量有害有毒废弃物破坏了农村生态平衡。在农村地区，到处可见各种生活垃圾，小到食品塑料包装袋，大到废旧家用电器。由于不进行垃圾分类处理，致使相当大的一部分垃圾被随意掩埋，甚至焚烧，造成了严重的环境污染，给居民生活和粮食生产埋下了安全隐患。

由于生活垃圾、人畜粪便、养殖废物、农业废弃物和生活污水任意排放，使大部分农村"脏乱差"现象严重，环境卫生状况差。在农村地区的卫生问题主要集中在厕所方面，绝大多数的厕所还是原始的旱厕形式。一个就地挖掘的大坑，加上几个简易砖块，就构成了厕所。这种厕所既不美观，也不卫生，一到夏季，苍蝇、蛆虫到处可见，臭气可以扩散至周围十几米远，不仅影响人的居住心情，同时也不卫生。

3. 种植养殖废物产生量大，综合利用效率效益低

由于农业作业方式的改变和农民生活水平的提高，一些农村地区不再将植物秸秆作为主要的生活燃料，而是将其一烧了之。殊不知秸秆的燃烧对环境的危害极大。一是污染大气。由于燃烧秸秆，使得空气中烟尘、颗粒物和其他污染物的浓度急剧增加，空气质量迅速下降，不利于人体健康。二是降低大气能见度，妨碍交通，特别是机场飞机的起降和高速公路上汽车的行驶。大量的秸秆被焚烧或抛弃于河湖沟渠与道路两侧，浪费了大量的资源和能源，且污染大气和水体，影响农村的环境卫生。

4. 城市污染向农村转移

目前，我国尚有许多城市未建污水处理厂，那些未经处理的城市生活污水和工业废水大量排入河流和农用灌渠，导致灌区内土壤重金属含量和有机污染物含量严重超标，造成农产品污染。目前堆放城市生活垃圾和工业垃圾的垃圾场几乎全部设在农村，更为严重的是许多垃圾填埋场只是简单地填埋，未做任何防渗处理，严重地污染了地下水，农村承受了农村和城镇共同产生的生活垃圾。

5. 化肥、农药、农膜的使用及污染问题

天水人多地少，土地资源的开发已接近极限，化肥、农药的施用成为

提高土地产出水平的重要途径，加之化肥、农药使用量大的蔬菜生产发展迅猛，这不仅导致农田土壤污染，还通过农田径流造成了对水体的有机污染、富营养化污染甚至地下水污染和空气污染，威胁着农业生态环境和农产品安全。这类污染在很多地区还直接破坏农业伴随型生态系统，对鱼类、两栖类、水禽、兽类的生存造成巨大的威胁；而农用地膜、农药空瓶、化肥包装袋随意丢弃，难以在短时期内降解，导致农民居住环境和生产环境污染加剧。

6. 乡镇企业对农村环境造成的污染严重

随着城市环境保护力度的加大，环境管理更加严格，许多能耗大、污染重的企业纷纷转移至乡村，这些企业多为电镀、造纸、化工、小炼油、冶炼等"十五小"重污染行业。这些企业往往设备陈旧简陋、工艺技术落后、规模小、没有污染防治设施。为较快发展乡镇地方经济，各地高度重视招商引资，把引进企业作为加强农村经济的主要措施，乡镇干部的任用考核也以招商引资额作为衡量标准。因此，各地在招商过程中不惜降低门槛，引进一些生产工艺落后、能耗高、污染重的企业。废水、废气、废渣随意排放，严重污染了农村环境，尤其是水资源，当污水被用于农田灌溉后，又造成了土壤和农作物的污染，对农村居民的身体健康产生了极大的危害。

农村的环境问题由于其特殊性，如不及早重视和防范将会造成比现在城市环境更复杂、更有害、更难治理和恢复的被动局面。因此，保护农村环境，改善农民生存条件，提高农民生活质量和健康水平，是贯彻落实科学发展观的一项重要而又紧迫的工作任务。农村环境的改善不仅需要农民自己的努力，也需要政府的组织协调，在充分发挥广大农民能动性的基础上，通过政府、市场与社会的共同努力，是能够保护好农村环境，实现农村可持续发展战略目标的。

六　生态意识普遍薄弱

居民的环境意识是指居民对待资源和环境的态度，包括三个方面：第一，自然界及其发展规律的认识，尤其是对长江上游生态环境的清醒认识；第二，人类与生态系统之间关系的理解，主要是对经济系统与生态系统的正确认识；第三，对环境保护的参与程度。通过参与长江上游生态屏障建设（如"天然林保护工程""退耕还林还草工程"等）和建立环保消费模式来减少污染产品的生产、推动环保产品的再生产。随着关中—天水地区生态环境问题的日益突出，这一地区的居民已逐渐对身边的环境问题有了更为清醒的认识。但从总体上说，居民的环境意识水平较低，这主要表现为：第一，环境意识水平参差不齐，居民自觉或不自觉地破坏生态环境。第二，环境行动参与性差。在渭河上游地区，居民的生产力水平非常低下，上游山区的居民，农业生产属"靠天吃饭"，农作物产量很低，生活用水是靠窖水，对环境保护毫无概念，而在川地居住的农民，灌溉水来源为打井和抽渭河水，灌溉方式为渠灌和大水漫灌，农作物产量相对较高，生活环境略好，对环境保护不了解或不认为需要环保；渭河中游的宝鸡地区，水资源丰富、经济水平较好、城市化水平较高，比较注意流域治理和环境保护，人们普遍具有环保意识，宝鸡市还将流经市中心的渭河及其滩地建成了城市公园。调查显示，这个地区的村民并不认为存在缺水问题，灌溉方式以渠灌和大水漫灌为主，处于城乡结合部的村民，现在更多的是在考虑如何利用自己手头的土地获得更多的利润。

　　渭河下游地区，人地矛盾在这里并不突出，属人地较为和谐的地区；渭河下游的咸阳和西安，属经济发展水平和城市化水平高，但水资源缺乏的地区，人地矛盾突出，但人们的环境保护意识较强，普遍认为，应该保护水资源和生态环境，但是灌溉方式还是以渠灌和大水漫灌为主，滴灌、喷灌等相对节水的灌溉方式很少有人采用，村民用水也以自来水为主；渭河下游的铜川是典型的工业城市，农业活动较少，市领导认为，铜川市现状用水基本能满足国民经济发展的需要，政府对水源地保护非常重视，严格控制污染，但水资源增量不够。渭河下游的渭南属于一个以农业为主的城市，对这里的村民的访谈结果发现：村民主要是抽渭河水进行灌溉，村民普遍认为，渭河曾经污染很严重，但是经过近五六年的整治，关掉了一些污染严重的小企业，现在水质明显好转，偶尔也可以见到鱼，所以还是要进行水资源的保护，甚至有部分村民愿意为环保支付一点费用。

第二节　关中—天水经济区人地关系
问题的原因探析

渭河流域的关中平原是我国古代文明的发祥地之一，全新世以来先后演绎了多期古文化，文明一直延续至今。从历史的角度复原关中平原全新世以来人地系统的演变，认识人类活动与生态环境相互作用的历史过程，可为协调现代人地关系提供一定的科学依据。

一　历史开发久远

关中—天水经济区包括天水和关中两大地块，是渭河流域经济最发达、自然条件最好的地区。位于渭河中下游的关中地区，自西周时期在渭河河畔建都以来，先后有西周、秦、西汉、隋、唐等 13 个王朝在此建都。在约 2 000 年的历史时期，关中地区一度成为整个中华民族乃至世界的政治经济文化中心。"渭河流域上游的天水地区作为中原王朝的西大门，长期是多民族杂居的地区，农耕文化和游牧文化不断碰撞，天水既是中原王朝经营边防、统御西北的前沿，又是中亚、西域使节，胡商和西域文化进入中原的最后枢纽，也是中原文化西传的首站。"[①] 根据历史资料对文化和环境的记载，农业社会时期关中—天水地区人类活动强度大致经历了以下几个阶段。

1. 文明史前阶段

所谓文明，是指较高的文化发展阶段，具体要素包括"政府机构的形成、城市的出现、文字的出现、灌溉农业或大规模饲养业的发展、金属器具的广泛应用、专业工匠的分工、庞大的礼仪性建筑的兴建、远程贸易的经常化以及有记载的天文历算的存在等等"[②]。因此，我们可以认为文明史始于原始社会末期。在此之前的人类史可以称之为文明史前社会，大抵包括旧石器时代、新石器时代和金属器前期。

在文明史前社会的绝大部分时期内，人类尚处于一种未开化状态，人

---

① 雍际春、吴宏岐：《陇上江南：天水》，三秦出版社 2003 年版，第 4—5 页。
② 童恩正：《中国北方与南方文明发展轨迹之异同》，《新华文摘》1994 年第 11 期，第 64—70 页。

类只能够利用自然界提供的各种食物来维持生存，狩猎和采集是当时食物的主要来源，人地关系就是为着生存而展开的，为了生存的需要，长期索取，采集现存的物质。但在这一阶段，人类已经能够制造简单工具以及使用火。在距今 1 万年前的时候，关中地区先后由中石器时代的细石文化演化为新石器时代早期的老官台文化。这一时期（距今 7 500—7 000 年前），制陶手工业有很大发展，石核、石球、纺轮、石矛、石铲等农业、手工业和渔猎工具说明农业生产水平和工艺技术水平有很大进步。

工具和火作为一种技术因素加入到人地系统中，是其中一个极重要的组成部分，成为人类适应自然环境的重要手段。它意味着人类已开始在意识的支配下主动地适应环境，而不再是完全的消极适应。但是因为生产力低下，人类普遍认为自然是不可控制的，人类处于受自然主宰的状态，完全依赖自然，处于自然食物链中的一环，这时的原始思维是没有区别和规定性的，混沌一体的感性思维，对主体与客体、精神和物质不能区分清楚，一切现象都存在一种神秘的"互渗"现象，人与自然混为一体。人们认不清人与自然的区别，出于对自然界各种力量的敬畏，于是逐渐产生了原始宗教意识，图腾崇拜和巫术是这种意识的集中体现。但在宗教思想还占统治地位的历史条件下，也产生了一些具有朴素的唯物主义和辩证法的思想艺术，在冶金和天象观测上也有不少成就。这表明，在文明史前阶段，特别到奴隶社会后期，人类对自然已经有所认识，但总的来说，这一时期，人地关系还是一种混沌一体的关系。

从原始社会末期到近代资本主义萌芽之间，即中世纪以前的文明史总体上是一部"农业文明史"。距今大约 1 万多年前，狩猎采集者中的一部分开始农耕，驯养绵羊、山羊和其他动物，从而出现了人类历史上的第一次社会大分工——农业的出现。农业的出现是人类发展史上的一次重要革命。随着农业的出现，在地球表面出现了一种凝聚着人的劳动投入，具有向人类供给食物功能的新型景观，即农业景观。这时铁制农具、畜力耕作已经相当普遍，劳动工具的改进，促进了水利灌溉事业的发展；同时数学、天文历法的研究进一步发展，通过节气的变化来安排农业生产，农业生产力得以极大发展，将农业文明推向高潮。农业导致了人类食物来源的根本性变化，人与自然环境之间在食物方面的联系，就相应地变为人与农业和农业与自然环境之间的联系。农业从此成为人类生存必不可少的地理环境的一个部分。这种由人类活动而产生的地理环境被称为人为环境，以示与不依赖于人类而存在的自然环境的区别。

    2. 先秦—西汉时期——农业稳定大发展时期

    先秦时期，特别是春秋时期，关中地区的草木昌盛，当时人口并不
多，大部分地区生态较为优越。从秦到西汉，由于分裂趋向统一，关中
平原长期作为国家的政治经济文化中心，农业稳定发展。这一时期生态
环境较为优越，草木昌盛，关天经济区人口较少，人类活动强度较小，
人地关系处于低水平协调状态。这一时期，优越的自然条件促进了秦人
在天水地区的发展壮大，随着秦武公攻灭了天水境内的少数民族邦戎和
冀戎，并在邦、冀的聚居中心设立邦县和冀县，为天水城市的形成和发
展奠定了良好的条件。自公元前 350 年，秦孝公迁都咸阳，关天地区人
口成倍增加。秦时期实行的"商鞅变法"、兴修郑国渠等水利设施，这
些措施的实施使生产关系得到变革，农耕条件得到改善，生产水平得到
提高，关中地区国力有了大发展①。战国中晚期，关中地区封建制度开
始确立，犁等铁器工具广泛使用于农业生产，带来农耕文明的再次繁荣，
最终确定了西汉时期封建王朝的强盛。天水作为汉漆器和盐铁（政府两
大经营品）的重要产地也一直保持繁荣，且这种繁荣一直延续至西汉王
朝结束。

    自然环境的演变，对该区农业文化的发展也起到促进作用。春秋—西
汉时期是一个相对暖湿的气候，这种优越的气候持续了 500 年左右，为农
业的稳定发展提供较好的气候条件。这一时期，人类活动强度成倍增加，
人类通过对环境的改造，创造了辉煌的文明，同时随着改造的加强，在局
部范围内超越自然环境所容纳的限度，环境对人类开始进行"报复"，人
类在享受生产工具变革带来的高农业产量的同时也造成了局部地区的环境
破坏，出现了人地关系的第一次恶化期，都城建设的大兴土木和人口数量
的增加使成灾频率增加②。从公元前 110 年—公元前 2 年，灾害与同期相
比增多，平均 20.18 次/百年的水旱灾，这主要是由于前期都城建设中大
兴土木，兴建宫殿、城池等对附近森林植被破坏引起的。另外人口数量增
加，对环境资源造成较大的破坏，人类活动更多地向高风险区进入，导致

————————

    ① 史念海、萧正洪、王双怀：《陕西通史：历史地理卷》，陕西师范大学出版社 1998 年版，
第 1—52、92—124 页。
    ② 殷淑燕、黄春长、仇立慧等：《历史时期关中水旱灾害与城市发展》，《干旱区研究》
2007 年第 24 卷第 1 期，第 77—82 期。

成灾频率的增加[1]。

3. 东汉—北朝时期——人地关系恢复时期

这一时期气候逐渐变得干冷，加之战乱频繁，人口和社会经济各方面的发展均有所起伏，而气候、河流、山林等自然环境要素也在自然规律与人类活动双重因素的影响下，表现出复杂的演变过程。在东汉—三国时期，关中平原人口与西汉相比大为减少。该区也不再是全国性的都城，自然不会再有大规模的城市建设和宫殿修建，对环境的干扰破坏也大大减少，大规模的宫殿修建和人口的减少使人类活动强度降低，对环境的破坏也大大减少，关中—天水地区人地关系进入一个恢复期。与秦汉时期相比，这一时期灾害发生的频率大幅减少。关中地区自然环境得到较好的恢复。如公元 8 年—公元 265 年，水旱灾害平均只有 2.23 次/百年。气候的变化对植被的恢复也起到一定的作用，东汉至北朝本区转为凉干气候，气候的变干变冷使得该区缺水的高地不再适宜农业生产，降低了对高风险区进入的可能性。

4. 隋唐时期——文化繁荣与人地关系紧张时期

隋唐时期的关中—天水地区进入历史上最繁荣的时期。这一时期，气候相对温暖湿润，同时，耕作制度和技术进一步提高。唐统一后，唐初，中央政权实行鼓励"蚕桑"的政策，耕作制度和技术进一步提高；六门堰、升原渠、三白渠等水利设施使农业的灌溉得到保障，以及"狭乡迁宽乡"政策的实施，刺激大面积荒地被垦殖[2]，人工种植作物成为主要植被。另外，隋唐时期气候相对温暖湿润，为农业发展奠定了基础条件。耕作制度与技术的提高、水利设施的修建、安定的政治环境、暖湿的气候等促进了关中文化的兴盛。至盛唐时期，长安成为全世界的政治经济文化中心[3]。隋唐时期的天水作为西出关中的第一站始终处于丝绸之路重镇的位置，丝绸之路的繁荣使天水成为贸易中心和商品集散地，人口不断增加，城镇水平日益增强，正如《资治通鉴》载，唐玄宗时："自安远门（长安西北第一门）西尽唐境万二千里，桑麻翳间阎阎相望，天下称富庶者无如

---

①　殷淑燕、黄春长、仇立慧等：《历史时期关中水旱灾害与城市发展》，《干旱区研究》2007 年第 24 卷第 1 期，第 77—82 页。

②　许海山：《中国历史》，线装书局 2006 年版，第 64—105 页。

③　吴宏岐、党安荣：《唐都长安的驯象及其反映的气候状况》，《中国历史地理论丛》1994 年第 4 期，第 171—177 页。

陇右。"这一时期是农业社会时期关中—天水地区人类活动强度最大的阶段，人地关系进入第二次恶化期，大规模的城市建设和人口数量的快速增加使这一时期的自然灾害高频率发生。

该时期人地关系的基本特点是：随着人口增加和生产力的进步，人类对自然界的索取量和索取能力日渐加大，人类抗拒自然、利用自然的能力逐步增强，对自然的影响与破坏逐渐扩大。作为当时世界上建筑规模最大、最繁荣的国际大都市——唐长安城，城市建设及人口压力对于城市周围地区带来的环境破坏不容忽视。唐朝中期，高频率灾害的发生，反映了当时人类活动对自然资源的严重破坏及其带来的恶果。

5. 北宋时期

这一时期，天水在保持往昔繁荣的同时也出现了生态环境的毁灭性破坏。北宋时期，天水的军事功能和边境口岸功能得到强化。一方面，北宋朝廷把天水秦州放在北宋、吐蕃、金、西夏族战略要冲的地位，意欲以秦州为大本营，向西向北推进；另一方面，秦州在北宋时还是重要的边境口岸，秦州成为西域马匹和中原茶叶的交换地，设有茶马司，负责与吐蕃西夏进行茶马交易，茶马互市，使秦州商旅云集。军事重镇和茶马互市使天水依然保持着往昔的繁荣。但同时，北宋皇室为扩建宫室在天水秦州夕阳镇及大小洛门镇等渭水沿岸大量砍伐木材，并将木材连成巨筏沿着渭水漂运至京师开封，自北宋后，天水境内的草地和森林面积明显减少，生态环境遭到了严重破坏。这一时期，天水的人地矛盾恶化加剧。而这一时期的关中人地矛盾暂时处于缓和期，史料记载较少。

6. 元明—清早期

唐宋朝以后，全国政治和经济中心东迁和南迁，关中地区不再是国都所在地，从唐结束到元后期（907 年—1368 年）人口数量均稳定在一定水平上。随着生产力的发展及康乾盛世的长时间稳定，明尤其是清时全国及关中人口快速增长。庞大的人口基数，使人口的总数量长时期维持在较高水平，这也使自然资源被过度消耗。据史料记载，从明代中叶起，陕西的森林逐渐遭到摧毁性的破坏。在整个农业社会时期，这一阶段人类活动强度最大，人地关系进入了第三次恶化期[1]。明清时，人口的增加和生产

---

[1]　朱士光、王元林、呼林贵：《历史时期关中地区气候变化的初步研究》，《第四纪研究》1998 年第 1 期，第 1—11 页。

技术的提高，使植物和其他自然资源得到过度消耗。从史料记载看，从明代中叶起，陕西的森林逐渐遭到摧毁性的破坏。关中—天水地区人地关系逐渐进入全面紧张状态，自然对人类的报复也不断加剧。此外，气候的变化也是该区人地关系紧张的重要原因。明清是中国历史上气候最恶劣的时期，被称之为"明清宇宙期"①，是各种天象、气象和地象发生剧烈变化的特殊时期，气候变化大，人地关系稳定发展受到影响。

7. 清末至今（1911—2000 年）

关中平原进入工业发展阶段。"洋务运动"开始了中国工业的发展，关中地区也不例外。相比较沿海来说，该区工业发展步伐较为缓慢，但工业文明对该区的影响，与传统农耕文明相比较有着质的差别。工业技术给关中平原创造出越来越多的物质财富，同时，工业对土地植被的作用强度，对煤炭、石油等化工燃料的依存度，对生态环境的破坏度也前所未见。工厂，大型机械，化工燃料、废水、废气、废渣等污染物是工业文明的标志，也暗示着人类正在以前所未有的强度"改变"。

农业社会时期，关中—天水地区的人民创造了辉煌文明，也在一定程度上对环境造成了破坏，但是，与工业社会相比，农业社会的生产力发展还比较缓慢，人类活动还在一定的生态环境容纳范围之内，没有从根本上破坏生态系统的基本结构，人与地仍处于一种协调状态。

关中平原人地系统大致经历从原始和谐—矛盾发展—关系紧张—全面紧张—空前尖锐—可持续发展的提出几个阶段，中间穿插有人地关系恢复时期，人地关系紧张有愈演愈烈的趋势。实现人类与环境的协调成为未来关中平原发展的当务之急。尊重自然，加强对生态环境的保护和修复，走可持续发展之路是历史对人类的启示。

二　城市化对人地关系的影响

城市化又称城镇化、都市化，是人类生产和生活方式由农村型向城市型转化的历史过程，这一过程是社会经济发展尤其是现代工业化的必然产物，其结果表现为城市人口在社会总人口中的比重逐渐上升，城市规模不断扩大，城市文明不断完善。城市化是现代社会发展的必然趋势，城市化

---

① 朱士光、王元林、呼林贵：《历史时期关中地区气候变化的初步研究》，《第四纪研究》1998 年第 1 期，第 1—11 页。

水平的高低已成为衡量现代社会进步发达程度的一个重要标志①。纵观人类发展的历史，城市数量不断增加、城市规模不断扩大、城镇人口比重不断上升，城市在一个国家和地区的政治、经济、文化、科技发展中的地位不断增强，这是不可逆转的历史趋势。与此同时，城市化的过程也极大推动了国家和地区的社会经济发展，因此城市化的发展水平，也就成为衡量国家和地区社会经济发展水平的一个重要标志。城市的形成发展与其周边的资源生态环境条件密切相关，其发展依赖良好的自然环境，同时也深刻影响着自然环境。城市化是对资源生态环境影响强度最大、最深的过程之一。

从公元前3500年两河流域城市的出现至今，世界城市化已经经历了5 500多年的发展历程。城市在推动人类社会文明和进步的历程中，发挥着越来越重要的作用，但是随着城市化的迅速发展，人们在感受到城市化带来的丰富的物质和精神生活的同时，也面临着日益严峻的城市生态环境危机。18世纪60年代，随着人类进入工业文明和世界城市化的时代，温室效应、资源枯竭、环境污染、水土流失、土地荒漠化等问题也随之而来，城市区域的自然环境发生了巨大的变化，城市化进程中的资源环境问题开始引起了人们的广泛关注。

新中国成立以来，尤其是改革开放后，我国的城市发展进入了正常的轨道，城市化步伐不断加快。但中国经济的快速增长在很大程度上，依赖于资源的高度消耗和低效利用，是以生态环境的严重破坏为代价换取的粗放式的发展。不言而喻，这种模式对于我国这样一个资源相对短缺、生态环境问题比较突出的国家是不可持续的。目前，中国正处于以城市化的加速发展为主要特征的新一轮经济增长周期，经济的快速增长加大了对于资源的诉求，加之我国人口众多、技术与管理水平相对滞后，更进一步增强了资源稀缺压力以及环境污染程度，在资源对经济发展约束效应日益突出的同时，生态环境也面临着巨大的压力。特别是20世纪90年代以来，社会的稳定繁荣以及经济的快速增长，为城市的高速发展创造了良好的条件。当前我国已经步入了城市大规模发展的阶段，城市化水平不断提高，发展速度不断加快。我国的城镇人口从1978年的17 245万人发展至2008年的60 667万人，已成为世界上城镇人口最多的国家，而城市化水平

---

①   毕琳：《我国城市化发展研究》，《哈尔滨工程大学学报》2005年第2期，第30页。

（城镇人口占总人口比重）已从 1978 年的 17.92% 上升至 2008 年的 45.68%，年均增长 0.9 个百分点，而 1995 年以后，中国的城市化水平更是以每年 1.2 个百分点的速度快速增长。

纵观世界城市的发展历史，城市化的过程往往伴随着资源环境的恶化与衰退。由于城市生态环境恶化所造成的灾难事件频发。20 世纪全球发生的八大公害事件大都直接或间接地与城市有关[①]。我国是人口大国、资源小国，环境问题尤为突出，伴随着中国城市化进程的加快，快速粗放型城市化正在对资源生态环境造成现实的破坏或潜在的威胁。日益匮乏的资源和不断恶化、衰退的生态环境，已经成为我国社会和城市发展的制约因素，危及城市化的可持续发展。

我国的城市化进程面临着资源环境方面严峻的考验，主要表现在：一是城市发展所需的土地资源、水资源供给不足，在许多地方都成为城市发展的瓶颈。二是城市区域生态环境问题严重，城市流域水体污染严重，大气污染和噪音污染问题突出，越来越多的城市处于垃圾的围城下，城市人居环境的质量不断下降。三是环境污染事故频发，加重了环境的污染。因此可以说，中国城市化在一定程度上是以牺牲资源环境为代价，只重速度，忽视"质量"的城市化。

在西部地区，关中—天水地区的经济发展水平和城市化水平都处于领先地位，但相较我国其他地区，特别是东部沿海地区，关中—天水地区都存在着较大的差距，努力发展区域经济和加快城市化建设就成为了该地区的重大发展战略之一。相比我国西部其他地区，关中—天水地区的自然条件和自然资源结合较好。但随着该地区经济的发展以及城市化进程的加快，城市化与资源环境可持续发展之间的矛盾不断增大，资源环境问题也日益突出和严重。关中—天水地区的发展正处于一个十分关键的阶段，如何协调好该地区的人口、资源、环境与城镇发展之间的关系，如何在促进经济和城市化健康发展的同时，又不对资源环境造成破坏，寻求一条既能保护资源环境又能推进城市化又好又快发展的双赢发展模式，对于关中地区的建设与发展具有十分重要的理论和现实意义。

---

① 宋永昌、由文辉、王祥荣：《城市生态学》，华东师范大学出版社 2000 年版，第 38—42 页。

1. 关中—天水地区城市化发展历程

新中国成立后，随着国家社会主义建设事业的蓬勃发展，极大地促进了关中地区，乃至整个西北部地区城镇的发展和变化。然而就关中地区而言，随着国家战略重点的几次大的变动，城镇的发展也经历了较为曲折的历程。

（1）空前发展时期（1949—1957 年）。新中国成立初期，1949—1952年 3 年经济恢复期间，面对战争破坏所带来的经济萧条、生产无序、人口失业等问题，中国将经济发展战略的中心任务集中在恢复和发展生产上。在此期间，国家已经意识到工业基础的薄弱，其中以重工业发展尤为落后，于是构建以重工业为主的工业体系成为经济发展战略的核心内容，而工业化的发展必须以城市为依托，大规模的工业基础建设推动建立了一系列的城市工业基地，在全国范围内开展了以城镇为重点的工业布局，从而带来了新中国成立以来我国城镇发展的第一波高潮。

这一时期，关中地区以其良好的自然条件、丰富的自然资源以及地理区位优势，成为了国家进行工业化建设的重点地区。在全国 156 项重点建设项目中，有 24 项建在了陕西，其中绝大多数在关中地区，建设项目包括飞机制造、兵器工业、电子机械工业等领域。同时，与这些国家重点建设项目相配套的近 50 项大中型项目，以及省市地方的 145 个工业基本建设项目，都主要分布在以西安为中心的陇海铁路沿线地区，户县、余下、兴平、铜川等迅速发展成为新的工业城镇。为配合关中地区的经济建设，大量的技术人员、管理干部及其家属迁入关中，许多高等院校也迁入关中或在关中组建，再加上工矿企业在农村的大量招工，使得关中地区非农人口迅速增加，由新中国成立初期的 88.13 万人上升到 1957 年 187.19 万人，非农人口比重也由 11.78% 上升至 18.85%。工业化的迅速发展，成为了当时推动关中地区城镇快速发展的强劲动力，同时也奠定了关中地区作为新兴工业基地和我国中西部地区经济中心的基础。

但同时我们也要看到，这种产业结构下的生产活动又对应着对于生态环境的过度依赖，因为仅受行政政策变化的影响，这就使工业化、城市化失去了生态环境承载边界的约束，这种状况为生态环境出现危机提供了可能的解释。事实上也证明了，在以"重工业优先"为经济发展的主导方针时期，在确保以低价农业产出供给工业成长的这样一种分配关系中，城市化与工业化脱节，大大滞后于其增长。为此付出的一个主要的代价就是对生态环境产生了破坏。当时企业由于建厂时多从加快战略实施的角度出发,大量上马一批工程项目,却很少考虑到附近居民的卫生健康,排出废水未加处理或处理设备简陋,存在问题较多,如多数造纸厂的纸浆废液未经处理就流入河流或农田,其他石油、化工、印染等工厂的废水处理也都存在问题。因此严重地损害了城市生态环境,影响了附近居民的卫生健康及生产、生活。

（2）波动停滞时期（1958—1977年）。1958年,随着第二个五年计划时期开始,"以钢为纲"优先发展重工业的战略格局正式确立,这一时期,高度集中的计划经济体制与政策措施,不仅作为经济发展战略具体实施的根本保证,而且也成为了推动城市化进程的主导力量。国家依靠行政力量将工业布局于一批重点城市,大炼钢铁、全面大跃进的工业建设展开,使城市化进入了一个盲目的发展阶段。这一时期以全民大炼钢铁为主的工业建设,致使工业急剧发展和职工人数的大量增加,这直接促使了城镇规模的迅速扩大,以及城镇的数量及人口的急剧增长。但由于当时的工业布局分散,即使是县县都办起工业来,全国的工业化仍未实现,而且工业技术水平不高,发展方式又是极为粗放和初级的,生态环境付出了较为沉重的代价。

关中地区城市经济实力增强,城市规模明显扩大,城市化也有了进一步的发展。但是,这种片面的发展违背了经济发展的客观规律,造成了国民经济结构比例的严重失调,农业和轻工业严重萧条,基本生活资料供给不足。面对这样的严峻形势,1961年国家开始调整城市工业项目,并撤销了一批建制市、镇,致使关中地区的城镇人口有所下降,非农人口在1962年下降到17.2%,回落到了1957—1958年时的水平。在此之后,随着1964年开始的"三线"建设,陕西又一次成为了建设重点。尽管国家在关中进行了大规模的国防军工、机械、电子工业的布局建设,但在"山、散、洞"的工业布置原则下,并未对关中地区的城镇发展起到多大的作用,城镇人口和城镇建设仍然徘徊不前。1966—1976年,由于受"文化大革命"影响,国民经济濒临崩溃,生产建设停滞不前,一些重大的经济、政治决策失误严重制约了城市化的发展,这段时期的城市化发展非常迟缓,基本上处于停滞的状态。

1949—1977年计划经济时期,鉴于工业化过程中所表现出的生态环境污染问题的紧迫性,我国政府已经开始重视城市的生态环境保护工作。

20 世纪 70 年代初，周总理就对日趋严重的城市工业污染作过指示，"要消灭废水、废气对城市的危害并使其变为有利的东西"；1971 年 2 月，周总理再一次指出："我们一定能够解决环境污染，因为我们是社会主义计划经济，是为人民服务的，我们在搞经济建设时，就应该抓住这个问题，决不能做贻害子孙后代的事。"周总理对环境保护的指示，为我国城市开展以控制工业污染与综合利用指明了方向，反映出政府对城市化过程中出现的生态环境问题的重视。

（3）稳定发展时期（1978—1999 年）。自 1978 年中国实施改革开放这一项主要的方针政策以来，中国经济社会从高度集中的计划经济体制，转变为充满活力的社会主义市场经济体制，从封闭半封闭的经济转变为全方位的开放型经济，经济总量快速增长，国民经济一跃成为全球最具活力和潜力的经济体。在此期间，伴随着中国经济改革的是高速的城市化进程，城市基础设施建设大规模展开、居民生活质量明显上升。作为推动区域经济发展的主导力量，城市化在发展中扮演了重要的角色，其重要性不容质疑。然而，城市经济快速繁荣的同时，生态环境方面的困境与危机却不断凸显。回顾中国城市化的历史发展进程，城市化在使人们逐步感受到日益丰富的物质和文化生活的同时，生态环境却为此付出了巨大代价，长期以来所延续的粗放式的发展模式，造成了资源的浪费与枯竭、环境的破坏与恶化。

1978 年年底开始的农村家庭联产承包责任制改革，解决了两个最主要的问题：一是，极大地提高了农民的生产热情，提高了生产效率，变平均分配为按劳所得，解决了原有制度面临的激励问题；二是，随着农业生产率的提高，农业的剩余劳动力得以释放从而培育了农村劳动力市场的发育，为未来城市经济发展提供劳动力生产要素的支持。由于改革初期，原有的限制劳动力流动的影响因素并未彻底消除（城乡隔离政策是逐步松动的），城市经济发展也刚刚处于政策实施的起步阶段，农业释放出的剩余劳动力还不能彻底向城市转移，加之中国所倡导的是所谓"离土不离乡、进厂不进城"的分散布局的农业剩余劳动力转移方式，因此 20 世纪 80 年代前期，在中国的城市化历史进程中，乡镇企业作为当时中国实现农村工业化的主要形式，对解决农村劳动力就业、提高城镇化水平发挥了重要作用，但是由于乡镇企业规模小、布点分散、生产集中度低从而造成规模不经济，加剧了资源与生态环境的成本付出，具体体现为：一是资源使用效率低下、环境污染严重。乡镇企业大多是因陋就简，土法上马，或采用城市淘汰的技术和设备，起点低，技术落后，单产中能源、水、原材料等资源消耗量过大，污染排放量大。二是污染难于处理。由于生产布局分散凌乱，甚至是村村点火、户户冒烟，小造纸厂、小化工厂、小农药厂等随处布局，达不到环境污染治理的最小经济规模，企业的污染事故屡见报端，治理往往处于放任和关闭的两难选择之中。并且，由于脱离了城市的市场环境，乡镇企业环境技术改造和升级是十分困难的，重复投入多、技术进步贡献度低，使得环境污染加剧、发展的环境成本上升等问题日益突出。

1978 年改革开放之后，关中地区的城镇发展与全国一样，逐步进入了与经济发展水平相适应的合理增长轨道。农村经济体制的改革，极大地调动了广大农民的积极性，乡镇企业得到良好的发展，大批农村剩余劳动力进城务工经商，既促进了城镇经济的发展，又使得城镇人口获得较快增长。与此同时，由于市场经济和工业化的推动，再加上国家对城镇设置标准的逐步放宽以及县改市步伐的加快，关中地区的城镇化进程明显加快。在 1983 年和 1984 年，相继设置了煤炭、建材基地，城市和新工业基地及地区中心渭南市，1990 年在著名的旅游区华山所在地设立华阴市，1993 年设立兴平市，1994 年将原先的县级渭南市改为地级市，1997 年设立杨凌农业高新技术产业示范区，从而形成了关中地区现有的城镇体系。非农人口由 1978 年的 307.98 万人上升到 1999 年的 590.18 万人，增加了 280 多万人，非农人口比重也由 19.06% 升至 27.11%。1990 年之后，城镇数量更是迅速增加，由之前的 186 个上升到 1999 年的 396 个。同时，城市建成区面积也增加了 33.05%，由 1990 年的 236 平方公里增加到 1990 年的 314 平方公里。

（4）全面发展的新时期（2000 年至今）。2000 年，党的十五届五中全会确定了"积极稳妥地推进城镇化"的指导思想，国家通过积极的财政政策，大规模投资于基础设施建设，有力地推动了城市化进程，随后的城市群发展战略、推进城乡协调发展形成现代化的城市服务体系的发展战略等的制定与实施，进一步加速了城市化。在城市化的快速发展期间，经济因素开始影响城市化曲线的基本走势，对城市化发展的贡献度越来越大。

2000 年 1 月，由国务院总理朱镕基担任组长、副总理温家宝担任副组长的西部地区开发领导小组正式成立，标志着关中地区迎来了全面发展的新时期。随着国家对西部地区的政策倾斜以及资金投资力度的加大，包括关中地区在内的西部地区的经济得到了快速发展，城镇化进程也进入了一个新的发展阶段。城镇人口比重和非农人口比重持续上升，城镇经济实力得到明显增强，关中地区城镇化整体水平得到了提升，已形成了以西安—咸阳为中心，宝鸡、渭南、铜川为区域性中心，以其他建制镇为网络的关中城镇网络体系，带动了陕西乃至西北地区的整体发展。

2. 城市化对人地关系的影响

城市化是人类文明和社会进步的标志，是任何国家现代化进程中不可逾越的一个发展阶段，是工业化发展不可替代的载体。纵观人类发展的历史，城市数量不断增加、城市规模不断扩大、城镇人口比重不断上升，城市在一个国家和地区的政治、经济、文化、科技发展中的地位不断增强，这是不可逆转的历史趋势。与此同时，城市化的过程也极大推动了国家和地区的社会经济发展，因此城市化的发展水平，也就成为衡量国家和地区社会经济发展水平的一个重要标志。城市的形成发展与其周边的资源生态环境条件密切相关，其发展依赖良好的自然环境，同时也深刻影响着自然环境。城市化是对资源生态环境影响强度最大、最深的过程之一①。

城市化发展是现代社会经济发展的必然结果，也是当代所有国家面临的难题之一。城市是人类活动的中心，城市发展水平是社会生产力发展程度、人类文明程度的一种体现，但同时也对地理环境产生巨大的影响。世界观察研究所 2000 年 8 月 19 日发表的《改造城市为了人们和地球》的调查报告指出，城市对地球环境发展有着巨大的影响，因而应高度重视城市的可持续发展。报告指出，虽然城市面积只占陆地面积的 2%，但是生活在城市里的人进行活动所排放出的二氧化碳却占总排放量的 78%。另外，城市人口消耗了工业木材总使用量的 76%、生活用水的 60%。这说明人类实现可持续发展的目标成功与否，将取决于城市是否健康发展。

城市化一方面可以充分利用土地资源、时间和空间，节约能源和资源，提高社会生产力和经济效益，发挥聚集效应的优势，推动经济、文化、教育、科技和社会的不断发展，把人类社会的物质文明和精神文明推向新的阶段；另一方面由于城市人口、工业、建筑的高度集中，也必然带

---

① 张甘霖、朱永官、傅伯杰：《城市土壤质量演变及其生态环境效应》，《生态学报》2003年第 25 卷第 3 期，第 539—545 页。

来一系列的城市生态与环境问题。现代城市化发展对城市生态系统以及对资源环境都会产生一系列问题，这主要表现为：

（1）人口城市化的影响，主要是通过城市人口总量、城市人口密度以及城市人口消费水平三者的提高来影响生态环境。在这一过程中，城市化地区的人口密度不断增大，人们的消费水平不断提高，资源消耗加速增长，这使得生态环境压力大增，人均资源占有量剧减，但同时由于集聚效应，又使得人均产出率大大增加。

城市化是世界经济发展的必然结果，城市人口增加也是必然趋势。本世纪我国人口将达到 15 亿人，以水土为中心的农业资源达到承载力的临界状态。城市具有强大的经济活力、丰富的物质文化条件和较多就业机会，对农村人口有巨大的吸引力。大批农村人口迁入城市，导致城市人口急剧增长，现在世界人口的 50% 都集中在城市，发达国家高达 75%。我国城市化虽然起步较晚，但城市人口增长的速度却十分惊人。不到 10 年城市人口就翻了一番。目前，世界各国都面临着城市人口膨胀问题的冲击，发展中国家更是如此。城市人口膨胀将带来一系列的社会经济和生态环境问题，城市自然生态环境受到人类强烈的干扰、改变和破坏，导致城市生态平衡失调，人与生态环境的矛盾日益尖锐。

关中一天水地区城市化过程中增加的人口，主要来源于农业人口进入城市转变为非农业人口，以及农村地区转变为城市地区所导致的农业人口变为非农业人口。但除此之外城市经济的发展特别是以商业、服务业为主的第三产业的发展，使得社会劳动力在三大产业的分配比重发生了调整，第一产业逐步减少，第二、第三产业相应增加，这也从一定程度上表现了人口的城市化。

人口城市化对资源环境的胁迫主要表现在两个方面：一是通过提高人口密度增加对资源环境的压力。一般情况下，城市化水平越高，城市人口密度也就越大，对资源环境的压力也就越大。二是城市化过程中，城市居民的消费水平和生活质量不断提高，消费结构也发生变化，使得人们向自然环境索取的力度不断加大。

如关中地区在 1990 年到 2008 年，人口一共增加了 365.56 万人，平均每年增加 19.24 万人，而与此同时，市区人口增加了 433.20 万人，以平均每年 22.80 万人的速度增加。不管是人口增加的绝对数量还是人口增加的速度，市区都高于整个地区，这就表明了关中城市化进程中的城镇人口聚集效应非常的显著。

（2）经济城市化对环境的影响，主要是通过企业的占地规模、能耗水平、排泄物的污染程度等来影响生态环境。在这一过程中，由于产业的集聚、能源消费结构的变化，使得资源紧张、环境压力大增，但同时城市的经济总量得到提升，并且也改变了城乡分离式的资源配置模式，为污染物集中控制和治理提供了方便和可能。

城市是工业最主要的聚集地，工厂排放的"三废"使江河遭受严重污染，空气中烟雾弥漫，垃圾堆积，加剧了城市环境的恶性循环。城市大气污染的颗粒物主要来源有燃烧、风沙和工业粉尘，含有大量有毒物质，特别是有机致癌物。城市大气污染的程度是北方重于南方，在降尘、飘尘污染方面，全国城市100%超标。汽车尾气、光化学烟雾、酸雨等也造成严重的大气污染。工业污水严重污染江河、湖泊和地下水。据统计，流经我国城市的55条河流89个测点监测，氨、氮超标率为58.8%，挥发酚超标率为33.3%，悬浮物质超标率为41.9%[①]。固体废弃物污染也相当严重，主要表现在排放量大、处理利用差、占地多等方面。另外，噪声污染、光污染和电磁波辐射污染等也日益加重，据统计，我国约70%的城市人口遭受到高噪声的影响。

在非农产业聚集过程中，随着企业生产规模不断扩大和经济总量的不断增大，占有了更多的空间、消耗了更多的资源、污染排放量更大，从而增加了资源环境的压力。

在产业结构和资源利用效率不变的前提下，区域经济增长得越快，经济规模也就越大，也就意味着需要消耗更多的自然资源及能源，产生了更多的污染物。经济与资源环境是一对相互作用、相互制约的矛盾关系，在假定其他因素不变的情况下，经济的增长往往和环境质量成反向变动关系，即经济规模越大，环境污染也就越严重。

关中天水地区这种以第二产业为主、第三产业严重滞后的产业结构，对区域资源环境将产生不可忽视的消极影响，再加上第二产业比重的不断上升，以及工业发展主要偏重于重工业的发展模式，都无疑会使关中地区的资源环境面临前所未有的压力。如果不从根本上调整产业结构、转变经济增长方式，关中地区资源和环境的可持续发展将面临严峻的考验。

---

① 杨士弘：《城市生态环境学》，科学出版社2001年版，第6—10、100—110页。

（3）空间城市化对环境的影响，城市化水平的提高必然要导致城市的蔓延，占用更多的耕地，从而对生态环境产生压力。在这一过程中，城镇及其周围土地利用类型会发生转变。随城镇建设用地不断扩大，耕地面积的大幅减少，必然导致土地资源的日益紧张，粮食安全问题也将严重。另外还有城市生活方式、消费水平都会对城市环境造成很大影响。

空间城市化是城市化的载体，是城市化过程在地域空间的外在表现。就单个城市而言，空间的城市化包括城市用地规模的扩大、城市景观的形成、城市地域的升级等。若从区域范围来看，空间的城市化还包括了区域内城镇数量的增多、密度的增大等。空间城市化对资源环境的胁迫主要表现为：城市的空间扩张使城市绿地和周围郊区的农业用地不断被占用，使其转变为城市建设用地，人地矛盾愈演愈烈。耕地的大量减少将引起农作物供给出现紧缺，引发食品供应危机，而绿地和森林的减少，将引致生态环境的恶化。

在过去数十年里，我国城市化水平的迅速提高伴随着的是，城市建成区面积的不断扩大和耕地面积的不断被蚕食。在城市化过程中，人口快速增长、城镇地域扩张，造成农用土地向非农用地的不断转换，从而改变城乡的地域范围及其土地利用类型结构。建设用地需求量日益增大，使耕地减少速度远高于其他土地利用类型。1949 年西安市人均耕地面积 0.17 公顷，2007 仅为 0.034 公顷。全市仅 1949—1996 年建设占用的耕地面积就相当于户县和蓝田两县现有耕地面积之和。

大多数城市的城市规模处于"摊大饼式"的无序扩张状态，城市面积迅速增加，其结果往往造成耕地面积的迅速减少，耕地非农化和土地闲置现象严重。如 1990 年到 2008 年，关中地区的城建区面积由 236 平方千米迅速增加到 529 平方千米，猛增了 1.24 倍，特别是在 2002 年之后，建成区面积以每年近 30 平方千米的速度急速增加。而与此同时，虽然国家不断加强对耕地的保护，但伴随着城市空间规模的不断扩大，该地区的耕地资源不断减少，年末耕地总资源从 1 868.41 千公顷减少至 1 511.13 千公顷，减少了近 20%。城市用地规模的持续扩大，加上人口的不断增加，使得人均国土面积和人均耕地面积均呈现出明显下降的趋势，其中人均耕地面积从 1990 年的 0.096 7 公顷下降至 2008 年的 0.065 8 公顷，竟下降了 32%，远高于全省及全国。可见，由关中地区空间城市化所造成的人地矛盾问题十分严峻。

（4）城市生活方式对环境的影响。社会城市化（主要指居民生活方式的变化和生活质量的提高）是城市化的最终结果和根本目的。它是指从农村生活方式向城市生活方式发展、转变的过程。生活的现代化以及较高的服务社会化水平是城市生活的最突出特点。相较于农村的生活，城市的生活更为舒适、便利、节奏快、效率高，并且拥有较高的消费、较多的社会福利保障以及更为丰富的文化娱乐活动。

社会城市化对资源环境所产生的压力，主要是通过其他几个城市化进程来实现的，而人们的生活方式和生态意识在其中起到了极为重要的作用。无论是人们的生产方式、行为习惯，还是社会组织关系，甚至于精神与价值观都会伴随着人口、经济以及空间的城市化进程而发生转变，形成与乡村不同的文化观念和生活方式。奢侈、丰足的文化意识和生活方式加大了资源的消耗和环境的负担，自然导致了资源环境压力的加大，而节俭、生态型的生产方式和技术水平的提高，将有助于减轻资源环境的压力，使城市化与资源环境协调发展。

（5）居民生活水平的提高对环境的影响。城市化发展的根本目的在于提高人们的生活质量和福利水平，使每个人都能享受到现代城市文明的发展成果。与乡村生活方式相比，城市化生活最突出的特点是生活现代化和服务社会化水平较高，生活更加舒适、便利、快节奏、高效率，文化娱乐活动丰富，对外联络紧密，并且拥有较高的消费和较多的社会福利保障。

提高居民的生活水平一直是我国各级政府的重要发展目标，而生活质量提高的同时，可能意味着对资源占用量的增加以及环境污染的加剧。关中地区正处于城市化快速发展的时期，农村人口大规模地向城市转移，人们的生产、生活方式和消费模式也逐步向城市型转变，在城市化进程不断推进和居民生活质量不断提高的过程中，区域资源环境无疑将面临不断增加的压力。

根据历年《陕西统计年鉴》的数据，关中地区的居民人均全年消费性支出从 1990 年的 1 044 元升至 2008 年的 7 341 元，同时恩格尔系数从 51.55% 下降至 36.04%，人均消费支出的大幅提升和恩格尔系数的大幅下降表明关中地区居民生活水平的稳步快速提升。但伴随着居民生活质量的提高，人均资源消耗量以及人均污染物排放量也是不断加大。居民人均生活用电量从 1990 年的 55.27 千瓦小时增加到 2008 年的 396.75 千瓦小时，增加了6倍多。西安市居民人均生活污水排放量从1985年的20.09吨上升至2007年的30.27吨，而居民人均生活垃圾产生量也从1986年的0.15吨上升至2003年的0.17吨。除此之外，关中地区的人均工业污染物排放量也是不断增加，以工业废气和固体废弃物为例，1990年至2008年关中地区的人均工业废气排放量和工业固体废弃物产生量，分别从7 476立方米和0.63吨上升到27 306立方米和1.75吨，分别增加了2.65倍和1.79倍。

关中平原近现代人地系统演变是以工业文明的发展为主线，但关中真正意义的现代工业建设是从新中国成立后开始的。工业技术以前所未有的姿态使人类与自然环境之间的物质和能量转换，在广度与深度方面都大大超过以前任何时期。新中国成立以后，特别是改革开发以来，关中平原人口、社会和经济等各方面进入快速发展时期，其发展动力主要依靠煤炭、石油等石化燃料，经济增长以粗放的外延式扩大为主。在经济取得成功的同时，环境状况日益恶化：水土流失、河流污染、大气质量下降、"三废"和生活垃圾排放量越来越大等。这一时期，人类在对自然进行大规模的开发和利用，对环境进行强烈的干预和调整时，自然对人类的反馈也空前剧烈，自然灾害比历史上任何时期都频仍和严重，人地系统紧张到空前尖锐的程度。

按照城市化的发展阶段划分理论，关中—天水地区城市化未来仍将处于高速发展的上升期，作为区域经济发展的推动力量，城市化在国民经济的未来发展中将扮演重要的角色，其重要性不容置疑，而生态环境又有其自身承受的边界，不能无约束地、持续地提供有效供给。因此，这一过程中要求城市化既要给经济建设以巨大的推动力，同时又要考虑生态环境的承受能力。

三　投入不足——经济区生态重建的瓶颈

1. 生态投入不足

生态环境建设是一项巨大的系统工程，需要大量的资金投入，必须有一个包括财政、金融等全方位、多层次的支持体系。进行生态环境建设的具体途径，包括实施天然林等自然保护区建设、绿化荒山荒坡、退耕还林还草、开展水土保持等。这些工程项目投入期长、收益慢、资金需求量大，生态投入则显得严重不足。目前关中—天水地区生态环境建设的资金主要来源于财政投入，但财政资金的来源有限，仅依靠财政资金完成生态建设不可能长久，只能作为政府的一种政策导向，起到产业发展引导资金的作用。故必须有稳定的资金渠道和健全的支持体系，且金融支持处于主导地位。但由于关中—天水地区大多属贫困落后地区，加之支持生态建设的政策体制不健全，金融成为西部稀缺资源，资金短缺成为瓶颈。

关中天水地区进行生态重建的资金，主要来源于国家投入、企业投入和农户投入。20世纪80年代以来，国家在关中—天水地区生态重建上的投入总量不断增加，但对于关中—天水地区的生态投资主要是和一些大的项目相伴而行，如宝天高速公路等项目，生态投入就较高，但对于项目以外的投资，总体仍然处于欠缺状态。对于地方政府而言，政府财政困难，无力解决环保资金，环保投资远远低于全国平均水平。

1998年以前，我国政府财政虽然也一直投资于生态建设，但投资的资金与规模明显不足，直到1998年发生的特大洪水灾害后，朱镕基总理提出了"封山植树，退耕还林，退田还湖，平垸行洪，以工代赈，移民建镇，加固干堤，疏浚河湖"的自立政策，中央也及时做出了决策，相继实施天然林保护工程，退耕还林（草）工程等生态建设，并相应地加大生态建设的配套资金，仅1999年生态建设的财政投入就为108亿元，比1998年的56亿元多了52亿元，投资力度和增长幅度都是历史上最大的。

对于企业而言，关中—天水经济区企业主体仍为国有企业，整体效益低下。在民间资本积累不足、对外资吸引力不足的情况下，要由企业投资为主满足西部生态经济建设需要也是不可能的。

对于农户而言，关中—天水地区虽然农业基础较好，但由于这一地区人口密度过大，农民人均收入仍然不到东部的33%。再加上农民生态意识匮乏，在群众中产生了"生态是国家需要的，给钱给物我就干""国家要被子，农民要票子"的"等、靠、要"的思想盛行，要依靠农户自己投入完成生态重建是根本不可能的。

2. 生态补偿资金缺乏，标准过低

关中—天水地区政府的财政收入制约着政府对该地区生态环境建设的投资力度。现阶段，政府投资生态环境建设的资金来源主要是政府的财政收入，而我国政府的财政收入是很有限的。如在在退耕还林（草）过程中，经济利益最先受到影响的就是退耕农民，退耕农户的经济利益能否得到有力保障直接影响到生态重建的进展以及生态重建阶段性成果的维护。

国家规定：每亩（合 666.7 平方米——注）退耕地每年补助粮食，长江上游地区为 300 斤（合 152 千克——注），黄河上中游地区为 200 斤；现金补助标准为每年每亩 20 元；粮食和现金的补助年限，先按经济林补助 5 年，生态林补助 8 年计算，到后期可根据农民实际收入情况，需要补助多少年再继续补助多少年；种苗费补助标准按退耕还林还草和宜林荒山荒地造林种草每亩 50 元。农户作为一个独特的经济主体，其行为目标是追求短期效用最大化。一部分农户退耕后的经济收入低于退耕前，这就挫伤了农户参与退耕还林还草的积极性，影响了西部生态重建工程的进程，所以政府还应在一定程度上加大补偿力度，与此同时，还应划分更为详细的标准，制定更科学的补偿等级，以此来激励农户参与退耕还林还草工程。

在退耕的前几年，退耕农户因为得到了国家的补助粮和补助款，对退耕有一定的积极性。但农民对 5 年、8 年后，国家的补助是否照旧发放心存顾虑。如果不能在一定时期内开辟农民新的经济来源，增加农民收入，增加当地财政税收，就必然会影响到退耕还林工程的后续稳定性，还有可能出现反弹复耕现象。让退耕农户维持稳定的经济收入，是退耕还林还草工作顺利推行的首要问题，因此，农村产业结构调整转型和剩余劳动力转移就成了目前的一大难题。资金和技术缺乏是限制退耕户开辟就业门路的最大障碍，而退耕区经济基础和农民受教育水平普遍较低，非农业就业可能性较小，只能由政府来引导退耕区实现产业结构的调整，创造新的就业门路，转移一部分剩余劳动力，从而在一定程度上帮助退耕农户脱贫致富，对于资金和技术限制的问题，应由政府直接给予支援。

3. 生态资金管理不到位

现阶段，政府投资生态建设存在着各种问题，如地方配套资金难以落实，不按规定将生态建设资金进行专户存储、滞留，欠拨工程资金，挪用、转移工程资金，挤占、串用资金，擅自改变资金用途，将工程层层转包、谋取私利，管理模式中缺少以效益为中心的考核、监督机制，只重造林、不重管护，只重规模、不重效益等等，严重影响政府生态建设资金的使用效率。农户由于其自身因素，如在重建过程中，缺乏相关科学技术致使管理不善，最终影响投资效益。这就要求在生态建设中引进具有自主经营、自负盈亏、自我发展、自我约束的独立经济主体，对政府与农户投资进行补充。

由于资金不足，许多大型生态工程进展缓慢，已展开的工程如退耕还林等得不到有效的保护，也难以建设强有力的环保队伍，以遏制破坏生态环境的行为。特别是在市场经济条件下，政府行为逐渐减弱，使以政府行为为主要支撑的生态重建工程出现滑坡，随着造林难度的逐渐增加，资金保证程度相对降低，生态重建投资不足的问题日益加重。

关中一天水地区的生态问题不只是自己的问题，解决关天地区的生态问题不仅仅对关天地区有利，而且对地处江河下游的东部有利，对全国的经济发展有利，可以说关天地区良好的生态环境对全国的影响，并不亚于关天地区产业发展对全国的影响。关天地区经济落后财政自给能力差，为此，建议中央政府应加大对关天地区生态建设的政策倾斜和资金支持力度。

四　区域生态建设缺乏统一规划

生态环境是一个超地域的问题。一方面各地为资源利用矛盾突出，没有一个建立于区域之上的协调管理机构；另一方面，许多环境污染物的扩散和影响不受行政边界的限制，污染物的跨区域、跨流域、跨省际迁移问题，给地方政府的环境保护和管理带来诸多矛盾和很大困难，而污染治理往往又涉及水、气、土地、生物等诸多环境因素和相应的管理部门，管理部门往往各自为政，环境监测和研究资料很难相互交流与共享，协调工作困难重重。生态环境保护是一项系统性的工程，缺乏统一规划、统一调配和统一管理是西部地区生态环境恶化的另外一个重要根源。

关中一天水经济区跨越陕西、甘肃两省行政区划，如何冲破行政区划的障碍，按照国家的发展规划实现区域联动发展，成为一个必须要面对和解决的问题。单靠企业投资合作和民间组织协调是远远不够的，还需要两省政府及经济区各成员地方政府树立全新的观念，转变政府职能，加强政府间横向合作和协调，谋求通过加强政府合作以服务于地方利益。

没有行政区域的生态建设合作，就很难做到自然生态区域的维护，同时，自然区域之间的失调又会反作用于行政区域，导致其发展的程度受到制约。虽然关中一天水是一个整体的经济区，在整体利益上关中、天水地区应该是一致的，国家提出建设一台促使西北乃至西部地区经济快速发展的发动机，是站在战略全局高度的宏观思考。但两个跨省份区域的协作发展需要面对很多问题。关中一天水经济区横跨两省七市一区，不仅存在市级行政区划的协调，还存在省级行政区划的协调难题。天水作为关中一天水经济区唯一陕西行政区划之外的城市，在生态环境政策的实施上，无法脱离因为各自不同的区域经济体之间在协调统筹生态环境整体布局上所发生的行政障碍困扰。在以往的发展历史上，无论是经济发展还是生态保护都是各自为政，很少超越行政区域的划分。而如果生态建设缺乏有效协调衔接，会使地区之间的连通大大降低，不能形成区域内不同地区的优势互补，分工合作。各地区、各部门以自我为中心的各自规划、各自建设、自成体系，会造成本应相互衔接的环节割裂，最终导致成本增多、资源浪费、发展不均衡及重复建设现象普遍，在一定程度上会影响区域内经济的发展。

所以，随着经济发展的需要和谋求自身利益最大化的动机，各地企业和地方政府对区域资源展开激烈争夺，使得资源尤其是能源越来越呈现稀缺性，这种稀缺性更加剧了资源竞争的趋势。对资源的过度竞争导致生态环境的持续破坏，已经给人类带来了严重的环境危机，不得不引起人类的重视。中国也是一个生态环境破坏很严重的国家，大气污染、水污染等环境问题也正日益威胁着人民的生活健康和安全，因此在区域经济发展中应高度重视环境保护。

在关天经济区环境保护方面，生态建设和环境保护任务繁重。渭河流域的治理是一项重要且艰巨的环境工程，其次是资源型城市的生态环境保护以及秦岭自然生态环境保护。关天经济区内虽有不少河流经过，但水资源总量不足。渭河是经济区内一条重要的河流，但渭河流域面临着很严重的环境污染问题。需要各地方政府环保部门联合治理渭河污染及防护问题，争取到2020年渭河干流达到三类水质。能源化工产业是关天经济区的优势产业，但是这一产业的发展必然导致能源型地区环境破坏严重，生态脆弱，如地面踩空塌方、生态环境脆弱等。这些问题要求经济区各地政府部门要积极联合，采取措施治理环境污染，做好预防措施防止环境恶化，还要加强生态修复和环境保护。在招商引资时，要坚决拒绝高污染高耗能产业的进驻，防止发达地区或是发达国家的一些企业乘机产业转移，淘汰落后产能；在上项目审批的时候，严格要求企业必须做好环评工作和环境污染预防措施。对自然保护区、重要水源地、重要湿地等实行强制保护，严格控制人为干扰，禁止各类开发建设活动。

在区域环境保护和环境治理方面，更需要经济区各地方政府的协作。以渭河流域的重点治理工程来说，实施跨流域调水工程、渭河上游水源加固、中游干支流防洪、渭洛河下游治理工程，以及防污减排、生态修复等工程，单靠经济区内某一个城市的努力是远远不够的，还需要渭河流域上、中、下游城市的通力合作，加强渭河流域水资源管理，才能有效缓解经济区水资源瓶颈制约，满足区域经济社会发展的用水需求。

因此，应在关中—天水经济区建立合作协调机构，这个区域合作协调机构，是应由国家发改委和陕、甘两省相关部门领导人，以及经济区各地方政府派出人员组成的、享有平等对话权的规划机构和执行机构，要求各地方政府让渡部分公共权力，以协商合作方式赢得更大的收益，促进经济区协调发展。有了区域合作机构这样一个合作的平台，有利于区域内各地方政府平等协商区域发展大计，有利于综合考虑各个政府的不同利益要求，也有利于各地方政府了解区域全局、了解其他地方情况，提高合作愿望。在处理区域各市区间重大的跨区性问题或通过区域重大的公共决策时，应保证各市区拥有平等的话语权和参与权。此外，应争取国家财政支持划拨专项资金、成立关天经济区发展资金，用以处理跨区域公共事务，协调经济区地方利益冲突，和由于区域整体利益考虑造成地方利益损害而对地方利益受损地区的补偿，国家发改委派专人负责监督关天经济区发展规划和区域协调合作契约的执行和落实。中央政府的政策支持和财政支持，是推动关中—天水经济区内地方政府间合作不可缺少的条件。

五 人口过多

关中—天水地区人口密集，虽然政府严格贯彻落实计划生育政策，但人口下降趋势并不明显。20世纪90年代以来，关中天水的人口自然增长率虽有所下降，但仍较高。2008年关中各区域的人口自然增长率均在4%以上，而除延安以外的陕南、陕北各地区相对较低，如：咸阳的自然增长率为4.46，而安康为2.2。"八五"期间以来，关中地区认真贯彻国家及陕西省政府制定的一系列人口政策，大力提高人口素质，控制人口增长速度，引导农村人口向城市转移。政府制定的方针政策以及居民的生活水平在一定程度上影响了人口的发展状况。

1. 人口历史发展

关中地区人口数量的演变、人口增长具有明显的阶段性，但总的趋势是随着历史的发展人口数量波动式增加。可将其划分为以下三个阶段：

（1）全新世至公元700年，人口数量缓慢增长阶段，表现为人口基数少，虽然没有人口的统计资料，但从当时的环境来看，有利于人类的繁衍，人口数量可能增大。但当时人对自然的依存度大，自然环境的变动影响着人口数量的波动。

（2）从公元700年至1800年时期是关中平原人口稳定保持时期。这一时期陕西人口数量基本保持在500万人左右，关中平原历来是陕西人口最集中的地区，依此推断关中地区人口数量也应保持在稳定的状态。

（3）从公元1800年至2000年为人口的变动增长阶段。此阶段前期受战争、自然灾害的影响，人口数量大量减少，之后进入人口飞速增长阶段。

由于自清朝以来关天地区人口增长，造成粮食、燃料、用材的需求量迅速增加，超过了当地生产发展水平，以致人口环境容量失调，造成掠夺性经营。为满足粮食生产，人们采用种种不合理的耕作方式，大量开荒垦地、毁林开荒、陡坡种植等掠夺式生产较为普遍，而新开垦土地普遍实行顺坡耕作，广种薄收，造成了大面积的水土流失。加之在方式上重采轻造、重取轻予，致使相当长时期内森林面积和蓄积量呈减少趋势。

2. 人口概况

关中地区是陕西省国民经济发展的重心地区，工农业集中，人口密集，科技、教育实力雄厚。2007年，关中地区常住人口2 347.53万人，占全省人口的62.63%，非农人口数量762.60万人，占全省的73.%，人口密度为425人/平方千米，是全省人口密度的3倍，各市（区）人口数据见表4-1。

表4-1　　　　关中地区2007年各市（区）人口数据统计表

地区	面积（平方千米）	总人口（万人）	非农人口（万人）	常住人口（万人）	人口密度（人/平方千米）	占地区总人口（%）
西安	9 983	764.25	353.85	830.54	832	35.38
铜川	3 882	84.86	40.06	83.56	215	3.56
宝鸡	18 172	375.58	94.48	375.70	207	16.00
咸阳	10 119	506.84	109.66	499.67	494	21.28
渭南	13 134	546.87	158.40	542.04	413	23.09
杨凌	94	14.94	6.16	16.02	1 704	0.68
关中	55 290	2 293.35	762.60	2 347.53	425	100

总人口为公安年报统计数据，常住人口根据人口变动情况抽样调查结果评估推算。

关中地区为全省承载人口的 45.59%，而 1997 年关中地区实际人口
为全省实际人口的 59.88%。2001 年，全省水资源承载力为 1 220.78 万
人，关中地区水资源承载力为 537.46 万人，为全省承载人口的 44.03%，
而 2001 年关中地区实际人口为全省实际人口的 60.30%；与 1997 年相比，
2001 年关中地区水资源承载力呈现上升趋势，增长率为 26.40%。2006
年，全省水资源承载力为 1 426.93 万人，关中地区水资源承载力为
668.25 万人，为全省承载人口的 45.68%，而 2006 年关中地区实际人口
为全省实际人口的 60.59%；2006 年关中地区水资源承载力与 2001 年相
比，水资源承载力增加 130.79 万人，增长率为 24.33%。1991—2006 年，
关中地区水资源承载力呈现上升趋势，水资源承载力增加 243.03 万人，
增长率为 57.16%。

总人口的增长状态是人口发展状况的重要反映。17 年来，关中总人
口的年均增长率为 1.05%。从关中地区人口的年增长率来看，"八五"期
间，人口年增长率有下降趋势，但下降幅度较小，年增长率仍很高，均超
过 1%。直到"九五"期间，人口的年增长率迅速下降，且均低于 1%，
尤其是 1998—1999 年，下降了 0.63 个百分点，到 1999 年年增长率仅为
0.1%。"十五"期间以来，我国人口老龄化现象较明显，政府开始放宽
"计划生育"政策，人口年增长率有上升趋势，2007 年达到 1.04%，仍
低于 1990 年的 1.19%。区域差异性较明显，但在时间序列上，各地区人
口年增长率的总体发展趋势与关中地区基本一致，变化幅度差异明显。
如：西安市人口年增长率很高（高于整个关中地区），但增长率的变化幅
度很小。17 年来，最大值为 2%，最小值 0.9%，从 1991 年到 2007 年，
年增长率仅上升了 0.4 个百分点。西安市的环境人口承载力逐年降低，从
2006 年开始，西安市的常住人口数量超过其环境可承载人口，而 2007 年
常住人口为 830.54 万人，是可承载人口的 1.43 倍，人口环境压力比较
大。目前西安市主要靠购入外部能值来满足新增人口所需的能值。铜川市
的人口年增长率与西安市恰恰相反，年增长率较小，但变化幅度较大。从
1991 年到 2007 年最大值为 1.11%，最小值为 0.08%，下降了 1.03 个百
分点。

3. 人口对人地关系的影响

人口增长过快是人地关系面临的最大的压力。人口增长意味着要解决
衣、食、住、行等基本问题，还必须解决相应的教育、卫生、医疗等一系

列问题。从历史记载中发现，近一个世纪以来，人口增长速度十分惊人。世界人类用了 100 万年时间发展到 10 亿人，而从 10 亿人到 50 亿人的过程中，每增加 10 亿人，时间的间隔依次为 100 年、30 年、15 年、13 年。由于科技的发展，又使出生率得到提高，死亡率下降，这一升一降使本来已经人满为患的环境，更加难以承受。

人口增长必然对自然资源产生巨大的压力。首先，人类的生产和生活离不开淡水，根据联合国统计资料，在地球生物圈水循环中，水的总储量为 13 860 亿立方米，其中淡水储量为 350 亿立方米，而不能直接利用的淡水占 99.66%，只有 0.34% 的淡水可利用。现在陆地一半以上的地区缺乏淡水，关中一天水地区更是一个严重的缺水地区。工业的发展，人口增长引起耗水量大幅度增加，人均水资源占有量为 401 立方米，相当于全省平均水平的 30%、人均水资源占有量低于国际公认的绝对缺水线 500 立方米。如西安市属资源型缺水城市，是全国 40 个最严重缺水城市之一，人均占有地表水资源量不足 300 立方米，不足全国人均水平的 1/6、世界人均水平的 1/24，低于世界公认的人均水资源占有量 1 000 立方米的缺水警戒线。现在市区用水主要依靠从区外引地表水供给。目前，西安市区自来水供水工程供水能力最大为 164×10 立方米/日，供水情况不容乐观。另外城市化进程中，人口增加、工业增长，对水的需求越来越多，而西安市多年水资源供给的 70% 左右靠地下水提供。长期超采地下水，再加上随城市空间扩展，大片不渗水表面代替了自然状态下的可渗水表面，这便使得自然状态下的蓄水性土壤被不透水表面所代替，减小了雨水的下渗面积和下渗水量，导致地下水补给困难，河网水位降低、枯水季节河道水量骤减。

其次，人口激增也使土地资源受到的压力愈来愈大。土地因被侵蚀而丧失养分，耕地贫瘠化，又迫使农民不得不更多的施用化肥，这一切都加剧了土地所承受的生态压力。关中一天水地区本来耕地就少，人口增长又过快，比全国人均耕地就更少了，由 2000 年的 0.002 6 平方千米下降到 2008 年的 0.002 4 平方千米。仅为全国人均水平（0.007 2 平方千米）的 33.33%。随着经济的发展，各种用地增加，为了开垦耕地和满足建房、燃料和商业需要的不断增长，对土地的蚕食也日益加剧。

再次，人口激增除了对资源产生巨大压力外，又加剧了环境污染。人口无论就其是生产发展的动力，还是作为消费的动力，都会因其数量剧增产生更为严重的污染问题，使排入环境中的废物和污水以数倍以至上百倍增加，致使大气和水体的质量下降，环境恶化又使居民的健康状况受到危害，因环境而导致的疾病日益增多。除少数几个污水处理厂和小型水库外，绝大多数污水都未经处理就排入河道。被污染的地表水以直接或间接的方式渗入地下水，对地下水造成污染；农业上大量施用的农药、化肥，工业"三废"、生活垃圾、生活污水经排放或利用污水灌溉后有害成分在土壤中长期积累，造成土壤板结、土地质量下降，土壤污染的同时也污染了地下水和农作物，并进一步影响到食物安全和人的健康；地下水的严重超采，引起了一系列的环境地质问题。

另外，人口增加会直接影响大气质量。人口激增，工业交通事业膨胀，消耗的矿物资源、森林资源就会进一步加大二氧化碳的含量；人口的增长，也同样影响水质，化学物品污染水源，直接影响水质，从而影响河流的生态平衡。

总之，人口增长，一方面刺激着生产发展；另一方面就是消费的增长，不仅只是对生产的需求，还有对生活的需求，人类为满足自身的需要，只能向环境索取，因而必然带来人地关系的矛盾。

六 产业结构不合理

对于关中—天水经济区而言，其不合理的产业结构也是导致其经济快速增长伴随着生态环境迅速恶化的重要原因。这主要表现在：

1. 重工业的发展导致环境污染加剧

由于各产业的自然资源消耗强度与排污强度相差很大，因此资源消耗和环境污染一定程度上取决于地区的产业结构。一般而言，以农业和其他初级产品加工为主的产业结构对资源消耗的速率快，如对原始森林的大面积砍伐开荒，但污染的程度相对较轻。随着工业化进程的加快，工业污染程度与工业部门的总体规模以及工业内部结构有着较强联系，尤其是与重化工业在工业部门结构中所占比重呈正相关关系。进入后工业化阶段时，工业在地区经济中所占份额下降，而第三产业尤其是信息技术产业、金融服务业等高新技术产业所占比重上升，与此相对应，自然资源消耗和污染物的排放将逐渐减少。

2. 企业组织结构小型化增加了治污成本

企业要想取得较好的经济效益并提高对资源的利用率和降低单位产品

的污染治理成本，必须要达到一定的经济规模和相对集中布局。与小企业比较起来，大企业进行污染末端治理具有规模效应。从污染物的直接削减费用来看：小型企业的水污染物直接削减费用是大型企业的 10 倍，大气污染物直接削减费用是大型企业的 2 倍；小型企业的水污染物边际削减费用是大型企业的 10 倍，大气污染物边际削减费用是大型企业的 5 倍。

3. 企业布局的分散进一步增加了治污成本

关中—天水地区经济发展的滞后和产业结构的趋同，导致企业规模较小，布局分散，难以发挥污染治理的规模经济效应和聚集经济效应。在上述因素的共同作用下，关中天水地区长时间内还难以自发形成经济快速增长与生态环境质量提高的"协调"能力。

环境污染是伴随着工业化的进程与日俱增的。现代工业的发展一方面提高了社会生产力，增加了社会财富；另一方面又造成了环境的污染。世界经济发展的历史表明，迅速发展的工业化和城市化，有意无意地都导致了以大气作为处理废物介质的需求日益增长。当在一定的地域和一定的时间内，由燃料、生产和其他经济活动所产生的废气和颗粒物质的累积数量，超过大气的自然扩散能力，空气无法按照废物进入大气的速度或超过它们进入大气的速度使之扩散的话，即导致环境的污染。

"十二五"期间，中国处于工业化、城市化的加速发展阶段，其意味着城市建设的进一步加快，城市的改造和基础设施的建设对重化工业产品产生了大量需求，需要冶金、建材、化工等高耗能、高排放行业的快速发展。这种以重化工业为主要特征的产业结构已经使大气污染、水污染、固体废弃物污染严重威胁到生态环境的可持续发展，目前我们面临的环保形势十分严峻。

关中—天水经济区的建立，必将加速该地区走向工业化、城市化、现代化。随着城市的发展和城市规模的逐渐扩大，人口增多，各项生产建设事业的发展，特别是工业的发展，将产生和向环境排放大量废弃物。如果不能有效地解决这些环境问题，关中—天水地区的开发不可避免地会有新的环境污染，或者加大原有污染的严重性。第一，关中—天水地区进行了大规模的基础设施建设，修建铁路、公路，这些设施建设在大力推动西部经济发展的同时，也在一定程度上影响着西部生态环境，特别是一些大型工程的开发，在为经济发展注入强大活力的同时，会占用大量土地，使地表植被遭到破坏，对生态环境产生一定的负面影响。第二，关中—天水地区是资源型产业结构，资源开发造成的环境污染十分严重。随着工业化的推进，城市型环境污染将会进一步加重；关中—天水地区城市化速度的加快，也将会出现一大批中小城市，进一步加重城市污染的程度，并且由于这些城市散布于广大农村，还将可能对农村环境造成严重污染。第三，经济区的建立会加剧人口增长与资源负载的矛盾。由于优惠政策的吸引，人才和人力资源都会在一定程度上聚集到关天地区，从而导致资源消耗的增长，在人口和经济增长的双重压力下，环境和发展的矛盾将会十分突出，使关中—天水地区面临"建设型污染"的严峻挑战。

第 五 章

关中—天水经济区经济社会发展现状与绩效分析

新一轮西部大开发为关中—天水经济区的跨越式发展提供了前所未有的机遇，对于关中—天水经济区的设立是国家层面对西部地区新生增长极的认可，是国家西部大开发战略的重要措施，其战略性意义在于发挥该区对西部及北方内陆地区的辐射带动作用和促进区域合作发展。从国家发展的宏观策略来讲，关中—天水经济区的建设目的在于把该区建成："开放开发龙头地区"；以高新技术为先导的先进制造业集中地；以旅游、物流、文化、金融为主的现代服务业集中地；西部地区领先的城镇化和城乡协调发展地区，以及西部地区综合性经济核心区，从而弥补西部地区缺乏"次经济合作"区域的空白。

第一节　关中—天水经济区经济发展
现状及绩效分析

按照经济聚集程度和地域连片及自然条件相似的特征，关中—天水经济区具体范围囊括了陕西的西安、咸阳、渭南、铜川、宝鸡、杨凌区、商洛部分区和甘肃天水市共计七市一区，面积 7.98 万平方公里，依据第六次全国人口普查数据，截至 2011 年年末，常住人口总数为 2 665.85 万人。其中：关中地区包括西安、咸阳、渭南、铜川、宝鸡 5 市，2011 年年末常住人口数为 2 329.60 万人，面积 6.96 万平方公里，分别占关中—天水经济区的 79% 和 86%；天水地区总面积 1.43 万平方公里，2011 年年末常住人口为 336.25 万人，分别占关中—天水经济区的 21% 和 14%①。

在地理位置上，关中地区是欧亚大陆桥中国段的中心，其北部为陕北黄土高原，向南是陕南山地、秦巴山脉。天水地区是甘肃的东大门，位于西陇海兰新经济带东段，横跨长江、黄河两大流域，欧亚大陆桥横贯全境。关中地区和天水地区同属秦岭山脉和渭河水系，山水相连，地域相同，自然环境、气候物产等方面基本一样。在交通上，关中和天水之间有陇海铁路天宝复线、宝天高速公路、宝天 310 国道以及民航机场相连通。

在文化联系上，关中地区素有"中华民族摇篮"之称，西安有 3 100 多年的建城史，先后有周、秦、汉、唐等 13 个王朝在这里建都，被誉为"中国天然历史博物馆"。天水是秦人发祥地，是举世闻名的"羲皇故里"，有伏羲、女娲、大地湾遗址为代表的远古文化，有以三国古战场为代表的三国文化。可见，关中—天水经济区主要城市间的文化一脉相承，语言、民俗极为接近，有很强的文化认同感，是一脉相通的文化圈。

在经济联系上，经济区主要城市间的经济交流十分密切。早在"一五""三五""五五"时期，关中—天水经济区就是国家重点部署的军工企业"三线"要地，城市群之间具有相近的产业基础。改革开放以后，特别是近年来经济区内城市的经济联系日趋紧密，西安、宝鸡等地的企业纷纷进入天水，从事装备制造、商贸流通、房地产开发等领域的投资，以西安为中心的关中城市群对天水的辐射带动力比较强。

一　产出能力和产业结构现状及绩效评价

近 5 年来，经济区生产总值连年上涨，从 2007 年的 3 832.42 亿元上涨到 2011 年的 8 020.16 亿元，见图 5 - 1。

---

① 　数据来源于各地区 2011 年国民经济和社会发展统计公报。

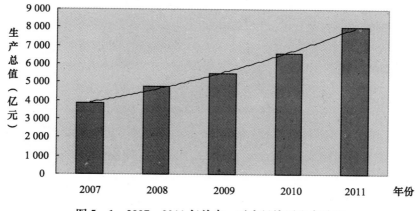

图 5 - 1　2007—2011 年关中—天水经济区生产总值

数据来源：各地区 2007—2011 年国民经济和社会发展统计公报。

可见，5 年来该经济区经济建设取得了长足的进步，平均保持了 20%
的增速，为经济区的全方位建设奠定了扎实的发展基础。

在经济高速发展的同时，产业结构调整也在有条不紊地进行着，三
次产业结构不断得到优化，第一产业比重下降，由 2000 年占经济区的
17.77% 下降为 2010 年的 9.7%；第三产业比重显著上升，由 2000 年占
经济区的 38.57% 上升到 2010 年的 45.64%。（见图 5 - 2、图 5 - 3）

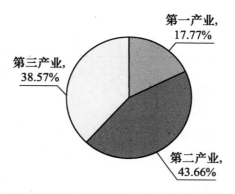

图 5 - 2　2000 年经济区在三次产业中所占比重

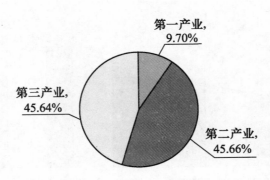

图 5 - 3   2010 年经济区在三次产业中所占比重

数据来源：相应年份的《中国城市统计年鉴》《陕西统计年鉴》《甘肃统计年鉴》。

伴随着经济的快速增长，产业结构的不断调整，经济区内城镇化进程也在不断地加快，非农业人口比重、城区面积比重逐年增加，见表 5 - 1。

表 5 - 1   2000—2009 年经济区二元经济转化指标对比   单位：%

年份	非农业人口比重	城区面积比重	年份	非农业人口比重	城区面积比重
2000	24.30	15.20	2005	27.77	22.21
2001	24.74	15.21	2006	29.30	22.23
2002	26.04	18.75	2007	37.31	22.23
2003	26.85	22.18	2008	42.03	—
2004	27.24	22.18	2009	45.26	22.31

数据来源：引自《中国关中—天水经济区发展报告》《陕西统计年鉴 2010》《甘肃统计年鉴 2010》。

尽管从各种经济指标的总量上而言，关中—天水经济区与全国平均水平，抑或其他经济圈相比，仍具有一定的差距，但从增速上来看，却超过了全国平均水平。可见，在宏观政策的相对倾斜以及全要素生产率的逐步提高的背景下，该经济区的发展潜力正逐步被激活。

二 基础设施和固定资产投资现状及绩效评价

关中—天水经济区的经济地理位置可辐射华北、西北、西南、中南几大经济区，具有承东启西、连接南北的桥梁作用，其基础设施的完善对促进全国经济发展至关重要。西部大开发十年来，该地区的基础设施建设取得了长足发展，以公路、铁路为主包括空中航线和地下输油（气）管道的综合运输网络已基本形成。

表5-2　　　　近年来关中—天水经济区公路里程/等级公路里程　单位：千米

年份	西安	宝鸡	铜川	咸阳	渭南	天水
2005	3 901/3 856	4 989/4 746	2 051/2 033	4 745/4 681	5 945/5 773	3 125/2 442
2006	9 530/7 139	7 760/5 548	3 271/2 357	11 345/8 061	11 941/7 671	7 683/2 976
2007	11 063/8 153	12 237/10 170	3 243/2 814	13 556/10 819	14 940/11 861	8 469/4 245
2008	11 895/10 891	12 398/11 240	3 185/2 765	14 294/12 058	17 072/13 204	—
2009	12 231/11 019	12 800/12 011	3 266/2 851	15 008/12 968	18 114/13 909	9 908/4 609

数据来源：引自《中国关中—天水经济区发展报告》《陕西统计年鉴2010》《甘肃统计年鉴2010》。

表5-3　　　　　　　　近年来关中—天水经济区公路密度 单位：公里/平方公里

年份	西安	宝鸡	铜川	咸阳	渭南	天水
2004	0.38	0.26	0.52	0.46	0.43	0.21
2005	0.39	0.27	0.53	0.47	0.46	0.22
2006	0.94	0.43	0.84	1.11	0.92	0.54
2007	1.09	0.67	0.83	1.33	1.15	0.59
2008	1.18	0.68	0.82	1.40	1.31	—

数据来源：引自《中国关中—天水经济区发展报告》。

由表5-2、表5-3可以看出，经济区公路基础设施经过十年的建设有了很大的改善，区域内各地区的公路里程、公路密度都有了显著的增加。关中地区国道纵横，计有CZ45、CZ40、G210、G211、G312、G108、G310，这些公路在关中地区形成了"米"字形公路网络，不但为区域内经济发展提供了良好的交通条件，而且极大地方便了关中地区与周边地区的交通联系。目前，区内尚在实施的一些重要公路建设项目包括西安至潼关、西安至宝鸡高速改扩建，西安至铜川、铜川至黄陵、西安至商州第二通道、渭南至蒲城、宝鸡至牛背、宝鸡至陇县、十堰至天水高速公路建设。①

　　同时，为了改变农村基础设施相对落后的现状，区内各市都加强了农村公路建设。以西安市为例，截至 2008 年年底，全市农村公路里程达到10 846 公里，146 个乡镇、2 863 个村通了柏油（水泥）路，通路率分别达到 98.64％ 和 92.68％；咸阳市也组织实施了一大批农村公路通达工程和通村公路项目，全市率先在陕西省实现了"村村通"目标。铁路方面，经过西部大开发的建设，神木—延安和西安—安康铁路先后通车，西安—延安铁路扩能改造工程建成投运，挺起了纵贯陕北、关中、陕南三大区域的"脊梁"。西安至合肥电气化铁路的建成，打通了陕西与长三角的便捷通道。新建成的西康铁路，成为我国西部铁路网中又一条南北大动脉的主要组成部分。在航空方面，关中—天水经济区目前拥有西安咸阳国际机场和天水机场等重要航空港，形成了以西安为中心，沟通全国各地的航空运输网。其中：咸阳国际机场经过二期改扩建工程，已成为一个全国大型复合型中枢机场；2008 年 9 月开通的天水机场项目为天水与外界搭起了空中桥梁，提升了城市地位，促进了天水经济的全面、快速发展②。

　　在邮电通信基础设施方面，西部大开发以来，关中—天水经济区的邮电通信设施建设快速发展，得益于大规模投资，关中—天水经济区逐步建立起辐射各地的邮电通信网络，使区内邮电通信水平上了一个台阶，邮电通信业务量也相应大幅增长，其中西安现已成为中国西部最为发达的通信枢纽之一（见表 5-4）。值得注意的是，在经济区内邮电通信网络的建设中，农村地区的邮电通信水平有了很大提高。以西安为例，2009 年西安市建设完成 1 032 个农村综合信息服务战，覆盖全市 13 个区县的社区信息服务网络基本建成。

---

　　① 线文、冯晓英：《关中天水经济区基础设施建设：现状、问题与规划》，2010 年关天经济区发展报告集第 162 页。
　　② 同上。

表5-4　　　　　关中—天水经济区邮（政）电（信）业务总量产值　单位：万元

年份	西安	宝鸡	铜川	咸阳	渭南	天水
2005	1 490 581	244 024	64 231	301 201	298 265	22 669
2006	1 867 580	310 447	79 839	379 058	383 477	28 039
2007	2 268 000	371 000	96 000	464 000	477 000	72 300
2008	2 648 588	443 691	108 341	557 608	566 398	88 500
2009	2 980 190	464 000	117 081	610 948	600 319	94 400

数据来源：引自《中国关中—天水经济区发展报告》《陕西统计年鉴2010》《甘肃统计年鉴2010》。

　　在农田水利设施方面，建设情况可以从耕地的有效灌溉率得到一定的反映。杨凌农业示范区有效灌溉率一直保持很高的水平，截至2008年，杨凌农业示范区的有效灌溉率达到了91.83%，西安、宝鸡、咸阳、渭南，分别达到70.24%、53.45%、56.17%、66.61%，铜川、天水的有效灌溉率则相对较低，分别为15.39%、26.35%。能源、电力基础设施建设方面，关中—天水经济区近年来其城市能源结构渐趋合理，基本形成以清洁能源天然气为主，管道煤气、液化石油气为辅的城市燃气新格局，燃气供热覆盖面积逐步扩大，城市的燃气普及率有了很大的提高；电力方面，由于加强了电力基础设施的建设，电力供应显著增长，反映为人均生活用电量的不断增长。

三　科技资源现状及绩效评价

　　关中—天水经济区是西部工业基础较好、科技资源十分丰富的地区之一，该区域科教实力雄厚，拥有80多所高等院校，其中包括3所"985"重点建设高校、8所"211"大学，100多个国家级和省级重点科研研究院所，100多万科技人才，科教综合实力居全国前列。同时，拥有国家级和省级开发区21个、高新技术产业孵化基地5个和大学科技园区3个，是国家国防军工基地、综合性高新技术产业基地和重要装备制造业聚集地。特别是西安是中国城市科技实力居第三位的城市，2010年西安被科技部确定为首批20个国家创新型试点城市之一。由于关中—天水经济区区划范围内科技统计数据的空白，考虑到关中地区集中了陕西省80%的科技实力，所以本书以陕西省数据来描述关中地区的科技情况。

1. 科技机构及高等院校

截至 2008 年，关中地区共有科技机构 1 028 个，其中中央部门所属 319 个，地方所属 709 个；共有军工企业事业单位 117 个，其中科研院所 33 个，包括了科研、设计、试验、生产等部门，横跨航空、航天、电子、兵器、船舶、核技术等 6 个行业。全省共有普通高校 76 所，军事院校 9 所；国家重点学科 126 个。[①]

2. 科技成果总量及科技成果水平

2009 年，陕西省科技成果审查共登记科技成果 518 项，增长了 2.57%，其中获发明专利授权 270 项、制定标准 38 项。在所登记的成果中，350 项属于高新技术领域，占比达到 67.57%，其中处于国际领先水平的有 3 项，占所登记的科研成果总数的 5.98%；国际先进水平 148 项，占 24.58%；国内领先水平 203 项，占 33.72%；国内先进水平 99 项，占 16.45%。可见高质量科技成果的产出数量比较多[②]。

3. 科研经费投入

2009 年，陕西省所登记的科技成果累计投入经费 108.56 亿元。其中国家投入 1.14 亿元，占总投入经费的 1.05%；部门投入 1.41 亿元，占 1.30%；地方投入 82.58 亿元，占 76.07%；银行贷款投入 1.06 亿元，占 0.97%。可见，目前科技成果项目的经费投入主要来源于政府投资[③]。

四　金融业发展现状及绩效评价

西部大开发战略为关中—天水经济区所辖金融业发展带来了前所未有的机遇，经济区各项存款余额从 2001 年的 2 615.74 亿元上升到 2008 年的 13 085.99 亿元，年均增长率 26%，各项贷款余额从 2001 年的 1 950.58 亿元上升到了 2008 年的 7 088.89 亿元，年均增长率 20.2%，经济区金融业发展取得了长足进步。

经济区金融业发达城市西安是西北地区金融和商贸的中心（见图 5-4），拥有得天独厚的发展优势，截至 2008 年年末，各项存款余额为 5 749.4 亿元，各项贷款余额为 3 275.1 亿元，分别比十年前增长了 7.2

---

① 卢冠峰等：《科技资源改革示范基地建设》，载《2010 关天经济区发展报告集》，第 47 页。

② 同上。

③ 同上。

倍和 5.5 倍，金融机构网点数已达 928 家，从业人员为 21 690 人，证券交易量达到 7 324 亿元，在经济区内其金融实力最为显著。

经济区金融快速发展城市——咸阳市和宝鸡市，一个是毗邻西安的城市，一个是经济区第二大城市，两个城市都是经济区金融业快速发展的城市，有着许多相同点，从 1994 年开始其金融业迅速发展，目前，宝鸡市和咸阳市存款余额分别达到 1 220.82 亿元和 1 334.6 亿元，各项贷款余额分别达到 519.84 亿元和 541 亿元。

经济区金融较快发展城市渭南市是"陕西粮仓"，农业贷款比重较大，农业资源优势较强，截至目前各项贷款余额达 544.34 亿元，各项存款余额为 1 131.64 亿元。金融欠发达城市铜川市、天水市、杨凌区和商洛部分区普遍以国有金融机构为主，缺乏较为有力的产业发展支撑，金融创新不足，从而导致金融业发展速度不快，效率不高，直接影响到金融支持经济发展作用的发挥。

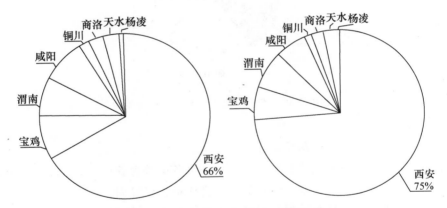

图 5-4　关中一天水经济区主要城市存款和贷款占比

数据来源：《中国关中一天水经济区发展报告》。

第二节　关中一天水经济区社会发展现状及绩效分析

关中一天水经济区的社会发展涉及经济区人口、科学教育、文化及文化产业、医疗卫生状况、就业和社会保障等方面。尽管近年来关天经济区经济发展迅速，产业结构调整趋于完善，但经济区内社会发展明显滞后于经济发展，区内社会民生工程存在不均衡性，同时，与东部发达地区相比，其发展水平相对落后。

一　人口发展现状

2010 年年末关中—天水经济区内常住人口为 2 665.85 万人，平均自然增长率为 4.32%，平均出生率为 9.18%，平均死亡率为 4.54%，男性人口达到 1 801.20 万人，男女比例近为 1.10∶1，非农业人口占经济区人口比例近为 34.89%。2011 年年末经济区内常住人口见图 5－5。

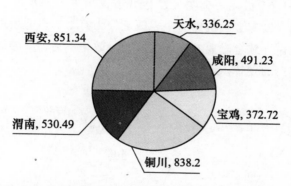

图 5－5　2010 年年末经济区内人口具体分布（单位：万人）

二　科学教育现状及绩效评价

关中—天水经济区科教实力雄厚，各级各类教育获得较大的发展。基础教育投入逐年增加，普及九年义务教育成果得以巩固，基本普及高中阶段教育，学前教育受到重视，各类职业技术教育发展良好，高等教育稳步发展，经济区共有 110 多所各类院校，其中西安交通大学、西北农林科技大学、西安电子科技大学、西北工业大学等已成为国内一流学府和科学研究基地。

1. 基础教育

经济区内幼儿园数量及学前幼儿受教育人数不断增加。区内小学达到 12 000 多所，在校学生达 240 多万人；普通中学有 1 900 多所，在校学生达 230 多万人；小学入学率、巩固率、升学率均保持在 99.4% 以上，初中入学率、初中三年巩固率均达 97%，九年义务教育得以普及和巩固，

"两基"攻坚工作取得了很大成效，同时，西安市、咸阳市等部分地区已基本完成普及高中阶段教育的任务。为推进义务教育的均衡发展，"十一五"期间，经济区内各级教育部门制定了特殊教育发展规划，建立了一大批特殊教育学校，如天水特殊教育学校、蓝田特殊教育学校，以及正在实施中的西安启智学校建设工程和周至县特殊学校项目。这些学校的建立完善了区域基础教育格局，为残疾儿童提供了学习的场所，保障了残疾少年儿童接受义务教育的权利，体现了党和国家对弱势群体的极大重视和关怀①。

2. 职业教育

经济区各级教育部门不断推进职业教育集团化办学，创新职业教育管理体制、运行机制和办学模式，大力发展民办职业教育，形成公办、民办职业教育共同发展的格局，推动公办职业院校办学体制改革与创新。近年来，经济区内中等职业教育学校教育质量有了很大的提升，职业教育学校招生规模逐年扩大，中等职业学校资助政策体系得以完善，职业教育的吸引力大大增强。图 5-6 为经济区内近年来中职教育分布情况。

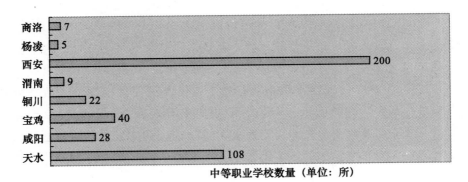

图 5-6　近年来经济区中职教育分布情况

数据来源：《中国关中—天水经济区发展报告》。

可以看出，西安和天水两地中等职业教育发展速度远远高于区内其

---

① 胡磊磊、王兆萍：《关中天水经济区区民生问题研究》，载《2010 年关天经济区发展报告集》，第 201 页。

他地区，平均每年可培养输送毕业生52万余人，毕业生就业率一直保持在80%以上，同时，两地职业院校学历教育与培训并举，开展各类职业技能培训和实用技术短期培训几十万人次，培养了一大批生产服务第一线的应用型技术人才和较高素质的劳动者，有力地促进了劳动就业和农村经济增长方式的转变，特别是农村富余劳动力转移培训和下岗职工再就业培训等方面，做了大量卓有成效的工作，取得了较好的社会经济效果。

3. 高等教育

近年来，关中—天水经济区内普通高等院校共计84所，其中，关中地区高等院校占66所，教师数量近4.5万人，在校学生80余万人。其中，42所普通公办高校在职教师2万多人，退休教师1万多人，这些学校以不同的专业优势享誉国内外，部分大学如西安交通大学、西安电子科技大学甚至已经形成了自己的科技产业园。经济区民办高等教育发展也很快，办学规模不断扩大，初步形成了民办高等教育与公办高等教育共同发展的格局，民办教育成为高等教育事业的重要组成部分。以西安市为例，西安民办高等教育实力在全国名列前茅，2008年其民办教育机构已形成固定资产15亿多元，其中仪器设备价值2.88亿多元、实验室近1 000个、计算机17 000多台、语音室251个、图书250多万册，学校总计占地面积660.4公顷，校舍建筑面积238.6万平方米，占地面积在66.7公顷以上的民办高校4所，占地面积在10公顷—66.7公顷的民办高校11所。西安翻译职业学院等5所民办高校在校学生人数每所都超过1万人，有的已近3万人，占全国1万人以上民办高校总数的50%。西安翻译职业学院、西安外事职业学院、西安欧亚学院等已成为全国民办高校中的超级大校[①]。

三 文化事业现状及绩效分析

近年来，经济区内共建成公共图书馆70多个，公共图书馆藏书量达4 237多万册（件），每百人公共图书馆藏书达26万册（件）；剧场、影剧院数超过126个，广播平均覆盖率达95%以上；电视平均覆盖率达

---

① 胡磊磊、王兆萍：《关中天水经济区区民生问题研究》，载《2010年关天经济区发展报告集》，第201页。

97%以上，有线电视入户率达40%以上。各地政府为了健全和完善公共文化服务体系，特别是为了促进农村公共文化基础设施建设，出台了相应的政策，如加大基础文化设施建设力度，积极推进乡镇综合文化站、乡村电影放映工程、"农家书屋"和"社区书屋"活动，加强文化信息化建设等等，在文化建设上取得了卓越成效。

关中—天水经济区历史源远流长，文化极其深厚，具有伏羲文化、炎帝文化和黄帝文化一体化的综合优势。天水市大地湾遗址的考古发现证实了其"羲皇故里"的历史地位；西安是十三朝古都，是中国古代历史的天然博物馆；宝鸡被誉为"青铜器之乡"；渭南被誉为"华夏故里、文化之源"、"三圣故里"；咸阳是与古罗马同时代的世界古都之一，全市有文物景点5 000多处。经济区内文化艺术人才阵容庞大，文化艺术形式异彩纷呈，历史文化名人浩如繁星，秦腔、书法、绘画、影视、泥塑、剪纸、皮影、农民画等艺术，独具风格，魅力无穷。

经济区内西安的汉唐文化、宝鸡的周秦文化、天水的伏羲文化和石窟艺术文化，共同构成了关中—天水经济区的共生互补型文化圈，对经济区的文化产业、旅游产业发展提供了良好的基础和平台。各地依托丰富的文化资源，实施相应措施，大力发展文化旅游产业，成效显著。

四　医疗卫生现状及绩效分析

1. 各地区卫生机构基本情况

2008年，经济区内卫生机构共计2 726个，其中，资产1亿元的1612家、卫生机构床位数共计97 736张、卫生机构人员数142 282人，其中卫生技术人员共计106 532人，经济区内卫生机构、床位及人员数量具体分布情况见表5–5。

表 5 - 5　　　　　　　　　卫生机构、床位及人员数量分布

地区	卫生机构数（个）	医院（家）	卫生机构床位数（张）	卫生机构人员（人）	卫生技术人员（人）	卫生技术人员中	
						执业（助理）医师（人）	注册护士（人）
西安市	1 071	448	34 618	59 934	47 431	18 066	17 186
铜川市	126	71	4 109	4 694	3 776	1 463	1 370
宝鸡市	594	272	14 267	18 015	15 043	5 455	4 692
咸阳市	492	317	17 045	23 253	18 624	7 125	6 099
渭南市	351	279	12 845	18 183	14 177	5 808	3 947
商洛市	277	183	5 786	8 267	6 905	2 840	1 841
杨凌示范区	9	7	405	687	576	210	260
天水市	770	35	8 661	9 249	7 766	3 210	1 964
总计	3 690	1 612	97 736	142 282	114 298	44 177	37 359

数据来源：《中国关中—天水经济区发展报告》。

2. 医疗急救网络建设

经济区各市在完善"120"急救调度系统的同时，对申请建站的医疗机构进行实地考察，并对其医疗能力进行考核，重新规划了急救站的地理位置，增强了急救分站设置密度及合理性。各市区县急救中心做到 24 小时出诊、应诊、急救半径控制在合理范围以内，平均反应时间不超过 10分钟，城乡急救网络比较完善。

3. 农村卫生服务体系建设

经济区内共有村卫生室 1.4 万个，乡村医生和卫生员达 20 000 多人，各市全面完成所有行政村卫生室标准化建设工作，完成了乡镇卫生院国债建设项目，对承担公共卫生服务的乡村医生进行补贴，实行乡镇卫生院全额预算管理，每年选拔引进一批医学专业毕业生到农村乡镇（街道）卫生院工作。

4. 社区卫生工作

经济区各地区不断完善社区卫生网络体系建设，社区卫生机构覆盖率达 80%以上，各市分别采取相应的措施，促进社区卫生服务质量提高，例如天水市采取以"公立医院为主体，企业职工医院为补充，民营医院、个

体诊所参与"的方式，建立社区卫生服务体系，为居民提供预防、医疗、康复、保健、健康教育、计划生育技术指导"六位一体"的卫生服务。

五 就业和社会保障现状及绩效分析①

1. 就业

经济区各劳动保障部门不断加强就业前培训和在岗培训，提高劳动者整体素质，调整就业结构，扩大就业门路，缓解就业压力，最大限度地促进就业。例如"4050"工程的实施，大大完善了经济区内下岗工人的再就业状况。以 2008 年为例，经济区新增就业 35.12 万人，下岗失业人员实现再就业 14.85 万人。

2. 社会保障事业

社会保险覆盖面不断扩大，2013 年经济区参加养老保险、职工医疗保险、失业保险、工伤保险和生育保险人数分别达到 614.54 万人、514.45 万人、271.63 万人、255.4 万人、172.14 万人以上，社会五大保险保费收入高达 102.3 亿元。农村养老保险事业启动实施，社会保险待遇水平不断提高，保障能力明显增强。企业离退休人员基本养老金 100% 按时足额社会化发放，连续 5 年调整，水平不断提高，医疗保险不断完善结算办法，扩大补助范围和报销比例，进一步提高基本医疗待遇，失业保险积极稳妥地完成了并轨人员的失业保险接续工作，部分地区失业保险标准不断调整增加，工伤保险基金大幅度增长，待遇保障能力大大提高，老工伤人员纳入工伤保险工作进展顺利，企业退休人员社会化管理服务工作积极推进。

第三节 关中—天水经济区经济社会发展
面临的问题、机遇和挑战

尽管关中—天水经济区近年来发展成绩斐然，但其整体发展依然存在不少问题，特别是在与东部和中部地区的横向比较中，问题更为突出。

---

① 胡磊磊、王兆萍：《关中—天水经济区民生问题研究》，载《2010 年关天经济区发展报告集》，第 201 页。

一 存在的问题

1. 核心城市对外不强，对内一枝独秀，城市等级结构不合理

按照关中—天水经济区的城市发展规划，西安的目标是建成国际化大都市，到 2020 年要把西安建成国家重要的科技研发中心、区域性商贸物流会展中心、区域性金融中心等，但从目前西安的整体实力来看，还不足以支撑这一目标实现。考虑到西安的轨道和航空运输能力比较有限，尤其是国际开放交流程度比较低且在短期内难以有很大的提升；另外，将西安定位在核心城市，目的是要通过核心城市的发展，以其为增长极，带动周围城市的崛起，但目前西安还没有显示作用，对外不强，对内一枝独秀，与其他地区核心城市发展差距还很大。值得注意的是，从经济总量上来看，西安市的生产总值远低于东部发达的北京和上海，与其绝对差分别为 9 146.8 亿元和 12 181.83 亿元，与中部城市郑州、武汉也有较大差距，其绝对差分别为 581.3 亿元与 1 841.52 亿元，甚至低于同处于西部地区的成都和重庆。

同时也应当看到，在经济区内，西安与其他城市相比，生产总值、城镇和农村居民纯收入均高于其他市区，并且差距较大。以 2009 年为例，西安生产总值达到 2 719.10 亿元，而其他城市的生产总值都没有超过 1 000 亿元，最高的咸阳也只有 872.95 亿元，与西安相差了 1 846.15 亿元，直到 2011 年，宝鸡、咸阳、渭南三地生产总值才过 1 000 亿元大关。这表明作为经济区核心城市的西安并没有发挥对周围城市的带动作用，经济区内城市发展水平二元结构突出。

在经济区内城市等级结构上，并没有形成递阶的顺序，而是呈现出城市体系断层局面。我国依据城市非农业人口的数量将城市规模主要划分为五个等级，即非农业人口在 20 万以下的为小城市，20 万—50 万人为中等城市，50 万—100 万人为大城市，100 万—200 万人为特大城市，200 万人以上为超大城市。依据此类标准，关中—天水经济区有一个超大城市（西安），2 个大城市（宝鸡、咸阳），三个中等城市（天水、铜川、渭南）和 2 个小城市（杨凌区、商洛部分区），但是尚没有特大城市，出现了城市结构体系的断层，城市等级结构不合理。

2. 高等院校与地方关联度低，创新成果转化能力薄弱，缺乏自主创新主体

如前所述，关中—天水经济区科教资源丰富，拥有大量的高等院校，

包含了 8 所"211"高校和 3 所"985"重点建设院校。但由于传统体制
的约束和市场机制的不完善，高等院校的科研活动和地方经济的关联度不
高，对地方经济发展的贡献很不显著。高等院校以学术研究和教学为主的
传统观念依然不强，普遍存在"重学术、轻应用"的传统思想，且科教
系统和经济系统的链接机制仍不完善，大量具有知识产权的科技成果无法
有效转化。

目前，经济区内资本市场欠发达，直接影响了创新成果的转化。经济
区内共有各类投资公司 400 多家，但实际从事创业投资的机构却只有 60
家左右，资本规模小。由于缺少发达健全的风险投资体系，使得大批技术
水平高、市场前景好的高科技项目难以实现商品化、产业化。陕西省每年
有 1 000 多项科技成果，但其转化为商品并形成规模经济的仅为 10%—
15%，远远低于发达国家 60%—80% 的水平。以政府资金为主导的风险
投资机构，亦未能充分发挥其引导和吸纳社会资本的功能，企业融资担保
体系和风险投资退出机制不健全，中小型科技企业从国有银行体系获得贷
款困难，民间资本投资科技的风险大、动力不足，融资难的问题长期困扰
着科技企业的发展。

在经济区内企业技术成果获取、转化能力较弱的同时，企业自身也没
有成为技术创新主体。企业新产品开发投入低，引进消化吸收的再创新投
入不足，与高等科研院校所合作开发的积极性不高。陕西省科研人员职务
专利中，高等科研院所占比全国第一，而企业占比全国倒数第一，这种局
面导致了企业对知识产权的依赖度较低，从而使一半以上的科研成果被经
济区外吸收、转化。尽管"十一五"期间以来，关中地区大中型企业各
项科技活动指标均有不同程度的增长，但其作为自主创新的主体地位尚未
形成。2008 年关中地区大中型工业企业开展科技活动单位数所占比重为
42.7%，设有科研机构的企业占比为 35.3%，即有一半多的企业未开展科
技活动、近 2/3 的企业未建立科研机构，科研人员增长缓慢。

3. 缺乏区域金融中心，金融业总体规模偏小，金融资产质量欠佳

金融的本质是进行资本集中，衡量金融业发展的主要指标是产业融资
规模。金融业的集中既包括资本在时间上的集中，也包括产业在空间上的
集中，两者的结合就是区域金融中心。实践证明，区域金融只有集中才能
发展，关中—天水经济区作为西部地区，特别是西北地区经济发展的引
擎，理应承担着区域金融中心的作用，但到目前为止这一中心并未形成，

经济区金融业最发达的西安金融业比重仅占整个西北地区存款余额的24%，较之华南地区的深圳，华中地区的上海有较大差距。

经济区金融业在经济总量中的份额一直偏低。即使是金融业发展最好的西安，近年来金融业对 GDP 的贡献也仅为7%左右，比较东中部地区金融中心城市仍有很大差距。另外，从金融机构的规模上看：中小金融机构如城市商业银行、城乡信用社等发展缓慢；证券市场总体规模较小，市场品种比较单一；资本市场实力不够，境内上市公司的数量占沪深证券交易所总上市公司数比例低，这些都与经济区经济发展需要不相适应。同时，由于政策、体制等多方面因素，使经济区形成了大量不良资产，导致金融机构亏损较多，而且使金融机构的信贷资金形成长期沉淀和无效占用，严重制约了金融机构的信贷投放能力，削弱了金融支持经济发展的力度。近年来，虽然经济区金融机构在防范和化解金融风险方面做出了许多努力，但是不良贷款率仍居高不下，经济区按五级分类的金融机构不良贷款余额仍较高①。

4. 农业生产基础设施薄弱，发展受到人力资源、资金、技术、信息资源的约束

尽管关中—天水经济区如前所述已经逐步加大了对农村基础设施和公共服务体系建设的投入，但由于历史上欠账的问题以及绝对量偏小，农村基础设施落后的状况没有根本改变。农村公共物品的有效供给机制没有形成，农村公共物品保障机制不健全，政府财政对农业的投入在全国仍是较低水平，城乡财政资源配置不对称的状况并没有彻底改观，目前，农村进入了现代农业发展阶段，无论单产还是总产的提高，都要依靠相当高的农业生产要素投入强度来实现，这就使得农业投入不足的问题更加突出。

近年来，关中—天水经济区农村劳动力转移到城镇及非农业的情况非常突出，而且，从农村转出去的劳动力大多是有一定文化水平的青壮年。农村劳动力资源中有文化、懂科技、会经营的农民大量转移，导致农业劳动力素质结构性下降，农村劳动力供求关系正在从长期的"供过于求"转向总量"既过剩，又不足"，即总量上的劳动力或按劳动力时间衡量的劳动力仍然是供过于求的，但有技能年轻的农村劳动力正在逐步向供不应

———————————

①　邹明东、姚宇：《加快西安西部现代服务业中心建设研究》，载《2010 年关天经济区发展报告集》，第 113 页。

求转变。目前从事农业生产的绝大多数是老人、妇女和未成年人，这种状况直接降低了农村科技接受能力，限制了新品种、新技术在农业生产中的推广应用，延缓了农业产业结构升级和农业劳动生产力和产出率的提高。显然，目前关中—天水经济区农业劳动力的素质状况还远不能满足现代农业发展的需要。

资金、技术、信息等农业生产资源的缺乏也是经济区发展现代农业的重要瓶颈。随着市场经济的发展，农业要素外流加剧。尤其是一些收益微薄的文化、农技、卫生防疫等与"三农"密切相关的组织被推向市场，与财政脱钩，人员分流后，其经营面临窘境。目前，农村生产发展最急需的资金、技术、信息、农资、销售、法律、文化等农业社会化服务力量日渐薄弱、服务体系出现"断层"，而目前社会上贫富差距拉大、沿海与内陆差距拉大的情况，导致了该地区农业部门发展的浮躁心理和巨大压力，面对资金、技术和信息的不足，更容易选择掠夺、粗放式的发展方式，这必然导致更多的低效资源消耗以及环境恶化，损害了农业的可持续发展。

5. 装备制造产业集中度低，缺乏大型企业带动

关中—天水经济区的装备制造业在近年的发展中，产生了一些龙头企业，如西安电力机械制造公司、陕西鼓风机集团有限公司、宝鸡石油机械有限公司、西安飞机工业集团有限公司、陕西汽车集团有限公司、天水星火机床有限公司、天水风动机械有限公司等大型优秀企业集团。但由于这些企业主要是国有大中型企业，其规模在区域内来说相对比较大，但从全国来看，规模偏小。经济区缺乏带动性强的大企业集团。据相关统计，2005年陕西省装备制造业规模以上工业企业共有717家，当年完成产值827.10亿元，只占全国规模以上装备制造业产值的1%。这说明从全国范围来看，陕西省装备制造业的规模偏小，规模经济不明显。在中国制造业500强中，区域内只有西安电力机械制造公司、陕西汽车集团有限公司、陕西法士特齿轮有限公司几家装备制造企业进入排行榜。

从上面分析可以看出，经济区有一定的装备制造业基础，但与发达地区相比，区域内的装备制造业存在产品质量不高、技术不强、人才稀缺、市场开拓能力差等内部原因。从外部看，相关产业的竞争力薄弱也限制了其装备制造业的发展。专业化生产和社会化协作不发达，中场产业缺失。中场产业是指处于最终产品装配工业和基础材料之间提供零部件、元器件、中间材料的制造企业。由于企业间的协作水平较低，区域内的大中型

最终产品装配企业追求大而全的配置方式，导致原有的一些中场企业倒闭或迁出，这种状况成为经济区装配制造业进一步发展壮大的障碍①。

二 关中—天水经济区经济社会发展的机遇和挑战

1. 利用政策优势，充分发挥聚集效应的作用，促进产业、要素和人口在经济区的聚集与扩散

聚集效应是任何一个经济区在形成和发展过程中具有的根本性的作用。聚集效应是指社会经济活动因空间聚集所产生的各种经济效果，它包括聚集经济和聚集不经济两个方面。聚集经济一般是指，因社会经济活动及相关要素的空间集中而引起的资源利用效率的提高，以及由此而产生的成本节约、收入或效用增加。聚集经济的存在，必然吸引企业和家庭的较大聚集，这种较大聚集又将吸引更大的聚集，从而影响整个城市和城市群的发展。因此，聚集经济是经济区形成和发展的基本动力和原因。可以说，聚集是先导，扩散是结果，聚集和扩散这两种力量的互动，最终推动城市群的不断发展。城市群的形成机理就是在聚集效应作用下，人口、要素和产业的聚集与扩散之间对立统一的辩证运动过程，在城市群运行中具体表现为"发展—调整—再发展—再调整"的循环过程。因此，要推动关天经济区城市群的发展，就要充分发挥聚集效应的作用，创造各种条件，促进产业、要素和人口在经济区的聚集与扩散。

2. 结合政策倾斜，利用良好的工业基础，大力发展制造业

国家"十一五"规划要明确提出要大力振兴装备制造业；在《关中—天水经济区发展规划》和《陕西省装备制造业调整和振兴规划实施方案》中，明确了将能源装备制造业作为陕西省装备制造业的发展重点；天水市更是制定出台了《关于深入实施"工业强市"战略的意见》《关于支持重点工业企业发展的若干意见》《关中—天水经济区天水装备制造业实施方案》等一系列支持企业发展的政策措施，将发展装备制造业放在了发展的第一位。政策上的倾斜无疑会给关中—天水经济区装备制造业带来更多的资金、设备和人才，也会进一步优化其发展环境，扩大发展空间，从而更易得到国家相关产业政策的支持，对关中—天水经济区装备制

---

① 尹丹等：《关中天水经济区装备制造业发展报告》，载《2010 年关天经济区发展报告集》，第 72 页。

造业的发展会更为有利。

要合理结合关中—天水经济区良好的工业基础，并加以利用。经济区聚集了全国 1/8 左右的军工科研生产能力。改革开放以来经过调整搬迁，西安集中了全省 60% 以上的科研生产能力和 86.2% 的科研院所，是全国军工最密集的城市，军工技术实力雄厚、门类齐全，尤其在航空、航天、核能、电子、船舶、兵器领域具有明显的领先优势。目前已经形成了"三基地一园区一院"的发展格局。天水的装备制造业，军工占据相当大的一部分。另外，宝鸡、咸阳等也都是军工实力较强的企业。

3. 关中和天水两地资源优化组合，军工资源和军民科技资源相结合

开放经济条件下一个地区的发展不是一个相对独立的过程，它需要周边城市或地区提供各种各样的支撑和扶持。关中—天水经济区的发展离不开关中和天水两地相互之间的资源交流。两地的装备制造业，在人才、技术、设备、市场、资金方面需要比以前有更多的密切的联系，不断进行两地资源优势互补和优化组合，实现资源共享，共同发展，一起进步。例如，天水是老工业基地，有一些掌握技术的老企业，却苦于没有资金，关中有很多筹资能力强、基础好、市场广泛的大企业，需要好的技术和老技术工人，两者之间可以进行资源互补、共同发展。同时，天水一些技术含量比较低的装备制造业可摆脱仅依靠自身发展的限制，利用关中特别是西安地区雄厚的科研技术能力，进一步提高其技术创新能力，提升产业总量。

同时，经济区内拥有的国防军工资源是其他区域的装备制造业所不能比拟的，要利用关中—天水地区所具有的国防军工资源优势，积极整合军工资源与民用科技资源，做大做强装备制造业的经济总量。打造"军民融合型装备制造业基地"与其他区域的装备制造业基地形成错位发展。另外，国防科技资源要与地方经济共享，打破两个体制分割的局面，从而使科技资源得到充分利用，使装备制造业得到更大的发展。

4. 充分利用丰富的科教资源优势，提升技术创新能力，发展可持续的循环经济

关中—天水地区的科技教育实力和人力资源在全国来说比较雄厚，但高等院校和科研院所，以及科技教育的地位和经济发展的地位不相称、不对等，其优势资源没有得到有效转化和充分发挥，新的研究成果和产品开发成果不多。充分利用区内的科教资源，可以在技术层面上为该地区产业

发展提供强有力的支撑，提升工业产业基础创新能力。

循环经济本质是一种生态经济，它要求运用生态学规律而不是机械论规律来指导人类社会的经济活动，倡导的是一种与传统现行经济完全不同的、而与环境和谐的新的经济发展模式，通过将经济活动组成一个具有低开采、高利用、低排放的"资源—产品—再生资源"的闭环反馈式流程，最终把经济活动对自然环境的影响降低到尽可能小的程度，实现人类、社会、经济与环境的可持续发展。经济区内的产业发展，要积极倡导开展以节能、降耗、减污、增效为目标的清洁生产，用循环经济模式改造提升传统产业，严格执行企业环评标准，提高资源综合利用水平，从源头上降低主要污染物的排放量。

5. 结合相关政策优势，拓宽财政融资渠道，提高资金使用率

争取中央财政设立的经济区发展基金，资金来源包括中央专项拨款、支援少数民族地区基金和扶贫资金等。以经济区开发为契机，以主导产业和项目打造资金整合平台，将分散于各部门的建设资金有机捆绑，相互衔接，匹配投入，从根本上解决资金使用管理分散的问题，集中财力支持区域内起关键作用的大基础设施和产业项目，提升财政专项资金投入的整体性和资金的使用效率。

重点争取国家政策性银行、商业银行等金融机构的优惠贷款，扩大外资的使用规模，积极引导民间资本特别是东部资本的投入。积极扩大世行贷款、外国政府贷款、国债资金对经济区的投入规模。坚持财政资金引导、市场运作为主，多元投资主体参与的原则，改变过去财政直接投入的方式，采取财政贴息、财政补贴、投资参股、注入资本金、贷款担保等方式，积极拓宽经济区建设的资金来源渠道，积极引导和鼓励社会各方面资金的投入。

6. 重视人才资源，借鉴国内外人才资源开发经验，实现跨越式发展

人才聚集主要有市场主导型和政府扶持型两种模式。以市场机制十分完善的美国为代表的发达国家，主要以自下而上的市场主导型模式为主，即通过人才对集聚区好处的追逐而自发形成；以韩国、新加坡为代表的新兴工业化国家和印度为代表的发展中国家，其市场机制相对不完善，主要以自上而下的政府扶持型模式为主，即通过国家和地区的干预扶持政策而促成。这两种模式都有成功的例子。一个靠创新人才崛起的高科技园区——美国的硅谷，另一个是靠创新人才崛起的软件园——印度的班加

罗，这两种模式我们都可借鉴。将关中—天水经济区的人才集中起来，充分利用不同形式的人才集聚载体，如大学城、西高新高科技产业开发区等，将人才开发与管理的体制与机制，促进人才资源在城乡之间均衡配置与人才资源在城乡之间自由流动。

大力引进国外优秀人才，同时加强内部人才培养以适应经济区发展的需要，我们需要改变和优化现有的人才培养模式，如：改变应试教育体制，大力推行应用型人才的培养；改变大学评价体系中重理论和论文，轻设计和实践的导向；加大对学生创新教育与创业训练的重视和投入；加强产学研政的合作等，借《国家中长期教育发展规划》的东风，创新教育体制与机制，引进与培养符合经济区发展规划的各级各类创新型人才。人才资源支撑战略，即紧紧围绕《关中—天水经济区发展规划》，以经济区的产业布局为着眼点，将人力视为开发的主要对象，采取各种政策和措施，发挥人的聪明才智，调动人的工作积极性与创造性，推动经济区的快速发展。当前世界多极化、经济全球化深入发展，科技进步日新月异，知识经济方兴未艾，加快人才发展是经济发展的必要条件，要想在经济发展中赢得主动权，关键在于人才资源，只要发挥了人才的竞争优势与比较优势，就一定能够实现关中—天水经济区的各项发展规划目标。

第 六 章

关中—天水经济区区域、城乡一体化
路径与对策研究

　　城乡一体化是世界经济社会发展的必然结果。经过 10 多年的西部大开发和大发展，关中—天水经济区总体上进入了"以工促农、以城带乡"的发展阶段，进入破除城乡二元结构、调整产业结构、形成城乡经济社会发展一体化新格局的重要时期[①]。虽然关天经济区城乡关系调整取得了重要进展，但农村基础设施落后，社会事业发展滞后，公共服务水平较低，城乡面貌反差较大，区域、城乡收入差距扩大的趋势仍然没有得到遏制，统筹区域、城乡发展的体制、机制还不健全。因此，还需要进一步探索区域、城乡一体化发展中面临的一些深层次问题，如怎样看待当前的区域、城乡一体化，区域、城乡要不要实现一体化，能不能达到区域、城乡一体化，需要什么样的区域、城乡一体化[②]，如何实现区域、城乡一体化，围绕上述问题，笔者结合关天区内区域、城乡发展实际，在分析区域、城乡一体化发展现状的基础上，重点揭示存在的主要问题，并在此基础上提出关天经济区区域、城乡一体化发展的若干对策。

　　发展根据《关中—天水经济区发展规划》设定的目标和任务，关中—天水经济区在推进区域一体化和城乡一体化的过程中，要统筹城乡基础设施、公共服务、劳动就业、社会管理等，积极推进农村综合改革，形成城乡互促共进机制。加强村庄规划，改善村容村貌。加快建立以城带乡、以工促农的长效机制，促进城乡一体化发展。引导农民就近转移就业，扶持农民工创业，加大对农村实用人才和农村创业人才的培养力度。

---

　　① 韩俊：《县域城乡一体化发展的诸城实践》，人民出版社 2009 年版，第 121 页。
　　② 黄坤明：《城乡一体化路径演进研究》，科学出版社 2009 年版，第 76 页。

加快建设宝鸡—蔡家坡、铜川—富平、渭南—华阴、杨凌—武功—扶风、彬县—长武—旬邑、韩城—蒲城、天水—秦安、礼泉—乾县、商州—丹凤等城乡统筹重点示范区。

第一节　关中—天水经济区区域一体化研究

一　区域一体化

1. 区域一体化的含义

本文中的区域一体化主要指的是区域经济一体化。区域经济一体化是指在一定区域内，地缘毗邻的国家、地区或城市通过建立沟通协调机制和渠道，制定统一的区域政策制度，统一的区域规划布局、统一的区域对接措施，在统一的区域发展战略指导下：协调彼此的发展目标、发展定位和行动；按照区域经济发展总体目标，充分发挥各自区位优势，进行合理的地域分工；利用各地区间经济发展方向的同一性、产业结构的互补性、地域的相邻性等特点，实现全区域内资源要素自由流动和优化配置；借助于合理的利益调节机制，促进地区间的产业整合与重组，实行地区经济联合与协作，推动区域经济协调发展；并以有效的约束机制最大限度地减少内部耗损，以提高区域经济总体效益的一个动态过程①。总之，区域经济一体化发展要能保证区域内各方面运转有序、分工科学、扬长避短和合作共赢，从而使整个区域的社会经济活动空间格局最优化、经济利益最大化、对外竞争最强化。区域经济一体化包括生产要素市场一体化、产业发展一体化、产品市场一体化、区域城市发展一体化和经济政策一体化等多个方面，其实质与核心是区域市场的一体化和区域贸易自由化。

2. 区域经济一体化的发展机制

（1）区域经济一体化的动力机制。

第一，区域经济一体化的集聚效应与扩散效应。区域经济一体化有利于消除区域之间的各种歧视性政策障碍，促进商品和生产要素的自由流动，使要素向具有区位优势和比较优势的区域集聚。这样就可能促进该地

---

① 刘新建：《京津冀区域经济一体化中的几个概念与原则》，《燕山大学学报》（哲社版）2010年第3期。

区的产业结构优化和升级，形成新的增长极。增长极又具有明显的扩散效应，可以带动周边地区的经济发展。在集聚效应和扩散效应的作用下，可以提高区域的资源配置效率，使区域经济关系更为紧密，这不仅有利于内部效益的扩大，而且有利于强化区域竞争优势。

第二，区域经济一体化的规模经济和范围经济。区域经济一体化是从以行政区划为特征的区域格局，向以产业互动为基础的经济区域整合的转变，通过统一区域政策，消除区域市场壁垒，加快要素自由流通，使资源在更大区域空间内实现有效配置。区域一体化带动了市场规模的进一步扩大，使企业能在更大范围内获取规模经济和范围经济。区域经济一体化要求各个地方经济真正融入区域经济，克服以邻为壑、过度竞争的现状，进行全方位、多领域的合作，对区域内各种资源和基础设施实现共享。范围经济的合力就是从这种合作和共享中产生的。

第三，区域经济一体化的低成本机制。在一体化之前，区域之间由于缺乏统一的政策和制度，往往对贸易、投资等活动实行管理而发生一定的行政性或制度性成本，而履行这些行政管理手续也要耗费一定的时间和费用。在一体化之后，因建立了统一的市场制度和相应的政策协调机制，各种商品和要素流动壁垒会不同程度地消除，必将大大降低其交易成本。而且，区域内各地区之间在地理距离、经济距离和文化距离的可接近性，也使区域经济一体化具有了低成本优势。

（2）区域经济一体化的主体组织机制。有效的经济组织是区域经济成长的关键。在区域经济发展中，各区域经济主体产生了相互之间通过主动合作推动自觉经济融合的需要，以求实现各地区之间的优势互补，促进资源在本区域内的有效配置，从而促进各地区共同发展。因此，区域经济一体化更要有经济主体的主观动力，形成有效的组织机制。

（3）区域经济一体化的区域合作协调机制。在目前地方政府主导发展的格局中，建立一个有效的区域合作协调机制，对区域经济一体化协调发展至关重要。比如，在保持地方经济活力和地方政府的动力的条件下，中央与地方之间以及区域间、城市间如何分工协作，各地方政府之间如何就经济政策、基础设施、产业合作与重组及利益分配进行协调，并且朝向区域合作和一体化的经济新格局发展，都是现实中亟待解决的重大问题。

3. 区域经济一体化的发展条件

从发展经验和发展的内在要求看，区域经济一体化的发展条件在于：第一，资源配置一体化是经济一体化的重要基础。丰富的资源优势，只有通过市场一体化和贸易自由化，才会进一步转化为资源开发优势和资源配置优势，为区域经济腾飞增添力量。第二，近邻的区位条件是一体化的天然禀赋。共同的地域空间具有地域相连、人缘相亲、文化相融、经济相通等特点，对各类经济资源的合理配置和利用，改善宏观区域管理，设立区域合作协调组织等都比较方便，是实施区域一体化最基本的载体和依托。第三，交通、通信等基础设施架构了一体化的沟通桥梁。区域交通等基础设施建设一体化，为突破行政区划界限创造了条件，为整合区域内资源、促进区域内各方开展合作提供有力支撑。第四，共同的利益诉求是区域一体化的动力源泉。区域经济合作是建立在利益趋同性基础上的，各个地区都在自己所拥有的生产要素使用上追求利益最大化，所以获得经济和社会利益的双赢是区域一体化的基本内驱力。第五，相似或互补的发展模式是一体化的选择基础。由于区域内各个城市或地区的发展模式存在差异性，才使得区域经济一体化具有了选择的基础，相似和互补的经济发展模式更有利于区域经济融合。

二　关中—天水经济区区域经济一体化深化发展的意义

在当前国际经济环境发生重大变化、国内各项改革深入推进的新形势下，按照国家战略的总体要求，扎实推进关天区区域经济一体化深化发展，意义重大。

1. 有利于增强关中—天水区在我国西北地区的辐射带动力

在当前我国经济发展转型的关键历史阶段，推进关天区区域经济一体化发展，强化其服务和辐射功能，有利于进一步发挥该地区在我国西北地区的龙头、示范与引领作用。首先，关中—天水经济区区域经济一体化发展，有助于增强该区域经济的整体实力，创造更多的物质财富，从而为国家区域发展总体战略的深入实施提供坚实的物质支撑。其次，关天区比国内其他地区具有更广阔的辐射空间，它不但处于我国西部地区的东部，有利于沿着"亚欧大陆桥"向全国辐射，而且是黄河流域的龙头，沿河而下可通晋、冀、鲁、鄂等地。关天区区域经济整体实力的提升，有利于增强对中西部地区的辐射带动功能，推动全国区域协调发展。再次，关中—

天水经济区区域经济一体化发展，有助于推进形成全国统一开放的市场体系，实现产品和要素在更广范围内的合理流动和优化配置。

2. 有利于增强关中—天水经济区自身的可持续发展能力

从区域层面看，虽然关天区经济社会发展在西北地区处于领先位置，具有较强的竞争力，但与国内水平先进的长三角、珠三角、京津唐三大经济圈相比还有较大差距。同时，关中—天水经济区在其自身发展过程中，还面临着许多亟待解决的矛盾和问题。主要有：区域内各城市发展定位和分工不够合理；各地区比较优势和区域整体优势没有得到充分发挥；重复建设和过度竞争现象较为突出；市场体系分割；生产要素难以在区域内自由流动；区域资源的整体优化配置和高效利用难以实现；交通、能源、通信等重大基础设施衔接不畅；设施浪费与短缺并存；资源、环境约束日益明显，特别是土地、能源资源紧张，部分地区环境污染较为严重；自主创新能力不强，关键技术和核心技术不足，自主知识产权和国际知名品牌较少；流动人口快速增加，社会关系日趋复杂，社会管理体制和协调机制尚不健全；等等①。这些问题既有全国共性的问题，也有关中—天水经济区发展中遇到的问题，它们构成了长三角地区持续发展的羁绊。深入推进关天区区域经济一体化进程，通过区域生产力空间布局的优化调整，实现各地优势互补与合作共赢，有助于克服关中—天水经济区发展中面临的种种问题，进一步增强关中—天水经济区可持续发展能力，使关中—天水经济区能够长久保持经济高速增长的良好态势。

三　关中—天水经济区区域一体化发展的现状与问题

关中—天水经济区在"十一五"期间，发展迅速。2011 年，关中—天水经济区生产总值达到 8 379 亿元，2007 年仅为 3 736 亿元，年平均增长 24.82%。其中：关中地区 2011 年生产总值为 8 022 亿元，2007 年为 3 540 亿元，年平均增长 25.2%；天水 2011 年生产总值为 357 亿元，2007 年为 196 亿元，年均增长 16.4%。近五年来，关中—天水经济区的经济社会发展取得了长足发展，整个区域的主要经济指标均实现了大幅度增长，但与

---

① 周学江、吴唯佳：《空间功能整合与规划制度保障——面向京津冀地区的区域空间协调合作》，载《生态文明视角下的城乡规划——2008 中国城市规划年会论文集》，大连出版社 2000 年版，第 1—9 页。

长三角和珠三角、京津冀等经济区相比，还存在很多方面的差距。

1. 发展现状

（1）交通、工业、科技等优势明显。关中和天水距离近，文化习俗相同，同受秦文化影响。位于中国西部地区的经济腹地，地处中国东西南北的结合部，区位、交通优势均十分明显。同时，将关中和天水的城市功能和产业分工协调成为能量巨大的城市综合体，可南联成渝，北依蒙宁，东进京津，西拓兰新，在中南地区乃至全国发挥强大的集聚效应、辐射效应和带动效应。关中—天水经济区是陕西省和甘肃两省工业基础雄厚的地区，其中关中是陕西省大型与重点企业的集聚地。其中，2011 年规模以上工业企业为 3 953 个、占全省的 36%，规模以上工业企业总产值 4 294.42 万元、占全省的 38.2%。科技和人才优势：关中地区又是陕西的高新技术产业与高校聚集最多的地方。2011 年高新技术产业为 646 家、占全省的 46.1%，产值为 1 979.98 亿元、占全省的 56.1%；企业科技活动人员为 42 647 人，占全省的 62.3%；普通高等学校 65 所，占全省的 65%。同时，拥有世界五百强投资企业 89 家，有强大的科研能力、资金投入能力和市场占有率，这为陕西省和关中—天水经济区的经济腾飞提供了重要的保证。

（2）区域经济整体实力不强。2009 年长三角区域实现地区生产总值近 6 万亿元，财政一般预算收入 6 437 亿元；珠三角区域为 3.2 万亿元，财政一般预算收入 2 522.16 亿元；京津冀区域为 3.4 万亿元，财政一般预算收入 3 000 多亿元。关中—天水经济区地区生产总值仅 7 829 亿元，财政一般预算收入 600 多亿元，远远低于长三角、珠三角、京津冀三大经济圈，人均可支配收入，也与这三大经济圈差距悬殊。

（3）资金、劳动力等生产要素的流动性较差。关中—天水经济区内的城市、城镇及农村的民营企业严重缺乏银行资金支持，导致不能顺利承接长三角、珠三角等一线成熟城市所转移出来的产业，从而反过来限制一线城市从制造中心向服务中心的产业升级。区域经济一体化的同时必然要求人才流动体制一体化，但目前我国人才流动市场相关机制还不成熟，人才流动体制改革跟不上经济发展的步伐，在计划经济体制下形成的户口、档案、住房、社会保障制度等仍然是人才流动的羁绊。另外，基础设施的建设滞后制约了区域合作。没有站在整个区域的大范围整体规划大交通体系，各地各自追求标志性工程项目，导致基础设施和产业结构重复布局，道路、机场、港口等基础设施协调不够。

（4）国内产业转移和发展方式的转变为关中—天水经济区的发展带来了机遇。产业梯度转移和经济发展方式的转变为关中—天水经济区的发展提供了机遇。随着世界经济的发展，沿海地区发展劳动密集型和资源密集型产业的成本优势正在逐步消失，存在着产业转移的强大压力和动力。关中—天水经济区区位优势明显，比较优势突出，具有较好的产业基础，可以充分利用两个市场、两种资源，加快产业结构战略性调整与升级，为承接沿海劳动密集型产业转移与区域内的产业协作提供巨大的空间和机遇。经济发展方式的转变也为关天区的合作发展带来了机遇。针对当前国际国内形势，国家出台了一些更加积极宽松的宏观政策，为加快工业重大项目建设、优化工业结构提供了重大机遇。"两型社会"建设要求资源节约和环境友好，这是关中—天水经济区优势产业的重点发展方向。关中—天水经济区可以借助机遇，加快转变经济发展方式，大力改造高消耗、高污染企业，实现产业结构的优化升级和转型。

（5）经济结构矛盾突出，产业体系培育缓慢。关中—天水经济区内普遍存在第二产业比重偏大、第三产业比重过小的结构性问题，而且各地市之间的三次产业结构均具有较强的相似性。在交通、通信、信息等基础产业发展上也缺乏有效协调和统筹规划，在环保、旅游等第三产业发展方面缺乏通盘考虑的区域性合作。

（6）土地资源争夺剧烈，环境保护矛盾突出。虽然关中—天水经济区内可利用的土地范围比较大，但过去的几年里，仍有用大量的土地来换取有限的投资的行为。除了土地资源，还有环境保护的问题。当前工业布局已经存在诸多"硬伤"，布局分散，缺乏统一规划，这明显与"集中布局、集中治理"原则背道而驰。

2. 存在问题分析

（1）行政区划障碍，过度竞争普遍。现行的这种行政区划体制在政府职能方面导致行政多头管理，融通性差，削弱了政府的服务功能；另外，在经济发展方面表现出明显的行政区域特征，行政区域对自身利益的追求严重影响了生产要素的合理配置。所以，这种"行政区经济"会使各级政府为自身行政区的利益进行经济建设，而不是为了区域经济的发展促进生产要素流动，为跨行政区经济的协调发展制造了壁垒，成为区域经济一体化的主要障碍。近年来，关中—天水经济区虽然发展态势良好，但各地的规划并未实现有效衔接，影响了资源的有效配置。制约了优势企业的跨地区迁移、兼并、重组。受地方或部门利益驱动，区域内各层面的开发区也陷入了招商引资的"倾销式"竞争的旋涡之中。

（2）缺乏利益协调机制，合作共赢意识不强。关中—天水经济区分属两个不同的行政区域，这导致难以进行统一的经济发展规划，难以建立一个良好的、有效的协调发展机制。各方没有从区域发展的角度，寻找各自的比较优势，错位发展，而是各自为政、互为对手，经济区内出现多轮无序竞争、重复建设。在实际工作中，各方打自家的算盘，甚至是不顾资源等条件限制，追求"大而全"。从功能定位到具体项目，都首先考虑自己的利益，很少从区域利益出发考虑统筹兼顾。"错位发展"甚至演变成"只强调我发展，不许你发展"。更为严重的是，由于缺乏跨行政区的统一的产业规划，核心城市和各卫星城找不准自己的产业定位，形不成错位发展、优势互补格局，制约了关中—天水经济区经济和社会的快速发展。整体发展规划的空缺使都市圈内部的协调受到影响①。

首先，高层次的合作磋商协调机制还没有建立。尽管关中—天水经济区内地市领导进行了双边互访和多边协商，但一直未能建立起一套正式的高层协调机制，未能就区域内的产业结构调整、基础设施建设及生态环境治理等战略性合作问题，进行深入磋商并达成共识，未能在寻求有关各方利益结合点及合作切入点上取得重大突破。其次，缺乏整体合作的理念和合力。长期以来，西安功能定位是服务全国，这就必然使得西安不可能把更多精力放在区域发展当中，这与上海强调长三角中心形成强烈对比。关中和天水对如何共同争取国家对区域经济发展的支持、如何在国内的经济活动中树立关天区区域整体形象等区域性的重大问题专注度不够，共荣共赢、统筹规划的整体合作理念尚未形成，因而合作的合力不足、合作步伐缓慢。关中和天水两地在产品市场、生产要素市场、服务市场等多个层面都还不够统一，不规则竞争、各自为政的问题还比较普遍。再次，市场机制为主，辅以政府宏观调控的合作机制有待加强。目前区域国有资本占绝对优势，多数民营企业规模还比较小。这种客观现实一方面决定了企业包袱重，调整难度大，活力不足，有跨地区扩张欲望和辐射能力的企业比较

---

① 魏然、李国梁：《京津冀区域经济一体化可行性分析》，《经济问题探索》2006 年第 12 期。

少；另一方面也决定了政府对企业控制能力强、行政干预多，企业进行跨地区生产要素流动受到制约，市场配置资源的机制作用并不充分。关中一天水经济区内各市在推动区域经济一体化进程中仍是竞争大于合作，一体化发展只能停留在较浅的层面上，在一些关键领域难以形成。协调机制虽然在实践中取得了一些进展，但机制尚不够健全，方式也比较简单，区域生态、资源环境等共同开发与管治的深层次机制尚未形成，对于已确立的平台建设和合作专题的成效也缺乏评估、激励与督促检查。

（3）产业发展落差过大。一方面是中心城市对周边地区的资源抽取导致周边城市经济发展缓慢，另一方面是中心城市的发展又受到周边地区的制约。区域内部没有形成有序的梯度，区域内城市等级结构不合理，中等城市和小城市发展不足，缺少发挥"二传"作用的中间层次的城市，尚未形成完善的网络体系。除此之外，城区与郊县之间差距也很大，在郊区县经济总量仅占总体规模的 2% 至 3%。在西安周围的陕西省辖区内，分布着 32 个贫困县、3 798 个贫困村，贫困人口达到 272.6 万人。这一贫困带已成为我国东部沿海地区城乡差别最严重的地区之一①。区内过于悬殊的社会经济二元结构的直接后果就是：一方面是区域中落后和边缘的地区没有能力引进、吸收、消化周边发达地区或中心城市各种必要的生产要素和先进的管理制度；另一方面是发达地区所出现的产业聚集、形成的产业规模和产业链，因为找不到适宜的生存和发展环境，没有能力向周边落后地区推广和扩散。因此，影响着合理经济梯度的形成。

（4）区域内缺乏一套跨区域的协调管理机制。区域的一体化进程中，会涉及区域发展中需要跨区管理的一系列问题，如区域内空气污染问题、水源利用与污染防治问题、跨区域的犯罪问题等。在现有的区域的行政管理体制条件下，关中一天水经济区内各地方政府以自身利益最大化而不是以整个区域的利益最大化为出发点，来进行决策并采取行动，区域内没有统一协调的公共管理组织。因此，在没有一个代表整个区域利益的组织之前，区域的公共资源管理难以开展，而良性的、高效的、区域的公共资源管理机制也无从谈起，区域内单一市的利益最大化也很难与整个区域利益统一，必然会造成整个区域内公共管理的失调。

---

① 陈秀山：《中国区域经济问题研究》，商务印书馆 2005 年版，第 349 页。

四　加快关中—天水经济区一体化进程的思路与对策

1. 改革现行区域发展协调机制，提高区域合作效率

在现行制度安排下，现有的松散型关中—天水经济区域发展协调机制只能形成原则性的"共识"，很难有效地推进经济区内具体领域的协调发展。因此，必须加快改革：一方面，在现有的区域协调发展高层论坛基础上，尽快成立由国务院领导、国家发改委牵头，陕西和甘肃两省行政长官及各行政区行政长官参加的关中—天水经济区区域协调发展联席会，专门负责研究、编制经济区区域发展总体规划，统筹协调区域合作和一体化的战略决策。另一方面，根据影响关中—天水经济区区域发展的重大问题或突破点，就跨行政区的重大项目和具体问题的协调与合作举行多方会谈，寻找多方都能够互利互惠的合作切入点。近期，重点加强资源、环境、基础设施和社会事业项目的合作协调工作，同时把一时难以解决的深层次问题，作为远期协调的重点，逐步加以引导控制。

2. 适度调整行政区划，极力打破区域要素市场的行政分割

目前，关中—天水经济区"强政府，弱市场"格局在短期难以改变，非国有经济实力尚弱，依照行政边界进行产业布局和发展规划还是政府的首选，因此，适当进行行政区划调整是一种简捷、快速、有效地重新进行产业布局的方式。为缓解关中—天水经济区地区核心城市疏密不均的格局，促进生产要素相对的合理分布和促进城市之间的协调发展，可以考虑进行行政区划的调整。在现代市场经济条件下，市场对社会经济资源的优化配置发挥着重要的基础性作用。关中—天水经济区区域经济一体化的深入推进，离不开区域内统一开放、竞争有序的市场体系的建立。统一有序的市场体系，既包括产品市场，也包括资本、土地、人才、技术、信息、产权、品牌等生产要素市场。从当前关中—天水经济区区域市场体系的发育情况来看，产品市场的发展相对较快，而生产要素市场的发育则相对迟缓。虽然从产业经济学的角度来看，关中—天水经济区区域内的产业同构有其必然存在的现实性①，但由于关中—天水经济区各地对生产要素的需求是相同的，在地区本位主义影响下，不可避免地会造成区域要素市场的行政分割，由此造成区域内资源的浪费和内耗的加剧。

---

①　刘慧：《优化生产力布局的思路与对策》，《经济视角》2006 年第 8 期。

3. 加快空间布局的优化调整，促进区域经济错位发展

区域生产力空间布局，是指区域生产力在区域自然地理位置上的配置状态和分工格局。它是一个多层次、多侧面、纵横交织的综合系统，具有地域性、全局性、长远性和继承性等特点①，对区域经济的发展具有先决性的影响。区域生产力空间布局是否合理，直接影响着区域生产力系统整体功能的发挥，影响着区域社会经济资源配置的宏观效益。改革开放以来，关中和天水各自立足于本省（市）的发展基础和区位特点，经过不断调整和优化，已基本形成了适合本地区经济发展实际的生产力空间布局。但这种布局都是各自为政的，对省（市）域经济的跨越与协调发展具有重要的推动作用，由于彼此间缺乏对区域空间整体的通盘考虑，容易造成地区间的重复建设与恶性竞争，从而导致区域生产力的浪费。所以，要实现关中—天水经济区一体化发展的战略目标，就必须紧密围绕总体要求，立足各地资源特色和区位条件，明确各地区的功能定位与合理分工，通过区域内产业结构和产业空间布局、城镇体系空间布局以及基础设施布局等的优化调整，形成功能优势互补、分工布局合理的区域生产力空间布局的总体架构，并以此为依据，做好各地区生产力空间布局与总体布局的对接协调。

区域经济的一体化发展，是强调区域各个城市形成各具优势和特色的产业。要鼓励三地转变经济增长方式，实行错位发展的政策，建立起既符合市场竞争规律又能发挥区域比较优势的产业结构，形成城市之间的合理分工，促进城市之间的平等合作和优势互补。要明确关中—天水经济区区域产业发展的总体方向，界定主要城市和区域的产业定位。

4. 加快城市网络体系建设，促进区域一体化发展

城市网络体系是区域经济及一体化发展的空间载体。关中—天水经济区应重点培育和发展西安周边次级城市的建设，形成与核心城市相互衔接，空间布局与功能协调发展的城市网络体系。西安作为区域核心城市，政府有关部门应该按照"优化布局、强化功能、改善环境、提高品位"的总体要求，加快西安发展带次中心城市（新城）组团建设。必须以市场为导向，在交通、能源、水资源和信息等方面的基础设施，要按照统一规划、统一建设、统一经营和统一管理的要求，从区域整体上进行统筹规划，努力实现互联互通、共建共享，逐步建立和完善重大基础设施一体化

---

① 银温泉、才婉茹：《我国地方市场分割的成因和治理》，《经济研究》2001 年第 6 期。

体系，在更高层次、更广范围、更大空间内发挥交通、能源、水资源、信息等基础设施对经济社会发展的支撑和带动作用。

第二节 关中—天水经济区城乡一体化研究

一 城乡一体化

1. 城乡一体化的基本内涵

根据马克思主义经典理论，"城乡一体化"是指"通过消除旧的分工，进行生产教育，变换工种，共同享受大家创造出来的福利，以及城乡融合，使全体成员的才能得到全面的发展"。对于这一定义，目前还存在一定的争议，不同领域的学者对"城乡一体化"存在不同的理解。社会学者认为，城乡一体化就是要消灭城乡差别，使城市和乡村融为一体，在公共资源方面享有对等的拥有；经济学者依据经济规律，认为城乡一体化是指统一布局城乡经济，使城乡生产力优化分工，城乡优势互补，在大经济体中和谐共同发展，以取得最佳的经济效益等。

综合以上观点，城乡一体化具有以下的内涵：城乡一体化并不是指城市和农村合二为一，两者的作用和地位不能相互替代，两者在各自领域对全社会的贡献有所不同。城乡一体化是强调两者在共存的情况下和谐发展，即把城市与乡村建设成一个相互依存、相互促进的统一体，城带乡、乡促城，互为资源、互为市场、互相服务，空间上互为环境，生态上协调相融，在经济、社会、环境效益统一的前提下，促使整个城乡经济持续、稳定、协调发展，达到共同繁荣的目的。简单而言，城乡一体化是指城市与乡村在经济、社会、生态环境、空间布局上实现整体性的协调发展。

城乡一体化就是城市与乡村互为资源，互为市场，互相服务，互相吸收先进、健康的因素，同时摒弃落后的、病态的因素的一种双向演进过程。其目的是发挥城乡发展的组合优势，拓展发展空间，缩小发展差距，最终实现城乡协调发展。改革开放以来，虽然我国农村经济发展取得了举世瞩目的成就，但城乡发展的非均衡性表现十分明显，城乡二元结构非常突出。城乡居民不仅收入差距悬殊，而且在生活环境、生活质量、生活方式等方面也存在差异。在有些地方，城乡之间的差距甚至呈现拉大趋势。城乡之间的矛盾依然存在，这种矛盾既有体制内的，也有体制外的。城乡二元结构造成的深层次矛盾十分突出，不符合建设和谐社会的要求，也不利于城乡经济社会发展。要想解决这一系列问题，必须统筹城乡发展，构建城乡经济社会发展一体化体制机制，最终实现城乡一体化。

2. 城乡一体化的实质

（1）"城乡一体化"不是追求"一元经济"。"一元经济"是指将目前的城市和农村两元转变为只有城市一元，从而实现整个社会经济的全面发展。一元经济下通过实现农村工业化或者农村城市化，实现由工业经济和农业经济并存的二元经济，向只有城市经济存在的一元经济的转变。这种方式需要农业生产率的快速提高和巨大的资本投入，生产率的提高和机械化的推广使得大量的农民失去工作，结果会导致更多的剩余劳动力出现，关天区农村恰恰缺乏资本而存在大量剩余劳动力，这会使这一矛盾程度进一步加深。此外，关天区内各地区经济发展不平衡，不同区域的农村有着不同的发展现状和资源禀赋，"一刀切"的发展模式，不能解决不同农村区域的发展需求。这样做的结果是表面上农村和城市的差别消失，都实现了所谓的工业化城市化，但本质上农村的工业化和城市化与城市的差别是巨大的，这种差别将带给农村与城市更大的不和谐。"城乡一体化"不同于"一元经济"，它是在保留城市和农村两个经济"元"的基础上，使不同地域的农村充分发挥其禀赋优势，发展特色产业，在经济收入上与城市缩小差距，在地域发展上更有机结合，在文化教育和生活方式上向好的方向迈进，在医疗条件和公共设施方面得到本质的提高。

（2）产业发展实现一体化。城乡一体化主要表现为城乡空间经济一体化，通过市场竞争机制，使资源、资金、技术在城乡地域空间上，在不同产业间有序流动和优化组合，在互补性基础上，实现资源共享和合理配置，促使城乡经济互动发展。

（3）地域发展实现一体化。城乡一体化最终要求城乡能够有机融合互为补充，将农村建设为科技、绿色、生态的新农村。把农村发展建设成为城市的后花园，成为城市人们休闲娱乐的场所，农村与城市来往密切，地域上紧密相连，从而也带动农村经济的发展。城乡"二元结构"表现突出的是思想与观念的差异，农耕文化与现代文明之间的差异，是农村居民不能真正融入城市生活、生产方式的主要障碍，城乡一体化必然要求构筑城乡一体的教育体系，从文化层面上实现城乡融合。

当前，我国总体上已进入以工促农、以城带乡的发展阶段，进入加快改造传统农业、走中国特色农业现代化道路的关键时期，进入着力破除城乡二元结构、构建城乡经济社会发展一体化新格局的重要时期。

按照社会主义新农村建设"生产发展，生活宽裕，乡风文明，村容整洁，管理民主"的总体要求，以发展现代农业为首要任务，以增加农民收入为核心，以农村制度建设和创新为突破，以农村基础设施建设和社会事业发展为抓手，以推进城乡一体化为重点，统筹城乡经济社会全面发展。

二　关中—天水经济区城乡一体化发展现状与存在的问题

关中—天水经济区现有人口 2 842 万人，其城镇人口 1 378 万人，城镇化率 48.5%。西部大开发以来，随着经济社会发展和科学技术的不断进步，关中—天水经济区经济实力不断增强提高。但是受过去几十年来有关体制的影响和束缚，存在着明显的城乡二元经济结构问题，城乡经济发展不平衡，城乡社会发展不协调，严重影响了各生产要素在城乡之间的自由流动，制约了经济的发展。因此，必须采取统筹城乡发展的思路，形成城乡社会经济发展一体化的发展格局，这是党中央在正确把握我国新阶段经济社会发展新趋势的基础上，提出的一项重大战略决策[1]，也是关中—天水经济区和谐发展的必然选择。目前，通过 10 多年的建设和发展，关中—天水经济区经济社会和城乡一体化发展的现状呈现出如下特征：

1. 城镇化进程日益加快，城市化水平不断提高

改革开放 30 多年，特别是西部大开发的 10 多年，关天区的经济发展方式和产业结构发生很大的改变，农业在国民经济中的地位下降，工业引领整个地区的经济发展，城乡建设面貌发生了翻天覆地的变化，城镇建设特别是小城镇建设事业取得了令人瞩目的成就。城镇化进程的日益加快，城镇化水平的不断提高，为关中—天水经济区经济社会的发展进步发挥着越来越重要的作用。小城镇成为关中—天水经济区城镇化进程的重要环节，是关中—天水经济区实现城市化的重要方式。小城镇作为连接城市和广大农村的桥梁，在城市与乡村之间构筑起了物质、信息、能量及生产要素流动的通道，是真正意义上的城乡契合点，是城市和乡村各要素输入输

---

① 衣芳、吕萍：《中国城乡一体化探索》，经济科学出版社 2009 年版，第 36 页。

出和交换的重要节点，它既是广大农村通往城市的桥头堡，也是支撑城市发展的"大厦"基石。小城镇不但是支撑大中城市发展的重要力量所在，而且在整个国民经济发展中意义重大，在全国城镇体系中处于基础性地位。据统计资料显示，我国城市化水平由 1949 年的 10.60% 提高到 2009 年的 45.68%，小城镇发展正在进入持续飞跃发展的新时期。

2. 统筹城乡发展的力度正逐步加强

中国已经进入到一个"以工支农、以城带乡"的时代，根据这一时代现状，从 21 世纪开始，国家连续发布多个文件，出台多项政策措施，解决"三农"问题，实施统筹城乡发展战略。统筹城乡发展的思路是通过重点支持农业和农村发展，实现工农、城乡的协调均衡发展。随着统筹城乡发展战略的实施，深层次的矛盾日益显现，被掩盖的旧的矛盾暴露了出来，原有的体制性障碍更加突出①，新的矛盾又产生和凸显出来。统筹城乡发展，是对传统"以农立国"和近代以来城乡二元发展制度的历史性超越，同时也是一个历史性的制度变迁和制度创新过程。关中—天水经济区各级政府积极实施统筹城乡发展战略，乡村建设获得极大发展，乡村面貌改观很大，相当多的村庄都不同程度地建设起了道路、管网、广场、文化体育活动场地及各种生活服务设施。

3. 城乡经济社会发展的差距仍然存在

城乡经济发展存在着严重的不平衡，农村经济发展水平远滞后于城市经济发展水平，关中—天水经济区内农村经济发展和城市经济发展之间的差距较大。首先，从城镇居民和乡村居民收入上看，城镇居民和乡村居民收入差距呈现不断扩大的变化的趋势，而且城乡居民的收入比也不尽合理。其次，从城镇居民和乡村居民消费总量上看，城镇居民和乡村居民消费的差距不仅没有缩小，反而有扩大的势头。同时城镇居民与城乡居民的消费结构也存在着不同程度的差异，城镇居民以精神方面的消费为主体，乡村居民以生活方面的消费为主体。再次，从城乡居民的就业上看，乡村居民的就业水平低于城镇居民，城镇居民就业相对容易且从事的工作岗位比较稳定、收入也不低，但乡村人口多、素质低，就业压力一直较大，从事的工作多在环境差、收入低的行业。虽然 2000 年以来，乡村就业人员

① 王伟光：《中国城乡一体化理论研究与规划建设调研报告》，社会科学文献出版社 2010 年版，第 95 页。

就业率年均增长 8.8%。但劳动力资源仍然没有得到充分发挥，大量的剩余劳动力还滞留在农村，就业环境很不乐观，就业质量较差。

城乡社会保障水平差距明显。我国社会保障体系包括社会保险、社会福利、优抚安置、社会救助等。农村居民和城市居民因其身份条件、居住地、户口等的差别享受到的社会保障也存在着很大差别，在社会保障覆盖程度和保障内容上差距极大。一方面，农村社会保障覆盖率低，拥有和享受社会保障的农村人口数相当少，远不能满足当前农村社会和经济发展的需要；另一方面，农村社会保障内容少，项目少，水平低，保障力度较小。总的来看，农村社会保障制度才刚刚起步，在覆盖面和保障水平上还有很长的路要走。城镇养老保险基本全覆盖，农村养老保险落后城镇 30年，在 20 世纪 80 年代农民根据地区不同每人一年缴纳 24 元—240 元不等的保费，主要以家庭为主，当时只有部分农民参加，2009 年刚开始试点的新型农村养老保险虽然有了很大进步，但跟城镇相比差距还是很大；城市失业保险参保率已接近 100%，农村则少之又少；城市最低生活保障几乎实现了应保尽保，农村刚刚建立低保制度，2011 年年底享有最低生活保障的城乡居民之比为 1.00∶2.03，但保障标准却为 2.26∶1，城镇与乡村相差悬殊。由于政府对农村和城镇的公共卫生和医疗机构的投入存在明显差异，导致农村医疗卫生的各项指标都远远低于城市。2011 年城镇每千人口拥有的病床位数约为 9.1 张，而每千农业人口病床位数仅为 0.85张。尽管自 2003 年"非典"暴发后，政府不断加大对公共卫生的投入，强化政府公共卫生的职能，但是政府对农村公共医疗卫生的投入和实施还远远不够，上级政府的监督和激励机制也不完善。农村地区不仅在卫生资源总量、布局及人均等方面滞后于城镇，而且医疗卫生条件相当落后，普遍存在着医疗设施差，医务人员学历低、职称低、技术低的"三低"问题，不能为当地农民提供医疗服务。参加城镇医疗保险的农民工不足农民工总数的 30%，新型农村合作医疗保障水平低，农村卫生事业虽然有所改善，但仍有绝大多数乡镇卫生院和村卫生所达不到标准。农村医疗支出占生活消费支出的 7.2%，而平均补偿的比例仅占 20%~30%，再加上医疗价格上升较快，农民的医疗负担还是很重，患大病或慢性病的话还是看不起，医疗支出仍是农民的一项沉重负担。

农村各项事业发展标准都明显偏低，尤其是在基础教育方面表现突出。城乡居民在教育投入、办学条件、师资水平等方面存在显著差异，城乡教育资源配置严重不均衡。城市的基础教育资金因列入了财政预算都有保障的，而农村义务教育实行"以县为主"的地方管理体制，导致了农村基础教育投入更加不足。由《中国统计年鉴》数据可知，2011年全国有8 500万人文盲和半文盲，其中75%分布在西部农村、少数民族地区和贫困县，农村基础教育学生数占全国的84%，但其基础教育经费仅占全国的55%。尽管我国目前实行城乡免费义务教育，免除学杂费，使农民的负担有所减轻，农村义务教育情况有所改善，但是农村的义务教育无论是在校舍条件、教学设备等硬件方面，还是在师资力量、教学方式与教学内容等软件方面，都远远不及城市义务教育水平。总体上农村中学的数量多于城镇，但农村的多为初中，高中的数量远少于城镇，城镇普通高中数量是农村高中的10倍。并且农村学校的基础设施和教学条件落后于城镇学校。另外，基础设施建设水平方面，农村饮水安全现状不容乐观，关中—天水经济区内还有超过20%的农村人口饮水未达到安全标准。农村地区在电力、通信、交通等公共基础设施方面也远远落后于城市。例如，农村电网简陋，时常断电；交通不方便，有些村庄不通公路；农田机电灌溉面积不足30%，许多农村没有公共图书馆、电影院等文化休闲场所。甚至有些偏远山区仍未实现通邮、通车等，基础设施建设相当落后。部分地区的农村道路不畅通、农田道路过于狭窄等问题没有得到很好的解决；农民生活燃料结构不合理，采取秸秆、薪柴以及煤炭作为做饭取暖的燃料，沼气和太阳能等清洁能源的比重还比较低。

4. 城乡一体化与区域间不平衡

城乡一体化强调的是城镇与乡村之间的发展协调、均衡。但在现实中城乡一体化的推进往往显示出很强的不平衡。首先，在地域城乡一体化呈现非均衡性。越靠近东部的地区城乡一体化推进速度越快，越往西部尤其是山区推进速度越缓慢，区域之间的非均衡性比较突出。统计资料显示，2011年城镇人口占总人口的比重为49.5%，城镇化水平比2008年提高了4.8个百分点。从全国范围来看，城镇化水平最高的城市深圳达到100%，上海城市化水平为88.7%，北京和天津的城市化水平分别为84.3%和75.7%，贵州省城市化平均水平为7.5%[1]，相对而言，关中—天水经济

---

[1]   杨家栋、秦兴方、单宣虎：《农村城镇化与生态安全》，社会科学文献出版社2005年版，第23页。

区的城镇化水平较贵州省高，但远落后于东部和南方沿海地区。其次，从关中—天水经济区内的不同城市来看，我国城乡一体化的非均衡性同样显著。通过分析西安、宝鸡、天水城乡一体化进程的数据，可以将这3个典型地区的城乡一体化进程划分为4个等级：第一级，农村地域综合评价指标值达到了70%以上，与中心城市基本实现城乡一体化；第二级，农村地域综合评价指标值在50%—70%之间，与中心城市一体化水平较高；第三级，农村地域综合评价指标值在35%—50%之间，与中心城市一体化水平处于中等发展阶段；第四级，农村地域综合评价指标值在35%以下，与中心城市的一体化水平相对较低①。

5. 城乡一体化表现出强烈的非同质性

城乡一体化绝不是将乡村全部都转变为城市，更不是将城市乡村化。城乡一体化不是盲目地造城造镇，迫使农民"离土离乡"；更不是脱离现有的经济基础将农村盲目变为城市，以此消除城乡差别，从而实现城乡一体化。在区域空间上城市和农村是两种完全不同的形态，其差异性相当明显，不能强行地将非均质空间改变为一种彻底的均质空间。城镇和乡村这两种地域经济组织形式是由特定的制度条件、生产力条件、资源条件和生态环境条件等方面因素共同作用的结果。城乡一体化不是追求一种低层次的平衡，也不是倡导城镇居民和乡村居民奉行平均主义，而是从城乡综合协调的角度出发，为城乡两大系统创造平等竞争发展的体制环境，以促进城乡协调发展。城乡一体化不是"强势文化"吞并"弱势文化"，也不是文化的改造和同质化，因为城乡两大系统在社会结构、经济发展状况、地理景观、生态环境、思想文化等方面存在显著差异。首先，城镇与乡村均有着各自的特质。城市是区域的政治中心，政府机关的办公场所集中设在城市。城市科技和艺术创造的阵地，是学校、科研院所的聚集地，具有深厚的文化积累和相对完备的文化传播设施。城市也是人口密集区，是人才聚集地，文化教育事业的发展、人才的聚集为城市经济社会发展创造了条件。城市是交通枢纽和信息中心，交通枢纽功能的发挥为城市带来大量的人流、物流、信息流，为城市的发展提供保障，同时为乡村提供各类信息，为乡村提供科学技术和现代化管理理念，从而推动乡村经济社会发

---

① 祁金立：《城市化聚集效应和辐射效应分析》，《暨南学报》（哲学社会科学版）2003年第5期。

展。城市是物流中心，为乡村经济发展提供各种工业品，为乡村的农副产品提供巨大的消费市场，为乡村经济发展提供充足的资金。农村是农业生产集中地和生态资源聚集地，不仅能够为城市和乡村提供各种农副产品，而且还有维护生态平衡、创造良好的生活环境的功能。农村为城市提供土地扩张的空间，为城市提供廉价的劳动力，为城市各类商品提供广阔的市场，为城市居民提供粮食和蔬菜，为城市企业的发展提供能源和原材料。其次，某一特定的社会区域不可能由非均质空间转变为完全的均质空间。城市和农村是两种不同的区域空间形态，两者在资源分布方面存在差异性和互补性，须借助食物链、大气循环、水循环等自然通道和生产链、基础设施网络等人为通道实现相互作用。城乡之间自然通道与人为通道越通畅，城乡之间的联系越密切，城乡之间的相互作用也就越显著。再次，生活方式与思想观念存在差异。农民与市民在生活方式上存在较大差异，主要表现为：农民生活方式随季节性变化表现出季节性特征，生活中多淳朴豪爽不拘小节，常有家庭式、村落式聚会，家族成员之间的联系比较密切；市民生活节奏快，时间观念强，生活方式更为开放，每个家庭的独立性较强。农民与市民在思想文化方面的差异主要表现为：农民接受高质量教育的机会较少，文化程度和文化素质普遍偏低，思想上相对保守；市民中则不乏接受过现代教育的精英人士，他们容易接受新观念，普遍有较强的现代文明意识以及较高的精神追求。城乡一体化是一个城乡融合的理想模式，是一个长期发展的过程。城乡一体化的地域系统应该是在保存了城市和乡村鲜明特色前提下，不同自然要素和空间要素的优化组合，因此城乡一体化的实质应当是在保留城乡基本区域特征的基础上，构建和谐的新型城乡关系。

6. 关中—天水经济区城乡一体化发展中存在的主要问题

10 多年来关中—天水经济区采取以小城镇建设为重点、适当发展大中城市的城镇发展战略，城乡一体化发展取得了较大的成绩，但乡村与城镇的差距仍然较大，总体发展水平还很低，存在一些需要解决的重大问题以及需着力尽快解决的问题，主要表现在以下几个方面。

（1）乡村生产要素缺乏，城乡间生产要素流动不合理。经济和社会发展的基础是生产要素，在农村，土地和农民是两大生产要素。在现代工业的发展和城市化快速进程的影响下，全社会的生产要素增加很多，且很多要素由原来的固定状态转变为流动状态①。但是由于受城乡二元体制的束缚和制约，农村生产要素的流动性极小，加之生产要素直接的结合不够，严重制约了农村生产力的发展。农村改革实行土地承包，实行家庭联产承包制度解放了农民生产的积极性，农民成为生产力中最活跃的因素。农民不仅走出家园，离开祖辈依恋和依赖的土地，而且跨省出国在各个行业领域中从业，已经成为中国经济发展最富活力的人群。但是，农村的农民和土地这两大生产要素只是单向地向城市流动，且这种流动的方式是以牺牲农民利益进行，低廉的农民工待遇和廉价的土地转让就是明证。这种单向和低廉的要素流动必然造成农村社会发展的"空心化"，即农村发展需要的要素严重短缺。不仅农村自有的优质劳动力大量外流，而且农村市场化发展所需要的资本更是十分紧缺。在"农民进城"的同时没有实现城市"资本下乡"，甚至农村金融也进城了，如中国农业银行成为中国城市银行。

（2）城市化水平偏低造成城市吸纳能力不强、带动力不足。较高的城市化水平是城乡一体化推进的基础，城乡一体化要解决的一个重要问题就是将大量农村剩余劳动力从农业领域向非农产业转移，从农业职业向非农职业转移，从农业景观向城镇景观转变。相比全国，关中—天水经济区目前城市化水平相对偏低，产业结构又正处于由粗放的劳动密集型向资本和技术密集型转化的过程中，资本和技术替代劳动程度在不断提高，农民就业转移的难度加大，加之，每年数量庞大的大学毕业生不断涌入就业市场，城市失业率幅度有所上升，城市集聚效应和产业人口集聚功能还不够强，继续接纳农村剩余劳动力空间有限，持续大量地转化农村剩余劳动力还有一定困难。

三　关中—天水经济区城乡一体化发展的影响因素

实现城乡一体化是一项十分复杂的系统工程，涉及体制机制创新、增长方式改变和思想观念创新等诸多因素，不可能一蹴而就。在目前我国城乡一体化发展的大背景下，影响关天区向一体化发展的主要制约因素有以下几个方面。

1. 历史制度和现行的户籍制度

1949 年新中国成立后，我国照搬苏联的发展模式，选择了优先发展

---

① 高启杰：《城乡一体化与县域经济发展》，《天津商业大学学报》2010 年第 6 期。

重工业实现工业化的道路，重工业的发展需要大量的资本投入。新中国成立初期我国的经济基础可谓是一穷二白，建设资本严重不足，为保障工业获得稳定的资金投入就采用了大量转移农业剩余资金的措施。为此，我国采取了三项制度安排，"实行粮棉油等主要农产品的统购统销政策，阻断城乡产品的流通渠道；实行人民公社制度，把农村劳动力限制在农村经济活动中；实行全国范围内的户籍管理制度，把农业人口固化在农村社队①"。根据现代学者的估算，从1952—1986年，国家通过工农业产品的价格剪刀差从农业拿走了5 823.74亿元，年平均近182亿元。虽然现在统购统销制度和人民公社制度已经退出历史舞台，但这两项制度让农民低价出售粮食、高价购买工业品，有力地推进了我国工业化的进程，却严重损害了广大农民的经济利益，在很大程度上直接导致了今天农村、农业的落后和农民的贫穷。1958年1月颁布的《中华人民共和国户口登记条例》，开始对人口自由流动实行严格限制，明确将城乡居民区分为"非农业户口"和"农业户口"两种不同户籍，这种制度将农民与其居住地的关系固定化，限制公民在城镇与乡村之间的自由流动，直接造成了城乡隔离。城市从农村吸走大量的土地、资金、资源和人力，而农村人口又被户籍制度滞留在农村，无法向城市转移，加剧了农村"人多地少"的矛盾，农村与城镇之间的差距被拉大。

2. 政府和农民对城镇化缺乏足够的认识

城乡一体化发展的观念和认识，阻碍了城乡一体化的发展之路，有待进一步深化。首先，政府意愿是影响城乡一体化的关键。"十二五"时期我国城乡一体化发展的新的时期，是城乡能否实现一体化的重要时期。政府若是具有推行城乡一体化的意愿，它对城乡一体化的认识程度、路径选择和政策力度都直接影响到城乡一体化的进程。政府推行城乡一体化的意愿越强，城乡一体化推行的可能性就越大，进程就越快；反之，城乡一体化推行的可能性就越小，进程就越慢②。其次，农民的观念也是影响城乡一体化的重要因素。农村居民作为实施城乡一体化的主体，受传统思想的影响较严重，把土地作为生活依靠的思想根深蒂固，不愿意离开农村进入城市，一方面担心到城市找不到合适的工作；另一方面担心失去土地失去

---

① 郭振宗：《推进城乡一体化的条件及影响因素》，《消费导刊》2010年第1期。
② 冯常生：《新农村建设背景下的城乡一体化路径选择》，《中州学刊》2011年第3期。

自己赖以生存的工具和家园，发展观念的滞后是阻止城乡交融的重要原因。而一些干部对城乡一体化发展的意识比较淡薄，对城乡一体化建设认识不清，缺乏自觉性和紧迫感，他们将大部分精力投放在能体现自己政绩的工程建设项目上，对于城镇化建设和农村剩余劳动力转移等工作重视不够；还有一些干部没有从农村实际出发，生搬硬套外地的经验和模式，缺乏发展城乡一体化的明确思路和具体措施。

3. 不利于农村发展的财政、税收和金融政策

由于城乡二元体制的存在，各级政府在财政、税收和金融政策上有意识地向城市倾斜，各种社会资源、主要物资和资金都在政府的指令计划下流向城市，造成了城乡二元结构的固化。改革开放中经济体制的改革使历史形成的城市偏向政策虽有所调整，但这种意识仍然根深蒂固，在资源分配和占有上影响着城市和农村的发展，城乡差距没能缩小反而进一步拉大。在公共财政方面，2011 年关中—天水经济区财政支农支出占农业总产值的 5.7%，与发达国家 30%—50% 和发展中国家 10%—20% 的支持水平相距甚远。在税收方面，2006 年国家正式取消农业税之前，将农业剩余转向工业的重要途径是农业税。1978—2002 年的 20 多年间，我国农业税占农业产值的比重在逐步上升，从 2% 上升到了 4%，转移出了农业的大部分资金。在金融政策方面，我国长期实行农业支持工业、农村支援城市的金融政策，从 1990—2009 年的 11 年间，农业贷款占贷款总额的比重在下降，从 1990 年的 6.8% 下降到 2009 年的 5.8%。当前，财政支农不足和农民贷款难直接导致了农业发展资金的匮乏，成为制约农业发展的瓶颈，也是城乡差距不断扩大的重要原因。

4. 单一的产业结构影响了产业转移

目前，关中—天水经济区区内农村的主导产业仍以传统农业为主，产业结构较为单一，产业基本不配套。2011 年，农民用于第一产业的支出占经营支出的 88.6%；在第二、第三产业的投入比例很小，第二、第三产业现金收入仅占总现金收入的 22%，单一以农业为主的农村产业结构是影响农民收支结构不合理的重要因素。关中—天水经济区内城镇以第二、第三产业为主导，产业结构优化升级较快，产业链条长，配套能力较强。按照产业结构发展的演进规律，转移人口的比重应与产业结构变化的比重相协调，但在关中—天水经济区内却出现了严重的不协调，1952 年的农业产值占 GDP 的比重为 45.4%，农业人口占总人口比重为 87.2%。

2001 年第一、第二、第三产业就业结构比为 50.0：22.3：27.7；2004 年的农业产值占 GDP 的比重下降到 22.7%，而农业人口占总人口比重却是58.2%，同期，第一、第二、第三产业就业结构比为 46.9：22.5：30.6，农业产值在 GDP 中比重的下降份额，与农业人口在总人口比重的下降份额相比极不协调，城乡发展的差距拉大。

5. 僵化的体制制约了城乡一体化的进程

体制因素是制约城乡一体化发展的重要因素。首先，城乡二元体制的改革进程。中国城乡二元体制延续时间长、积累弊端的程度深，传统的体制在诸多方面以多种方式顽固地发挥着作用。而城乡二元体制改革的进程是城乡一体化发展的基础条件，改革越快、进行越顺利，城乡一体化的发展就越快；反之，城乡一体化的发展就越慢。其次，市场经济体制的完善程度。城乡一体化发展要求以完善的市场经济体制为前提，城乡一体化进程中的劳动、资本、技术和自然资源等生产要素在城乡之间的流动和合理配置，城乡产业分工的协作与融合，都对完善统一的市场经济体制及机制具有内在的要求，对城乡一体化进程有着重要影响。再次，城乡发展的一些关键领域的改革，如劳动就业体制、收入分配机制、教育体制与社会保障体制的改革能否有所突破，直接影响着城乡一体化的推进。

四　实现关中—天水经济区城乡一体化发展的思路

关中—天水经济区作为一个经济区，工农城乡差距较大，各地区的情况千差万别，试图采取一种单一措施实现城乡一体化发展是不科学的，也是不现实的。城乡一体化进程，在不同的背景下有着不同的路径，且城乡一体化的推进呈现明显的阶段性特征。发达国家城乡关系发展的经验表明，城乡关系的发展一般要经历城乡分隔、城乡联系、城乡融合、城乡一体化四个阶段。城乡一体化发展是一个动态过程，必须在贯彻和坚持科学发展观的基础上，紧密结合我国城市与农村发展的实际，加快推进城乡经济社会发展的"七个化"。

1. 农业产业化

农业产业化是以市场为导向，以农户为基础，以龙头企业或农民自主决策的合作社等中介组织为纽带，通过将农业生产的产前、产中、产后诸环节联结为一个完整的产业系统，实行种养加、供产销、农工商一体化经营。在我国，要想实现农业产业化，需要以城市居民消费需求为导向，发展市场农业、订单农业，打造特色农产品品牌，培育名牌产品，形成农业产业链，培育一大批带动能力强、经济效益好的农业龙头企业，建立农产品物流中心，以农产品交易市场或农产品生产基地为依托，兴建集农产品收集、流通、加工、仓储、包装、配送等多种功能于一体的专业农产品物流企业。要培育确保实现农户利益共享、风险共担的多种合作经济组织，建立农产品销售体系，发展运销大户和营销实体，完善市场营销服务体系，构建农产品市场体系。

2. 农村城镇化与农民市民化

农村城镇化主要是指在农村发展小城镇，充分发挥小城镇的独特功能。把小城镇建设成为集农村经济、文化和商务交流于一体的中心点，成为联系城市与乡村的中间环节，成为城镇体系中的重要节点。农村小城镇是发展乡镇企业、实现产业集聚的重要场所，也是发展商贸、旅游、金融、信息、房地产和教育等新型服务业的重要阵地。发展农村小城镇是实现农村劳动力就地转移的最有效途径，只有农村小城镇发展起来了，才能为农村劳动力向第二、第三产业转移提供大量的就业岗位，为农民向市民过渡提供产业保障和生活保障。农民要成为市民，需提高自身的文化素质，在生活习惯、价值取向等方面要趋同于市民。只有增加人口流动的能力才能推进农民市民化的进程，通过减少流动的阻力，消除现行的户籍制度、土地制度、社会保障和就业制度等阻碍农民进城的制度壁垒，加速农民向市民转变。通过发展第二、第三等多种产业推进农民市民化，没有第二、第三产业的支撑，劳动力就无法实现转移，所谓的城市化也将成为空中楼阁。当然，城乡一体化绝不是脱离就业结构现状，简单地通过移民或改变户籍制度去变农民为市民，如同市民对"进城农民"的认同一样，农民市民化将是一个渐进的发展过程。

3. 城市工业化与第三产业社会化

城乡一体化是工业化发展到一定阶段的产物。城乡一体化离不开城市经济的发展，城市将发挥辐射带动作用，带动其辐射区域广大农村地区的发展，实现城镇与乡村的协同发展。在工业化早期，绝大部分地区为农村，劳动力活动的主要区域在农村，劳动者用以谋生的生产资料与农业息息相关。随着机器化大生产和工业化的进一步发展，到工业化中期经济活动的范围随着区域经济总体水平的提高而不断扩展，在区域内新的经济中心不断出现，这些新的经济中心与原来的经济中心相互联系、相互作用，形成区域的多个中心经济体系，这些中心链接在一起形成工业区或工业基地，极大地影响着区域经济的发展。在工业化后期随着第三产业的快速发展，成为城乡一体化快速推进的动力。传统的城市化理论指出①，衡量一个国家或地区城市发展程度或城市化水平时有两个重要的指标：一个是城市人口在总人口中所占的比重，另一个是工业化的发展水平。但是，随着现代城市的发展尤其是生态城市的建设，第三产业在国民生产总值中的比重不断加大，第三产业逐渐成为现代城市发展程度的标志，第三产业成为衡量城市化水平的重要指标。第三产业的发展是在工业化发展的基础上发展起来的，第三产业具有生产的非实物性和交换、消费的非贮藏性、同期性等特点，可以有效地链接起第一产业和第二产业，弥补第一产业和第二产业之不足，第三产业的发展能够促进生产中心与消费中心形成。因此，推动第三产业向社会化、专业化、现代化方向发展，是工业经济、城市经济效益的保证。

4. 城乡边缘郊区化

在土地成本的上升和政府在城市功能区的划分等多重压力下，城乡边缘区出现了郊区化的现象。在现代城市工业化过程中：土地使用费的征收，使企业用地规模受到约束；城市中心拥挤的交通进一步增加了企业用地的成本，有些高污染性企业还要承担高昂的环保费用。政府的城市规划，将城市划分为生产区、居民生活区、商业区等功能区的做法，在某些方面限制了城市的发展。由于城市边缘区没有企业和旧体制障碍，成为制度改革的试验区和企业聚集地，最终发展成为城市新的经济增长点。工业企业自发地向郊区迁移，推动了城市工业的郊区化。随着城市人口密度增大，当城市规模边际收益开始递减，而规模边际外部成本递增时，土地要素的价格不断攀升，居民为了缓解因土地要素价格上涨引发的住房价格攀升所造成的压力，自然倾向于由城市中心迁移至郊区，从而导致城市人口和其他要素郊区化现象。随着交通条件日益改善，信息化程度不断提高，城市用地与农业用地的地租差异将逐步缩小，城市扩张成为必然，这又是城市郊区化的一个重要原因。目前，我国北京、上海、沈阳、杭州、苏州等大城市已经进入了生活郊区化阶段。相关统计表明，这些城市中心区人

---

① 祁金立：《城市化聚集效应和辐射效应分析》，《暨南学报》（哲学社会科学版）2003年第5期。

口均有不同程度减少，甚至出现负增长。郊区人口则大幅增加，各城市远郊区的人口也有不同程度的增加。而同期各城市迁往其他省（市、区）的人口数量较少，说明各城市中心区的人口减少主要是由于迁往近郊区①。与此同时，产业结构的升级也加速了乡村的郊区化进程。地方政府为了加快产业结构升级换代的步伐，往往按照城乡一体化的要求，将技术成熟、产品成型的劳动密集、资源密集产业，采取技术转移、设备转让、兼并联合等形式，逐步向有条件的城市周边乡村转移，加快了乡村第二、第三产业的发展，加快了乡村的郊区化进程。

　　5. 城乡产业一体化

　　在城乡经济不断发展的过程中，特别是在进入工业化中期以后，城乡经济联系日益密切，城乡一体化趋势日益显著。一方面，在城镇积聚力和辐射力的共同作用下，农村向城镇提供农产品，城镇的资金、人才、技术、物资流向农村，城镇各类农产品加工和流通企业在农村建立原料基地，城镇的各种服务业向广大农村延伸。中心城市与农村地区的依存关系不断增强，城乡之间的联系日益密切。另一方面，农村地区产业化、工业化和城镇化水平不断提高，缩小了农村与中心城市之间的差距，使农村地区与中心城市在产业分工、职能协调、产业结构调整等方面有了更多的联系。农民转化为市民，乡村与城镇能够实现资源共享，村落向社区转化。因此，城乡一体化要通过城乡产业一体化来实现，产业一体化的目标是形成一个优势互补、合理分工、协调发展的产业布局体系，这个体系涉及城乡间产业的横向和纵向分工。有关研究表明，城市化水平与城市文明密切相关。当城市化水平低于 30% 时，城市文明基本限于城市内部；当城市化水平超过 30% 时，城市文明开始向农村传播，城市文明普及率呈加速增长趋势；当城市化水平达到 50% 时，城市文明普及率将达到 70% ；当城市化水平达到 70% 时，城市文明普及率将达到 100% ，基本实现了城乡一体化发展②。在这里，城市文明普及率能否达到 100% 的问题不是我们讨论的重点。当前，我国城市化水平已经达到近 50% ，城市文明普及率将近 70% 。根据联合国人口基金会预测，到 2030 年我国城市化水平将达到

---

　　①　杨家栋、秦兴方、单宜虎：《农村城镇化与生态安全》，社会科学文献出版社 2005 年版，第 29 页。

　　②　黄阳平、詹志华：《城乡一体化：理论思考与政策建议》，《改革与战略》2008 年第 1 期。

64%。也就是说，到那时我国区域社会开始向城乡融合（即城乡一体化）方向迈进，城市对农村的辐射带动作用逐步增强。在这里，我们不得不强调的一点是，在工业化、城市化尚未达到相应水平时试图提前实现城乡一体化，必然会落入发展陷阱，由此将造成农村衰落和城市发展停滞的局面。

6. 促进城乡劳动就业一体化

农民基本权利的保障是实现城乡一体化的前提。因此，要建立城乡统一的劳动力市场、土地市场和资本市场，赋予农民与城镇居民平等的权利，实现城乡劳动者平等就业。一是建立和完善城乡统一的劳动就业制度。进一步改革城乡分割的就业制度，改革农村劳动力转移就业的政府投入、市场准入、劳动保护和管理体制，实现城乡就业准入平等、就业后权利义务平等，促进城乡人力资源的良性互动。增强农民创业就业能力，加快推进农民培训方式转型，努力提升劳动力素质，为工业化和城镇化发展提供优质人力资源支持。推动用人单位与农民工依法订立并履行劳动合同，维护农民工的合法权益。二是建立健全城乡统一的社会保障制度。要突破现有城乡分割的格局和重城市轻农村观念的束缚，建立以养老保险、医疗保险和最低生活保障为主要内容的农村社保制度，并与城市社会保障制度逐步接轨，真正实现城乡社会保障一体化。推进城镇单位和企业职工养老、医疗、失业、工伤和生育五大保险；推进农民社会保障体系的建立，完善社会救助体系，实施公开、公平和公正的救助保障机制，建立长效的管理体制。

7. 促进城乡社会管理一体化

城乡社会管理一体化是城乡一体化发展的保障。要建立有利于统筹城乡经济社会发展的政府管理体系，充分发挥政府的主导作用，改革不利于城乡一体化的制度，政府在协调城乡经济社会发展、建立相关制度方面要有所作为。一要改革户籍管理制度，打破身份限制，提高非农户化水平。以建立城乡统一的"一元化"户籍制度为突破口，全面提高农民的国民待遇。加快户籍管理立法进程，修订《中华人民共和国户口登记条例》，出台"户籍法"。以身份证取代户籍，赋予农民与城市市民一样统一的公民待遇，实现农民向新型社区居民身份的根本转变。由于各地经济发展条件不同，改革时应审时度势、因地制宜，在国家的宏观调控下，可以允许各地实行不同的方略，分类逐步推进。二要改革农村征地制度，保护失地农民利益。城乡一体化进程中的园区建设、集中居住和新农村建设等措施

都会涉及建设用地，应通过法律确定"公共利益"的范围，规范土地征收行为。为确保农民不会因为失去土地使生活水平下降，应改革农地征收的补偿政策，针对具体情况进行补偿。引入市场机制，调整土地承包经营权制度，建立失地农民的社会保障机制。三要加快发展农村社会公共事业，不断完善以县为主的基础教育管理体制，增加对教育的投入。统筹规划并进一步优化城乡中小学布局。要进一步改善农村教师的工资福利待遇，稳定农村教师队伍。要建立公共卫生管理体制，健全农村三级医疗卫生服务网络，加强疾病预防控制机构建设。扎实推进文体惠民工程建设，培育发展农村文化市场，促进农村经济、社会和文化的和谐发展。

五　城乡一体化进程中需要注意的问题

1. 深刻理解城乡一体化的本质

城乡一体化既不是乡村城市化，也不是一般意义上的郊区城市化，本质上说是城乡融合。这种城乡融合在功能上应该有三个支撑条件：一是在城乡之间不能因为制度设计、行政分割，而阻碍信息、能量、物质等各种要素的自由流动。二是在城市和乡村之间应该有一致的规划和政策，对城市和乡村采用同样的待遇，不能像过去在同样一件事情上，城市一种政策，农村却是另一种政策。三是政府在城乡之间要搭建统一制度框架，使城市和农村保持统一和平衡，最大限度地避免制度设计的"双轨制"。四是通过长期城乡一体化过程，要使城市市民和农村居民在政治权利、经济发展水平以及生活质量方面大体趋于相同。这才是城乡一体化的出发点和根本目标，而不能像过去进行分割式的、一面倒的城市化。相反，如果我们的城市化继续目前的城市化发展模式，就可能带来三个方面不利的后果：一是工业化和城市化各自独立推进，按照各自的规律和模式发展，在实践中很难自发地向城乡一体化推进。二是出现明显的巨大城市化倾向，城市负担过重，导致城市病蔓延和扩大。比如京户籍人口 1 200 多万人，外来人口 700 万人，再加上其他的人口，北京瞬间人口已经达到 2 100 多万人，远远超出北京资源环境承载的能力。三是由于工业化、城市化没有同步走向城乡一体化道路，出现严重的工业布局不合理，从而导致县域、乡镇基础设施落后，优质教育资源、医疗资源都向大城市配置。

2. 改变"重城市、轻农村"思想

长期以来，我国经济社会发展中存在着"重城市、轻农村"的现象，城市发展速度明显快于农村，城乡居民收入差距不断拉大，这种现象在关天区表现更为突出。与城市相比，农村社会事业发展严重滞后，城乡分割的现象十分突出。城市以国有经济为主，农村以集体和个体所有制经济为主，形成了互相独立的两大经济板块，在地域上呈现出比较发达的现代工业与相对落后的传统农业并存的分布格局。城乡一体化应当是城乡互动的过程，是城市与乡村共同摒弃落后和病态的一种双向演进过程。因此，要想改变长期以来存在的城乡分割的二元制经济和社会结构，就要在区域经济发展中，彻底改变"城市偏向"的政策，加大对农村的扶持力度，实施城乡平等发展战略。

3. 切实保护农民的合法利益

过去的 40 年来城市化取得了很大成就，城镇化率从 1978 年的 17.8%增长到 2012 年的 46.6%。但我们的城市化是以牺牲农民为代价的，过去城市化的 40 多年就是对农民的双重剥夺，尽管这不是各级政府制定政策的主观意愿。因为从 20 世纪 80 年代的包产到户，到 90 年代乡镇企业的崛起，到 21 世纪大规模的农民工进城，再到现在进行的新农村建设，政府的政策无一不是从维护农村和农民的利益出发的。但是，结果却是城市化过程无意识地损害了农民利益。其具体表现为：第一，农村源源不断地向城市提供了初中以上文化程度的合格的年轻劳动力，但是这些劳动力进城以后不能享有跟城市人一样平等的就业机会，也不能享受平等的待遇。大概 2 亿左右的农民工付出了艰辛的劳动，却拿到非常少的报酬，并且没有享受到政府的基本社会保障。第二，在不少地方城市化实际上演变为"圈地化"，而政府没有让农民公平地参与土地增值的收益分配。换句话就是说，土地增值收益的部分，绝大多数都让各级政府获取了。这造成三个严重后果：一是没有把中国的城乡"二元"结构社会变成"一元"结构社会，反而演变为"三元"结构社会。在人类城市化的过程中，世界上几乎所有国家的城市化都是使农民变成市民。但在我们国家特别是西部地区却没有，数以亿计的离土劳动力绝大多数最终演变为农民工，从而构成一个独特的群体。中国的社会结构也由城市、农村二元社会结构演变成城市、农村和农民工"三元结构"。二是城市化将贫富差距、城乡差距、区域差距、行业差距放大了。三是我国政府的公共政策的公平性受到农民的质疑。

4. 把农村发展作为城乡一体化的重点

只有实现了农村的现代化才能实现城乡一体化。目前，城乡一体化工作中最突出的问题是农村发展速度太慢。今后如果农村仍然推行以粮食种植为主的低效单一产业发展模式，农村与城市的差距将进一步拉大。只有充分利用城市的辐射能力、吸引能力和综合服务能力，让人流、物流、资金流、信息流在城镇与乡村之间流动，使各种资源自由组合，让先进生产力渗透到农村地区，推动农业产业化，形成新的经济增长点，才能加快农村现代化的进程。城乡一体化的关键是大力培育农村市场，建立城乡统一的市场体系。这样就能使乡村的资源优势转化为商品优势，使农村剩余劳动力转化为有效的生产要素，进而促进城乡资源要素的合理流动，通过优化配置促进城市与乡村融合，使城市和乡村逐步演变为既有城市的某些特征又具有乡村的一些特征的新型社会实体。

5. 坚决制止"造城"现象

中国的现代化是全面现代化，如果只有城市现代化，没有城乡一体化，中国的现代化不可能真正实现。可以预见，未来推动中国城乡一体化最大的风险是政府主导的"造城"运动。如果这个风险不能遏制的话，我们可能会犯不可饶恕也无法纠正的错误。这种政府主导的"造城"运动的推手有二：一是公共治理的病态行为。这种公共治理的病态行为，集中表现为政绩工程、形象工程在持续发酵。二是官员像走马灯一样轮换，在政绩的驱使下，不断出"大手笔""大战略"，形成一个个盲目冒进。资料显示，现在我国的666座城市中，除了4个直辖市和15个副省级城市外，地级市有333座，但是各地提出要建设国际大都市的城市竟然超过100多座。这些都与政府的造城运动有直接联系。如果这样下去，城乡一体化就很难真正融合，可能造成另外一种灾难。

第七章

关中—天水经济区生态文明建设研究

第一节 生态文明——关中—天水经济区
发展的必然选择

关中—天水经济区特殊的区域位置和脆弱的生态环境条件，决定了经济区建设和发展必须以协调人地关系为先决条件，否则在发展上就必然要走"建设—破坏"的弯路。因此，通过对经济区历史的、现实的、自然的和社会的各种制约当地经济社会发展因素的探讨和研究，其终极目标就在于：要为经济区发展寻找一条环境友好、资源节约、生态和谐的既避免建设性破坏又保障经济社会又好又快发展的可持续发展之路。这就需要在保障当地生态、协调人地关系并使之趋于优化的前提下，科学设计和精心论证适合经济区发展的生态文明型发展模式，并提出有针对性和可操作性的实施对策与措施，为最终实现经济区的全面振兴和建立生态文明社会，提供战略模式和智力支撑。

一 国家生态文明建设战略需要

关中—天水经济区地处我国大陆腹地中心地段，在全国主体功能区规划中，秦岭地区是国家物种资源宝库和生态屏障，在构筑区域生态环境和保障国家生态安全中具有重要的战略地位。党的十七大提出了建设生态文明的奋斗目标，为加快转变发展方式，建设资源节约型和环境友好型社会，探索和实践生产发展、生活富裕、生态良好有机统一的文明发展道路进一步指明了方向。建设生态文明是全面建设小康社会的新要求，是对传统文明形态特别是工业文明进行深刻反思的重要成果，是人类文明发展理念、道路和模式的重大进步，是全面落实科学发展观的必然选择，必将对建设中国特色社会主义产生重大深远的影响。①

　　生态环境与可持续发展是当代世界关注的焦点。中国也提出了环境建设与保护的长远规划。到 2030 年，我国要全面遏制生态环境恶化的趋势，使重要生态功能区、物种丰富区和重点资源开发区的生态环境得到有效保护；各大水系的一级支流源头区和国家重点保护湿地的生态环境得到改善；部分重要生态系统得到重建与恢复；全国 50% 的县（市、区）实现秀美山川、自然生态系统良性循环，30% 以上的城市达到生态城市和园林城市的标准。到 2050 年，② 力争全国生态环境得到全面改善，实现城乡环境清洁和自然生态系统良性循环，全国大部分地区实现秀美山川的宏伟目标。经济区要达到生态城市和园林城市的标准任重道远。地方政府在考虑经济的增长和社会的发展的同时，要把环境保护放在首要位置，采取必要和切实的举措，保护人类的家园，造就人地和谐、山川秀美的关中—天水经济区。

二　区域可持续发展的必由之路

　　尽管从古到今，历代均有改善环境的举措，近年来也取得了重要成就，但长期以来仍在走边建设、边破坏的路径，离环境优美尚有很大距离。要实现可持续发展，资源、环境是必备条件，环境是资源的载体，是人类赖以生存发展的基础。生态文明建设是经济社会发展的内在规律要求和人类文明发展的必然趋势。坚持以人为本，统筹人与自然和谐发展，全面建设生态文明城市，是实现关中—天水经济区可持续发展的必由之路。③

　　第一，经济区正处于工业化和城市化加速发展阶段，对环境和资源的压力日益加大。为解决资源环境约束的矛盾，必须建立与经济发展相适应的资源节约型和环境友好型国民经济体系，走新型工业化道路。推进工业化和城市化将是一个长期的过程，如果不改变传统发展的思维模式，继续沿袭高投入、高能耗、高排放、低效率的粗放发展方式，环境将不堪重负，资源将难以为继，社会将难以承受，全面建设小康社会的奋斗目标也

　　① 朱红勒：《生态文明建设对中国社会发展的影响和作用》，《首都师范大学学报》（社会科学版）2009 年第 2 期，第 52—54 页。
　　② 《国务院关于印发全国生态环境建设规划的通知》，1998 年 11 月 7 日。
　　③ 陈君：《生态文明：可持续发展的重要基础》，《中国人口资源环境》2001 年第 2 期，第 2—3 页。

无法实现。节约资源和保护环境，已成为现实社会对经济区可持续发展的
根本要求。

第二，经济区内的人口资源环境结构比发达国家紧张得多，资源禀赋
与人口不断增长之间的矛盾将长期存在，因此不可能模仿发达国家走
"先发展后治理"的老路，这些都决定了必须在全社会形成资源节约的增
长方式和健康文明的消费模式。

第三，通过建设环境友好型社会，形成有利于环境的生产和消费方
式，无污染或低污染的技术、工艺和产品，对环境和人体健康无不利影响
的各种开发建设活动，符合生态条件的生产力布局，少污染与低损耗的产
业结构，持续发展的绿色产业，人人关爱环境的社会风尚和文化氛围，符
合经济区的根本利益。

第四，经济区有关中平原的千里沃野，但也有像天水一样的多山区。
搞好水土保持建设，是山区经济可持续发展的必然选择。

第五，在国家建设生态文明、实施环境建设战略的背景下，在经济区
经济仍相对落后的条件下，只有积极响应国家号召，充分利用有利时机，
才能实现该区经济社会迅速发展、和谐发展，既能解决环境问题，又可实
现发展问题。

三　经济区生态环境问题的现实考量

前文已知，经济区从古至今的经济开发给该区造成了严重的生态环
境问题。古代经济开发主要为农业经济开发给生态系统造成的破坏，具
体在森林、草场、湿地等方面形成严重破坏，森林大幅萎缩，草场、湿
地大都被垦殖，水土流失、气候异常、灾害频发等生态失衡加剧。近现
代工业化对环境的影响主要为环境污染，包括大气污染、水污染、土
壤污染、垃圾污染，以及水资源过度开发造成水资源严重短缺等生态
环境问题。这些问题的解决需要一揽子的系统建设工程，头疼医头脚
疼医脚的办法不能从根本上解决问题。通盘考量、各个突破，真正使
环境得到质的改变、改善，才能提供舒适的人居环境，形成人地和谐
的良好局面。

第二节　关中—天水经济区生态文明建设的环境态势

一　经济区生态环境禀赋较差

从自然与人类生存发展角度来看，参照《国家人口发展功能分区》中人居环境分区标准，关中天水经济区人居环境适宜性并不强。经济区内气候宜人、降水充沛、植被茂盛、利于人的身心健康、适宜人类常年生活和居住的高度适宜地区的面积，仅占经济区总面积的 0.04%；人居环境较为恶劣的临界适宜地区，面积却占全区总面积的 4.87%；区内大部分地区生态环境水文条件较差，严重制约了土地承载力，从而限制了人口的生存与发展，见图 7 -1。目前经济区有 40 个县为土地超载地区，主要分布在甘肃省的天水市、关中宝鸡市和渭南市部分地区，土地面积 5.06 万平方千米，约占关中—天水经济区的 63.38%；人口为 1795.02 万人，约占该区的 62.69%；粮食总产量为 420.10 万吨，约占该区的 43.51%。这些地区粮食缺口较大，人口超载严重。①

临界适宜区
一般适宜区
比较适宜区
高度适宜区

图 7 -1　关中天水经济区人居环境适宜性评价图②

二　区域环境污染态势严重

随着工业化、城镇化和新农村建设进程加快，污染物介质已从大气和

---

① 任志远、李晶、周忠学、王晓峰：《关中—天水经济区人口发展功能区划研究》，科学出版社 2012 年版，第 54—55 页。

② 周莉、任志远：《基于 GIS 的人居环境自然适宜性研究——以关中—天水经济区为例》，《地域研究与开发》2011 年第 3 期，第 128—133 页。

水为主，向大气、水和土壤三种污染介质共存转变；污染物来源已由单纯的工业点源向工业、农村、生活、机动车污染并存转变。污染类型已从常规污染物向常规污染和新型污染物复合型转变。污染范围从以城市和局部地区为主，向涵盖区域、流域转变。处于西安、咸阳、天水等大城市的周围则自然地成为了城市"排泄"的重灾区。除了城市的自然排泄，距城市更远的农村自己同以前相比，垃圾的产生量也日益增多，污染严重是相同的。和城市相比唯一不同的是受灾的污染源类型和污染程度的不同。

　　经济区是以煤炭为主要能源，且所用煤炭含硫高，因而形成"煤烟型"大气污染。废气中排放的污染物主要是：烟尘、二氧化硫、氮氧化物、一氧化碳、氟化物、工业粉尘。[①] 空气中主要污染物为可吸入颗粒物，占污染负荷的 46.44%；次要的为二氧化硫和二氧化氮，分别占35.31% 和 18.25%，影响城市空气质量的主要污染物仍是颗粒物。[②] 按污染分担率大小排序，河流的主要污染因子是石油类、氨氮、生化需氧量、化学需氧量和高锰酸盐指数。据陕西省第一次污染源普查公报显示：农业污染源排放的化学需氧量、氨氮分别占总量的 26.52%、15.79%；农村污染负荷占全省整个污染负荷的比重达到 33%，部分地区达到 70% 以上，并且有加重的态势。

　　关天地区环境纳污能力和资源供给能力双超载，属超负荷发展。渭河以北地区环境纳污能力、生态资源、水资源呈超载状况，特别是煤炭资源开采历史累积的生态环境破坏问题明显加剧。秦岭山地区虽然环境承载力较强，但区域敏感，发展空间受到诸多限制，矿产资源开采造成的区域污染、重金属污染和生态破坏日趋加重。陕西有重金属企业 179 家，其中有102 家存在不同程度的环境污染隐患。一些企业周边的地表水和土壤受到污染，尤其是铅、汞、铬、镉、砷等冶炼造成的累积性重金属污染在局地十分突出。尾矿库泄漏、交通运输事故等引发的次生环境污染已成为重大的环境隐患。

三　水土流失问题突出

　　水土流失，是产生和加重干旱、洪涝、风沙等自然灾害和生态失调

---

① 陕西省地方志编纂委员会：《陕西省志环境保护志》，2007 年。
② 陕西省环境保护厅：《2010 年陕西省环境善公报》，2011 年。

的重要原因之一。据史料统计，陕西省洪水灾害：秦、宋时期每 8 年一次；民国以后两年一次；1949 年以来大小水灾不时发生，几乎年年都有。关中天水经济区水土流失主要类型有水蚀、风蚀、重力侵蚀和泥石流等，尤以水蚀为主。总体而言，渭河平原区和秦岭山地区侵蚀较轻微，而黄土沟壑区、黄土丘陵区侵蚀则较严重。这种结果主要是由各区域不同的地形地貌、植被、土壤、气候等自然条件和人类社会活动所造成的。

渭河平原区东起潼关，西至宝鸡，由渭河向南依次由河漫滩、河流阶地和黄土台塬等地貌类型组成。区内地势平坦，土层深厚，土壤肥沃，保水保肥能力强，植被主要是温带阔叶林，土壤侵蚀较轻微。但土地垦殖率普遍过大，农用地比重大，水土流失问题突出。秦岭山地区内天然植被较好，土壤侵蚀绝对值比陕北、关中较低，但随着人类生产活动的频繁和对土地资源不合理的经营，大面积森林植被遭破坏，降低了森林在涵养水源、保持水土、蓄水拦洪，调节气候等方面的功能，水土流失日益严重。该区水土流失以水蚀、重力侵蚀和泥石流为主，泻溜、滑坡、崩塌等重力侵蚀现象十分活跃，常和水蚀相伴发生。

黄土沟壑区，北接黄土丘陵沟壑区，南连渭河平原，西起宝鸡，东至黄河沿岸。区内塬面宽广平坦，塬地周围沟壑发育。由于受到水的切割和蚕食作用，塬面不断缩小，尤其在西部和北部一些区域，出现了许多残塬和丘陵。植被属暖温带落叶阔叶林，现多被垦为农田。塬高沟深，沟壑较多，植被稀少，以水蚀为主，塬面侵蚀较轻，沟蚀严重。塬边沟壑崩塌、滑塌、泻溜等重力侵蚀活跃。

黄土丘陵区，地处渭河上游，东部与六盘山疏林草原区、陇东黄土高原区和秦岭山地区相连。区域范围内沟壑纵横，地形破碎，雨量少而蒸发量大，是典型的半干旱气候带，干旱、霜冻、干热风等自然灾害时有发生。除西南部中低山有较好的天然次生林外，其余地区植被稀少，天然林几乎荡然无存，只残留了荒漠草场和灌木。上述原因造成本区土壤侵蚀严重，水资源匮乏。地形破碎，丘陵沟壑多，加上雨季集中且多暴雨，导致该区土壤侵蚀相当严重，生态环境极为脆弱。

四 水资源环境恶化

渭河作为经济区唯一的废污水承纳和排泄通道，每年要接纳经济区

78%以上的工业废水和86%以上的生活污水。随着工业化和城市化的发展，关中渭河流域污染严重。城市污水处理，垃圾处理不到位，防污治污措施不力，执法不严，不仅影响了当地用水，也污染了黄河水源。水生态环境恶化形势严峻主要由于城市污水集中处理工程建设滞后，再加上近年来河流天然来水量少，有时甚至断流，河道内生态环境用水不能保证，使河流的自净能力降低，水生态环境恶化。①

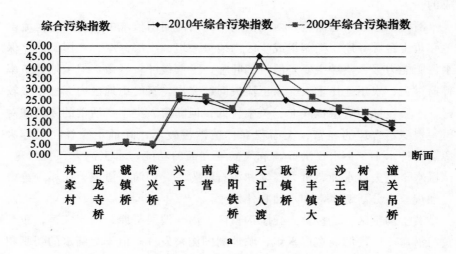

a

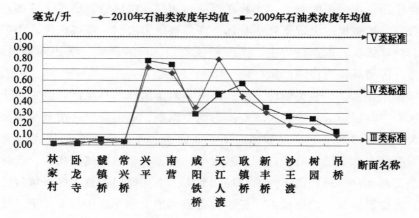

b

---

① 王潇语：《渭河流域陕西段水问题及其治理对策》，《中国西部科技》2011年第29期，第37—39页。

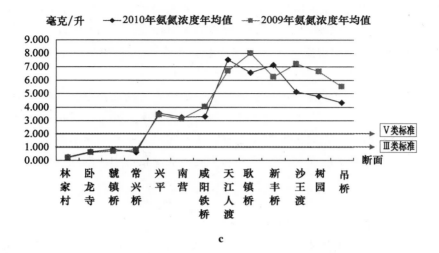

c

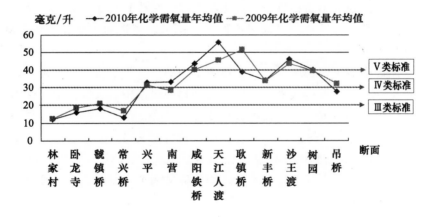

d

图 7-2　2009—2010 年渭河干流各断面污染沿程变化图

（a：综合污染指数；b：石油类浓度年均值；c：氨氮浓度年均值；d：化学需氧量年均值）

　　2010 年渭河干流水质属重度污染，以劣 V 类水质为主。渭河干流 13 个断面，符合 II 类水质断面 1 个，符合 III 类水质断面 2 个，符合 IV 类水质断面 1 个，符合劣 V 类水质断面 9 个（图 7-2）。渭河干流水质从咸阳的兴平断面至渭南的潼关吊桥断面，共 9 个断面均为劣 V 类水质，69.2% 断面超过水域功能标准。主要污染物为石油类、氨氮、化学需氧量。与 2009 年同期相比，水质类别无明显变化，但主要污染物浓度均有不同程度下降。[①]

　　经过近年来的污染治理，渭河的潼关吊桥入黄断面高锰酸盐指数和化学需氧量已基本达到 Ⅳ 类水质标准。但从兴平以下，除咸阳铁桥和新丰镇大桥两个断面外，氨氮污染明显加重。从咸阳的兴平断面至渭南的潼关吊桥断面，还有 9 个断面不能满足水域功能标准。城市中河湖连通性差，富营养化严重。

五　土壤污染引起土地质量下降

　　土壤污染物质是指工业"三废"物质、化学农药、有害微生物土壤等进入并在土壤中不断积累，引起土壤组成、结构和功能的变化，从而影响植物的正常生长发育，以致在植物体内积累，使植物产量和质量下降，最终影响人体健康。

　　水体污染型污染物质主要是工业废水中的镉、汞、铬、铅、砷等，污染方式主要是以污灌形式进入土壤。污染物一般集中于表层土壤，它的特点是污染渠道、河流，呈树枝状或点片分布。经济区工业废水年排放量在 1 亿吨左右，废水中的镉、汞、铬、铅、砷含量为年 30 吨左右。废水量逐年增加，废水处理率长期徘徊在 40% 左右，处理达标率长期维持在 50% 的水平。大量未经处理和不符合排放标准的工业废水通过污灌进入农田土壤中。

　　大气污染型土壤污染物质来自被污染的大气，其特点是以大气污染源中心椭圆形或带状分布，长轴沿主风向伸长。大气污染物主要集中于土壤表层。工业生产过程中排放的气态氟或固态氟化物微粒，经雨水进入土壤造成污染。工业燃煤产生的 SO_2 所形成的酸雨普遍存在。

　　农药化肥施用过大，施用方法不合理，从而引起了环境污染。陕西省使用的化肥大部分为氮肥，一般占总化肥量的 75%。氮肥施用过多，土壤和植物体内硝态氮含量增加，动物食用这些植物后，就会发生毒害，特别是亚硝酸盐与各种胺类反应，生成 N - 亚硝基化合物，是强致癌物质。

---

① 陕西省环保厅：《2010 年陕西省环境状况公报》，2011 年。

另外，过量单纯施用氮肥，可使土壤胶体分散、土壤团粒破坏、土壤板结。从土壤淋洗出来的硝态氮，最后转入地下水和江河湖泊中，使水体富营养化、藻类大量繁殖，消耗了水中大量溶解氧，使水体浑浊发臭，鱼类缺氧死亡。

农业生产施用带菌厩肥、堆肥和污灌等使土壤遭受生物污染，成为某些病原菌的疫源地。渭南地区有些地方用玉米秆喂牲口、作堆肥，因玉米丝黑穗病、玉米大斑病等原菌并未死亡，随有机肥料进入土壤，成为土壤传病的病源地。泾阳、三原等县的棉花枯萎病的病株、病叶落入土壤，也使土壤成为带菌体。渭南、咸阳等地的西瓜枯萎病及有些山区的小麦黑穗病的病原菌，也是通过病残组织和农家肥料进入土壤，使土壤成为病源基地。

土壤表面堆放或处理固体废物，通过大气扩散或降水淋溶使周围土壤受到污染。这种情况主要发生在城市和工厂附近。城市生活垃圾成分复杂，多数用于填坑、填沟，既无防渗、防漏设施，又不覆土，使坑、沟周围土壤受到污染。西安市现有 3 个颇具规模的垃圾堆放场，占地 20 多公顷，累计堆放垃圾 170 多万吨，夏秋蚊蝇滋生，污染土壤、水源和空气。旬阳县土炼汞的废渣、平利县土法炼硫的废渣、潼关县炼金的废渣多数就地乱堆乱放，矿渣、煤矸石数量很大，不仅占用大量农田，也对堆放地周围的土壤造成污染。污源化工厂和含硼废渣使周围土壤受到严重硼污染。

随着地膜的推广应用，很多塑料碎片没有回收，遗留田间造成污染。咸阳市每年用地膜覆盖农田 3.3 万公顷，每公顷用地膜 67.5 千克，其中只有一半回收利用。因塑料一般不易被微生物分解，可能几年甚至几十年留存于农田中，影响农作物的出苗、生根，形成缺苗断垄现象，使作物产量受到损失。

六　生态破坏的扩散强化

曾经水草丰美、林木覆盖的经济区，许多大型动物在此活动，但是由于人口增长和农业活动，大量的森林、草原被耕地所取代，森林板块日益破碎，生态廊道中断，很多大型的野生动物都已经灭绝，而且随着水污染、大气污染和土壤污染的日益加重，大量野生生物的栖息地受到破坏，甚至大面积的破坏，野生生物受到威胁，许多生物资源已经濒临灭绝。环境要素污染之间的扩散作用在区域之间得到了强化扩大。经济区大部分地区还沿袭着传统的挖山种地、广种薄收等传统的耕作方式，只种地、不养地的传统粗放的农牧业生产方式导致了水土流失的加重，而水土流失又进一步导致土壤肥力的持续下降，影响农业生产能力；同时一些地区的超载放牧使部分草场遭受严重退化、沙化和碱化，形成尖锐的林牧矛盾，使整个地区的生态环境持续恶化，生态承载力持续下降，使关天经济区内的水环境、大气环境的环境容量下降，污染加剧。

关天经济区所处地区塬面平坦、沟壑深切，土壤侵蚀模数为1 000 吨/年平方千米—3 000 吨/年平方千米，沟壑密度大（3 千米/平方千米—5千米/平方千米），沟壑面积占总面积的30%—50%。水土流失既是沟壑产生的原因，而沟壑的形成又会进一步加重水土流失。同时水土流失是黄河、渭河等泥沙的主要来源，严重的水土流失使渭河、黄河水泥沙含量增加，导致河道淤积、河床抬升，调蓄降水的能力减弱，水患威胁增加。此外，湿地的减少与水土流失是同一过程，水土流失引起河水含沙量增加、常流量减少，导致湿地淤积和干涸，而湿地的减少对自然景观和生态系统的退化有重要的影响。

总体来说，关天经济区生态环境基础较差，同时处于生态环境日益恶化的趋势中，而且随着城市群建设的推进，面临着环境污染集聚叠加和生态破坏扩散强化的危机。

第三节　关中—天水经济区生态文明建设的主要途径

关中—天水经济区生态环境建设，应以实施可持续发展战略和促进经济增长方式转变为中心，以改善生态环境质量和维护生态环境安全为目标，紧紧围绕重点地区、重点生态环境问题，统一规划，分类指导，分区推进，加强法治，严格监管，坚决打击人为破坏生态环境行为，动员和组织全社会力量，保护和改善自然恢复能力，巩固生态建设成果，努力遏制生态环境恶化的趋势，为实现该区秀美山川目标打下坚实基础。

一　培养公众参与生态文明建设的强烈意识
通过多种渠道，采取多种形式，加强对不同层次的生态教育，普及推广生态保护意识，广泛传播环境法律法规，鼓励全社会参与生态环境保护，培养善待生命、善待自然的伦理观，树立环境是资源、环境是资本、环境是资产的价值观，确立保护和改善环境就是保护和发展生产力的发展观，倡导节约资源、文明健康的生活方式，逐步形成崇尚自然、保护环境的行为规范，提高公众参与生态文明建设的积极性与自觉性①，推动生态环境保护事业的发展和整个城市的文明与进步。

1. 树立以生态文明为核心的价值观念

应用多种形式和手段，深入开展保护生态、爱护环境、节约资源的宣传教育和知识普及活动，牢固树立尊重自然的伦理观，强化经济、社会和环境相统一的效益意识，经济、社会、资源和环境全面协调发展，节约资源、循环利用的可持续生产和消费意识。倡导崇尚亲近自然的生活理念，从社会公德、职业道德、家庭美德和个人品德等方面入手，推进生态道德建设，使居民更加自觉地保护环境、节约资源，不断提高生态文明素养，在全社会牢固树立生态文明观念。

2. 弘扬民族优秀生态文化传统

关中天水经济区是我国乃至世界上文化底蕴最富集的区域，居民在长期与自然博弈的发展过程中，形成了以儒家"天人合一"为基本理念的朴素生态观、生态伦理道德、传统生态知识及行为方式。加强这些优秀民族生态文化资源的整理和保护，发掘传统生态文化内涵，精心做好非物质文化遗产项目与产品的策划、引进和包装，树立一批生态文化品牌，提升文化活动的品位，提高民族传统生态文化的影响力。发展生态文化产业。将伏羲文化、历史文化、资源开发与旅游产业密切结合，促进生态旅游业和相关第三产业的发展。充分挖掘三秦文化潜力，发展地方特色生态文化产业。以生态文化为载体，举办各种类型的文化艺术节，促进对外合作与交流，繁荣生态文化事业。

3. 全面推行生态文化教育

（1）构建全民生态教育体系。生态教育应区分层次，突出重点，讲究方法，提高质量。重点抓好四个方面的主题教育：一是生态警示教育。主要结合目前实际存在的生态环境问题，有针对性地进行生态警示教育。向公众宣讲水资源短缺和环境污染等状况及解决措施。二是生态保护教

---

① 环境保护部宣传教育司：《加强社会动员，共建生态文明——积极构建全民参与环境保护的社会行动体系》，《环境保护》2013 年第 22 期，第 32—34 页。

育。主要以循环经济和生态工业、生态设计与建筑、生命周期评价等为指导，对公众进行以农业生态环境保护与生态农业、旅游环境保护与生态旅游、工业生态与循环经济为主要内容的生态环境保护教育，全面提升公众的环境保护意识。三是绿色消费教育。向公众全面介绍健康、绿色消费的有关知识，引导群众进行绿色消费，促进环境友好产品的全面发展。主要讲清环境友好产品的种类和差别、绿色标志产品对生态环境保护的意义、食品安全的重要性和安全食品的种类。四是生态文明教育。主要向公众全面宣传21世纪的文明——生态文明，使公众认清人类文明从农业文明到工业文明，再到生态文明的发展历程及历史必然。

将生态文化知识和生态意识教育纳入国民教育和继续教育体系，编制生态文明教育教材，加强生态教育能力建设。将生态文明建设纳入党政干部培训计划，提高领导干部的生态文明素养和意识。纳入企业培训计划，加强对企业干部职工的生态文明知识、环境保护和生态建设法律法规教育，增强企业的社会责任和生态责任。加强农村生态文化教育培训。

（2）开展生态体验教育。坚持以创建绿色学校、绿色社区、绿色企业、绿色医院、绿色商场、绿色宾馆为载体，深入进行生态环境保护的宣传教育，并将生态示范区建设与生态教育基地建设结合起来，建设集生态教育、生态科普、生态旅游、生态保护、生态恢复示范等功能于一体的生态教育基地，使其成为开展生态教育的主要阵地。广泛开展环保志愿者行动、义务植树造林等环保公益活动，积极开展生态农业、生态旅游等实践活动，充分发挥各类保护地的生态教育和生态体验作用。建设生态公园体验区和生态退化警示区，增强感受教育和警示教育。① 完善各类生态科技示范园、湿地公园、民族文化博物馆、环境保护科技馆等生态教育基地。

4. 广泛开展生态文明宣传

利用"环境日""地球日""生物多样性日"等载体，开展主题宣传活动。通过电视、报纸专栏、互联网站等媒介，出版具有地方特色的环境保护科普读物，开展生态文明宣传教育。开展"生态文明，有我参与"活动，在各类公共场所设置主题鲜明的生态文明行动小贴士和指示牌等。

---

① 温远光：《世界生态教育趋势与中国生态教育理念》，《高教论坛》2004年第2期，第52—55页。

规范公共场所文明行为，及时总结宣传生态文明建设的经验，加强生态文明建设理论研究。重视农村地区的生态文明宣传教育工作，在村规民约中写入生态文明内容。

二　建设经济区生态经济体系

1. 严格产业准入

按照主体功能区规划和生态功能区划的要求，调整生产力布局，使产业发展保持在环境承载范围内。根据经济区的资源环境现状，强化要素资源的集约利用，制定产业发展导向。

鼓励发展市场需求大、技术含量高，有利于优化产业结构、提高产业竞争力、扩大就业，符合可持续发展战略等方面的产业和项目。重点培育与发展装备制造产业群。以西安、咸阳、宝鸡、天水为集中布局区域，加强重点产业集群建设，强化区域整体实力和竞争能力，全面提升重大装备制造水平。重点发展数控机床、汽车及零部件、输变电设备、电子信息及元器件、工程机械、冶金重型装备、石油钻采设备、能源化工装备、风力及太阳能发电设备等产业。

限制发展生产能力严重过剩、工艺技术落后、原材料和能源消耗较高、不利于节约资源和保护生态环境等方面的产业和项目。尤其要对原材料生产与加工产业进行严格限制，优化重要矿产资源开发及深加工布局。宝鸡重点发展铅锌、钛产业，建设钛材料生产和集散基地。渭南重点发展煤炭、化肥、钼精深加工等产业，建设钼产业生产科研基地。铜川重点发展铝加工、建材、陶瓷等产业，建设现代建材基地。商洛重点发展钼、钒等采冶加工和多晶硅等新型材料产业。天水以非金属矿产资源开发利用为重点，大力发展建材产业。依托辐射区延安、榆林、平凉、庆阳等地的煤炭、石油、天然气资源，促进能源化工产业布局优化。

禁止发展严重危及生态安全、环境污染严重、质量不符合国家标准等方面的产业和项目。在一定期限内淘汰、关闭、停产禁止发展产业和项目。

2. 推动传统产业生态转型

（1）发展生态工业。坚持走新型工业化道路，优化工业结构，调整工业布局，推进循环经济，加快推进传统工业的生态化改造。注重支柱产业的生态化发展，构建经济区工业产业链。充分利用经济区的科技优势，促进石化、能源、钢铁、造纸、汽车等工业的生态化发展，循环利用资源，延伸产业链条，提高能源和物质的利用效率，实现危险废物的利用与安全处置。继续推行清洁生产审核和 ISO 14001 环境管理体系认证，推行企业生态设计和产品生命周期评价；创建环境友好型企业，引进关键技术，通过能源和水的梯级利用以及其他资源的综合利用，节约能源资源，减少污染物排放。①

促进工业企业逐步向园区集中，统一规划排污等环保设施，发展特色园区，实行排污集中控制和处理，特别是排污量大的企业一定要进园区，以保证治理设施共享和污染物集中治理。要通过强化技术改造，推行清洁生产，延伸工业产业链等途径，促进工业经济的循环体系建设，降低高能耗、高物耗、排污量大的行业在全行业中的比例。建设生态工业园，开展生态工业园区建设示范。加快以西安为核心的工业园生态化建设，发挥中心城市产业发展的辐射和带动作用。宝鸡市主要建设机床制造业、重型汽车制造、有色金属加工制造的生态工业园区。铜川市主要建设能源、建材、农副产品加工的生态工业园区。渭南市主要建设机械电子、生物医药、农副产品加工的生态工业园区。商洛市主要建设现代材料、现代中药、绿色食品加工的生态工业园区。杨凌区主要建设现代农业示范、现代农业科教和装备制造、生物医药、食品与农资加工的生态工业园区。天水市重点建设机械制造、电工电器、医药食品、现代农业等生态工业园区。

加快传统工业园区生态化改造：完善环境基础设施，促进产业集聚，优化并延长产业链；制定严格的资源和能源利用、污染物排放标准，充分发挥产业聚集效应，形成资源高效循环利用的产业链；建立健全资源综合利用制度，根据社会分工和产品生产的内在联系，实现企业间资源共享和产品互换，推进产品生命周期的环境管理。鼓励发展环保产业，支撑主导产业生态链的形成。环保产业在产业链条中处于上游位置，具有很强的产业扩散能力。通过提供先进的节能降耗环保型技术与设备，成为建设生态产业的重要节点和必要支撑，促进资源能源的有效利用。发展废弃物综合利用产业。建设废弃物资源化回收网络，建设可再生资源集散中心。建立资源综合利用产业体系，加强矿产资源的合理开发和综合利用，提高资源

---

① 席桂萍：《生态工业的研究现状与进展》，《河南职业技术师范学院学报》2004 年第 2 期，第 67—69 页。

回收率。推广资源精深加工、工业固体废物和废水综合利用技术，研制和推广节能节水节材的工艺、技术和设备。

（2）发展生态农业。以经济、社会、环境三者效益统一为目标，合理利用农业资源，调整农业产业结构，优化产业布局，将现代科学技术与传统农业相结合，实现传统农业向集约化、专业化、产业化、生态化的现代农业转变。多方面拓宽农业功能，在加强基本农田保护、稳定和提高粮食综合生产能力前提下，大力发展高附加值经济作物，加快发展畜牧业、林特业、水产养殖业和农产品加工业，大力发展创汇农业；发展以旅游、休闲为主的观光农业；发展主导产业明显，品牌效应显著，产品质量安全，市场竞争力强的都市型农业。

建立多样化的生态农业模式。推广以农田为重点的粮经作物轮作和间套作模式，以减少面源污染为核心的农药、化肥、地膜科学使用模式，以秸秆还田和综合利用，平衡施肥，有机肥生产、循环养殖、立体养殖畜禽一沼气一种植等为主要内容的内部资源循环利用模式，以及生物物种共生、用养结合的集约型规模经营、庭院经济和农工贸综合经营等模式。建设若干个高产、优质、低耗和防污治污、综合开发的生态农业示范园，从以生产物质产品导向到以提供社会和生态服务导向的转型。

种植业以无公害农产品、绿色食品、有机食品生产为方向，加快推进农业生产标准化。积极开展秸秆综合利用，推行测土配方施肥，推广生物防治病虫害技术，不断提高农业投入品的利用效率。因地制宜，大力发展以农田为基础的粮经、粮肥轮作模式，优化品种配置和种植结构，推广立体种养、水旱轮作、间作套种、节水灌溉等技术，继续推广以农村沼气池为基础的生态农业开发模式，加快建设生态农业示范园区。

加快特色经济林、工业原料林、速生丰产林、珍贵用材林等产业基地建设，实现生态林产业跨越式发展。加大林浆纸、特色经济林、林产化工、木材加工、非木材资源、野生动物驯养繁殖、森林生态旅游等林产业的扶持力度。

在生态环境承载力范围内，发展食草型、节粮型生态畜牧业，适度发展规模饲养，加大养殖业环境污染防治力度，实现种养业良性循环。扶持生猪、肉牛、肉羊、奶牛养殖、加工、销售一体化企业集团发展，带动整个畜牧业的规模化养殖和产业化经营。

在农产品种植和加工过程中采用清洁生产技术，开展农业废弃物综合利用；推进养殖业废弃物综合利用和污染防治工程，着重解决动植物病虫、大宗农产品的农药残留、重金属污染和养殖业自身污染等环境问题。研究制定农药、化肥安全使用技术规范和专项实施方案。建立生物保护监测网络，开展动植物有害生物疫情调查，建成病害动物无害化处理设施，进行外来生物风险分析，防止外来有害生物入侵，保护农业生态平衡。加强无公害、绿色、有机农产品产地认定和产品认证，尽快建立重点农产品的标准认证体系。

（3）发展生态友好型服务业。在提升大关中国际旅游区和秦岭生态旅游区的基础上，以西安为中心，加快旅游资源整合，大力发展自然生态旅游。加强精品旅游景区和精品旅游线路建设，完善配套设施和服务功能，提升旅游资源产业化经营水平。加强旅游管理机制创新，把经济区建设成为国际一流的生态旅游目的地。

大力发展现代物流业，进一步加大物流基础设施建设力度，加快西安国际港务区，咸阳空港产业园，宝鸡陈仓、商洛、天水秦州、麦积等重点物流园区项目建设，建设资源再生利用的信息交换和网络服务平台。充分发挥西安作为国家级物流节点城市的辐射带动作用，逐步形成区域一体化的物流新格局。促进物流业的高效化和生态化。开展废弃物管理、交易和再利用工作，建立政府与企业、社会互动的废物管理信息交流平台；建立工业固体废物系统、社区垃圾收集系统的信息交流渠道，加强园区管理者与企业的联系；推进资源综合回收利用系统的建立，促进静脉产业发展。

加快发展信息产业，积极发展各类金融机构，创新融资方式，着力打造西安区域性金融中心。以欧亚经济论坛、中国东西部合作与投资贸易洽谈会、中国杨凌农业高新科技成果博览会、中国国际通用航空大会为龙头，进一步整合会展资源，加快西安世界园艺博览会场馆、杨凌农业展馆等项目建设，完善西安曲江国际会展中心、浐灞国际会议中心等会展平台服务功能，建设以西安为中心的会展经济圈。积极发展电子商务、技术培训和医疗保健产业，进一步完善中介服务体系。大力发展污染防治、生态工程管护运营和环境咨询服务业。

三　构建经济区的生态安全体系

生态安全是人与自然和谐与社会稳定的基础。要加强节能减排，大力推进生态保护与建设，提高环境对经济社会发展的支撑能力，保护人民健康，提高生态安全水平。

1. 合理布局生态安全空间

通过制定和实施生态功能区划和主体功能区规划，确定合理的区域发展目标，引导调控产业发展及城镇空间布局，避免资源环境超载。依据区域生态环境敏感性、生态服务功能重要性、生态环境特征的相似性和差异性，科学划分生态功能区。结合各地区经济社会特点，在生态承载力范围内，合理安排保护、建设和开发。在制定经济社会发展规划、各类专项规划和重大经济技术政策时，要加强与生态功能区划的协调，充分考虑生态功能的完整性和稳定性。根据主体功能区定位，合理确定开发方向、管制开发强度、规范开发秩序、创新开发方式，加快形成科学合理的生态空间、城镇空间、农业空间和特色产业开发空间格局。① 根据不同区域的主体功能定位，实行分类发展和管理的区域政策，形成与生态功能区类型相匹配的政策机制和利益导向机制。

2. 推进经济区生态建设与恢复

综合分析经济区生态状况和面临的主要问题，根据经济区生态建设总体布局，坚持保护优先、适度开发、点状发展的原则，以实现人与自然和谐，构建经济区生态屏障为总目标，以天然林资源保护、退耕还林、三北防护林等国家重点生态工程和"三化一片林"绿色家园建设、绿色宝鸡、大绿工程等地方生态建设工程为载体全方位推进生态建设。制定生态脆弱区保护与建设规划，对极易受到人为干扰的特殊生态类型，采取抢救性的治理和严格的保护措施。制定重要生态功能区保护与建设规划，在重要水源涵养区、生物多样性丰富区、重要土壤保持区等区域，规划建立一批重要生态功能保护区，并积极探索综合生态系统管理的有效途径。对经济区进行分区治理，加强生态修复和环境保护。

---

① 国家发展与改革委员会：《关中—天水经济区发展规划》，第 2009 年 6 月 10 日。

（1）渭河及支流沿岸生态走廊建设。统筹考虑沿渭河生态状况和各市产业布局及自然条件，整合资源、统一规划，加大渭河生态环境保护与治理力度，进行渭河生态景观林带、河滨公园和湿地保护区建设，结合生态建设重大工程，积极开展封山育林、退耕还林、植树种草、退耕还湿等措施，建设渭河绿色生态长廊。① 通过加强湿地水资源的合理调配和污染控制等措施，使退化湿地得到治理与恢复，促进湿地生态系统良性循环。加强农田防护林网、主要河流护岸林和森林公园建设，提高城市绿化率和农村森林覆盖率，改善渭河流域的自然生态状况，防止水土流失。使渭河中下游河段成为关中—天水经济区一道靓丽的绿色生态走廊。

（2）渭北黄土丘陵沟壑区生态修复。在保护好现有生态空间的前提下，以小流域为单元，开展塬边、沟坡水土流失严重地段生物治理，加强迎坡面绿化，提高林、灌、草覆盖率。在山坡、塬坡、沟坡、沟头、沟谷大力营造水土保护林，控制水土流失。坡面修复要在建设高标准基本农田的基础上，大力实施陡坡地退耕还林还草，全面封育荒山荒坡；梁、峁营造以灌草为主的水土保持林、水源涵养林或人工草场；沟道修建谷坊、淤地坝等坝系工程，建设高效的水土保持综合防护体系。塬面兴修水平埝地、建设方田林网；沟沿建设沟边埝与沟头防护工程；沟坡退耕还林还草，封育禁伐；沟道建坝造林，形成相互衔接的防御体系。河流两岸和川滩地及水源区，引水拉沙或拉土压沙造田，引洪漫地，合理安排林草比例，实行草灌乔相结合。同时抓住巩固退耕还林后续产业的历史机遇，建设特色品种为主的干杂果经济林，大力发展高效复合型生态经济产业。

（3）秦岭北麓、关山林区生态屏障建设。生态建设应在保护好现有森林的前提下，开展中幼林抚育、低质低效林改造和营造人工林。重点建设天然林资源保护、水源涵养林，加强森林资源培育和森林经营，有效提高森林资源质量，坡耕地退耕还林，盆地、川道建设农田林网、护岸林带，加快森林公园和自然保护区建设。主要任务：一是分类经营，将江河两侧、湖库周边、高山陡坡和其他生态脆弱地区、生物多样性集中地段的森林划为公益林和自然保护区，强化保护、限制采伐；二是强化森林集约经营管理，提高森林质量和单位面积产量；三是利用自然条件优势，大力发展集约化速生丰产用材林、短轮伐期工业原料林基地，发展

---

①　水利部：《渭河流域重点治理规划》，2005 年 12 月。

木材精深加工业；四是因地制宜发展竹产业、生态旅游业、经济林、野生动物驯养繁殖等特色产业，合理开发林下资源。选择立地条件较好的宜林地进行人工造林，促进森林植被恢复，不断提高植被生态质量，强化生态防护功能，为关中天水经济区构建生态屏障。

3. 加强污染防治，改善生态环境质量

（1）加强渭河流域水污染综合治理。通过节水、污水资源化和外流域调水等措施，缓解流域水资源紧张局面，合理安排生活、生产和生态环境用水。进入渭河干流的污染物削减率符合总量控制的要求。渭河干支流水体达到Ⅳ类标准，水质得到显著改善，满足各水功能区和水环境功能区的水质目标，现状水质良好的河段、水域得到维持，城市饮用水水源区水质达到Ⅱ—Ⅲ类水质目标要求。进一步完善集中式饮用水源环境保护措施，防治饮用水源地周边的各类污染源和风险源，强化水源地水质定期监测并发布监测信息，确保饮用水安全。大力推进重点区段水污染防治，加大跨界河流环境安全监管，制定并实施流域水体跨界断面水质监测方案，逐步推行市、县跨界断面考核工作，确保经济区断面水质达到水质功能要求。严密关注危险化学品、有毒有害物质、石化产品生产和运输等经营活动，努力从源头上杜绝和消除重大环境污染事故的发生，维护水环境安全。

（2）改善城市大气环境质量。有效削减二氧化硫排放总量，开展氮氧化物控制，探索减碳控制措施，保证空气环境质量安全，规划期内努力使城市空气环境质量达二级标准的天数占全年的90%以上。加强重点行业大气污染源治理，防范化工、医药、冶金等行业有毒有害废气污染。控制可吸入颗粒物和挥发性有机物排放，开展城市大气复合污染、挥发性有机物和垃圾焚烧二次污染防治工作。制定和实施重点城市汽车环保分类标志制度，建立科学的交通管理和臭氧浓度常规预报系统，逐步建立和完善在用机动车检测和维护制度。进一步优化能源结构，强化节能减排，增加清洁能源使用比重。加快优化城市民用燃料结构，推广使用民用清洁燃料。①

（3）治理固体废物污染。完善危险废物、医疗废物收集、交换网络体系，加快处理处置设施建设。建设废旧电子电器收集网点、网络和集中

---

① 鲍强：《中国城市大气污染概况及防治对策》，《环境科学进展》1996年第1期，第1—18页。

处理设施，使废旧电子电器处理率达 70% 以上，资源化利用率达 60% 以上。发展废旧物资回收网络，建成覆盖全区、运作规范的再生资源回收体系。开展工业固体废物重点企业清洁生产审计，减少固体废物产生，加强工业固体废弃物资源化利用。加强城市生活垃圾处理设施建设，推进分类收集和综合利用，建设有垃圾无害化处理设施。

（4）加强农业污染防治。高度重视农用化学品对农业环境的污染，强化土壤环境监管，建设土壤监测网络体系，加强主要农产品产地土壤环境常规监测，在重点地区建立土壤环境质量定期评价制度。加强规模化畜禽养殖污染防治，在水源涵养区、水源保护地等环境敏感区域划定规模化禽畜养殖禁养区。鼓励畜禽养殖废弃物的资源化利用，发展有机肥料产业，实现畜禽养殖废物的无害化和资源化。

四 建设可持续发展的生态文明支撑体系

1. 建立社会发展支撑体系

（1）加强人口综合管理。适度控制人口规模。考虑人口自然发展规律、经济要素制约的要求，控制市域和中心城的人口规模。引导人口主要向各县区迁移，以促进小城镇的形成。人口负荷已经趋于饱和的区域，要强化人口控制，合理控制中心城建成区城市人口密度。积极发展人力资源。调整优化人口迁入结构，提高迁入人口的文化技术素质，努力营造适合人才培养、引进和使用的宽松条件，建立人才创业无障碍机制。建设有活力的人才培养机制、有吸引力的人才引进机制、社会主义市场化和人才配置机制。

改革流动人口管理制度。加强对外来流动人口的宏观调控，将其纳入国民经济和社会发展计划，实行总量调控，分类管理。按照有关政策法规，维护流动人口的合法权益。并建立科学的人口管理信息系统。将户籍人口、迁移人口和外来流动人口纳入统计范围，建立管理信息库，实施信息平台管理，提高管理效率和信息服务效率。

（2）完善社会保障体系。建立和完善适宜的社会基本保障制度。建立健全多层次的社会保障体系，完善基本养老、失业保险、医疗保险制度，鼓励发展多层次、多样化的补充保险，统筹规划，兼顾公平，扩大社会保障的融资渠道，构筑新型养老保险体系；普及保障面，建立全社会的保障体系，保障到社会的每个成员。拓展就业渠道，推行灵活多样的就业方式，鼓励自主创业和自谋职业，改善中低收入群众的生活。

（3）积极发展公共卫生事业。按照"统筹规划、因地制宜、增加投入、健全体系、改革体制、整合资源、城乡兼顾、重在农村"的原则，积极推进医疗卫生体制创新，加快农村卫生事业发展步伐，全面提高公共卫生服务能力，建立健全突发公共卫生事件应急机制，完善突发公共卫生事件应急指挥体系、疾病预防控制体系、卫生监督执法体系、应急医疗救治体系，以及疫情和公共卫生突发事件监测、预警和报告网络体系，基本满足城乡居民的卫生服务需求，提高人民群众的健康水平。

2. 建立自然资源支撑体系

（1）建立节水型社会生产与生活体系。厉行节水措施，鼓励发展节水型产业，加快建设节水型城市和节水型社会。加强水利基础设施建设，推广渠系防渗技术，提高其利用率。实施科学的用水制度和灌溉方式，推广喷灌、滴灌等节水灌溉制度，降低农田灌溉定额，提高水资源利用效率。大力发展水资源消耗较低的生态产业，加快企业整合与工业园区建设，采用先进节水工艺，提高重复利用率，降低耗水定额。继续推行项目用水核准制，强化取水许可证制度和水资源费征收制度的实施，逐步形成与水资源相适应的产业结构。加强对用水的考核和监督，制定对缺水区域、重点用水行业、重点用水大户用水和节水情况进行专项检查制度。加大节约用水技术进步力度，把节水技术开发、示范和推广应用结合起来，重点支持一批水资源节约与综合利用技术开发和技术改造项目。开展对企业的环境管理与环境、生产审计，采取有利于污水循环利用的税收与经济政策，通过企业间协作来实现工业生产内部的循环；建立并完善市场与产业政策机制，协调生产与生活部门水资源利用方式，大力加强生活污水的强化与深度处理，为市政建设、工业企业集中的园区，提供市政建设用水、循环冷却水及低质生产用水。

（2）土地资源集约利用。进一步细化各行业用地标准，严格按标准供地。合理调整土地利用结构和布局，正确处理建设用地和农业用地的关系，加强建设用地管理，提高土地集约利用水平。落实最严格的耕地保护制度，确保基本农田面积不减少、质量不下降，促进土地的集约使用。鼓励农业生产结构调整，促进生产向规模化、集约化方向发展。推行单位土地面积的投资强度、土地利用强度、投入产出率等指标控制制度。积极推进土地使用制度改革，健全和完善土地市场，运用公平、公开、公正的原则，调节土地市场的供求关系，实现土地资源合理利用。[①] 强化土地执法监督力度，逐步建立土地信息系统管理和动态监测制度，加强监督检查。加强土地资源再利用工作。

（3）调整能源结构，增强能源保障能力。加快转变经济增长方式，走内涵式发展道路，严格市场准入，抓紧完善能耗、技术、质量等方面的准入条件。合理控制高能耗产业发展，限制和淘汰能耗高、污染环境的落后工艺和设备等。抓紧制定地方产业政策及能耗控制指标，制定地方工业企业主要生产能力、工艺及限期淘汰目录和主要用电设备选型及限期淘汰目录。多渠道、多途径，加大节能宣传，培养节能意识，养成全社会的节能风尚。把握全球机遇，利用市场机制和科技创新来调整能源结构。积极发展天然气、可再生能源、新能源等清洁能源，发展清洁燃料公共汽车和电动公共汽车。适时调整能源结构，加快中小型燃煤锅炉的淘汰；积极利用油气资源，努力降低煤炭在一次能源消费中的比重；大力发展清洁利用煤炭和热电联产集中供热技术，提高能源利用效率，减少环境污染；重视发展沼气、节能灶、太阳能、风能等，改善农村能源结构。

第四节 关中—天水经济区生态文明建设的制度保障

通过体制完善和制度创新，着力克服制约环境与经济协调发展的制度性障碍，建立与完善有利于促进生态文明建设的制度，引导全民自觉开展生态文明建设。

一 建立和完善生态文明建设运行机制

1. 建立健全综合决策机制

把生态文明建设的主要任务与目标，纳入国民经济和社会发展规划与年度计划，贯穿于国民经济社会发展的全过程。在制定产业政策、产业结构调整规划、区域开发规划时，要充分考虑生态文明建设的目标要求，探索政策、法规等战略层面的环境影响评价，加强专项规划的环境影响评

---

① 白雪：《小城镇土地集约利用的问题和对策》，《农村经济与科技》2010 年第 7 期，第 56—58 页。

价。制定对环境有重大影响的政策、规划、计划，以及实施重大开发建设活动时，要组织开展环境影响评价，最大限度地降低不良环境影响。

2. 建立健全公众参与机制

结合法制政府、责任政府、阳光政府、服务政府等系列制度的实施，对生态文明建设的重大决策事项实行公示和听证，充分听取群众意见，确保公众的知情权、参与权和监督权。[①] 畅通公众诉求渠道，接受公众监督，形成社会普遍关心和自觉参与生态文明建设的良好氛围。各类企业要自觉遵守资源环境法律、法规，主动承担社会责任。鼓励非政府组织参与生态文明建设，开展环保宣传等社会公益活动。

3. 建立健全交流合作机制

加强交流与合作，学习、借鉴国内先进省市在发展循环经济与建设生态文明方面的成功经验和做法。推动国内外环保合作和科技合作，引进、消化和吸收国外先进技术、经验。把利用外资与发展循环经济和生态建设有机结合起来，吸引外资投资高新技术、污染防治、节约能源、原材料和资源综合利用的项目。

二 制定经济区生态环境经济政策

1. 建立生态补偿长效机制

按照"谁开发谁保护、谁受益谁补偿"的原则，逐步建立环境和自然资源有偿使用机制和价格形成机制，逐步建立制度化、规范化、市场化的生态补偿机制，[②] 研究建立重点领域生态补偿标准体系，制定和完善生态补偿政策法规，探索多样化的生态补偿方法、模式，建立区域生态环境共建共享的长效机制。

2. 完善环境经济政策

制定推动循环经济发展的政策，扩大循环经济试点，逐步建立覆盖全社会的资源循环利用机制。合理确定资源综合利用电厂上网电价，建立反映市场供求关系、资源稀缺程度、环境损害成本的生产要素和资源价格机制，引导企业和个人有效地使用能源，从而实现产业结构、能源结构和消

---

① 常杪、杨亮，李冬澂：《环境公众参与发展体系研究》，《环境保护》2011 年第 1 期，第 97—99 页。

② 董战峰、葛察忠、高树婷等：《"十二五"环境经济政策体系建设路线图》，《环境经济》2011 年第 90 期，第 35—45 页。

费结构的转变。建立主要污染物排放总量初始权有偿分配、排放权交易等制度，建设污染物排放权交易市场，推进污染治理和环境保护基础设施建设市场化运营机制。

3. 探索建立自然资源获取与惠益共享机制

建立自然资源获取的行政许可程序，规定遗传资源取得的条件、申报审批程序、归口管理机构。制定分享利用自然资源产生惠益的机制，明确参与提供自然资源开发研究的原则、方式、条件以及成果分享和利益分配机制，资料、信息和设施的提供与共享机制。重视传统资源保护知识的总结和编目，建立保护传统知识并促进其惠益分享的法规，确立在自然资源保护方面的知识产权保护策略和政策。

4. 制定生态产业扶持政策

按照市场规律和生态功能区划、主体功能区划，制定符合经济区实际的产业政策，充分利用高新技术和先进适用技术改造传统产业，优先发展资源节约、环境友好的项目，鼓励发展资源消耗低、附加值高的高新技术产业和服务业。定期公布优先、鼓励发展，以及禁止和限制发展的产业、产品、技术与工艺目录和生态产品标准，引导社会生产力要素向有利于生态文明建设的方向流动。在经济区级权限内，研究制定有利于生态型产业发展的财政、税收、金融、投资、技术等政策，大力促进生态经济的发展。把发展生态产业作为重点扶持领域，对重点产业、重大科技攻关及示范项目，给予直接投资或资金补助、贷款贴息等支持。

5. 制定节能减排配套政策

严格实行新建项目环保准入机制，制定重点流域、区域的环境容量及总量控制标准，提高节能、环保市场准入门槛。建立落后产能退出机制，安排专项资金并积极争取中央财政专项转移支付，支持淘汰落后产能。建立政府引导、企业为主体的节能减排投入机制，引导社会、企业节约资源，重点推进商业、民用节能及政府机构节能，鼓励清洁能源开发利用。

三　完善生态环境管理制度

1. 健全生态环境管理体制

改革环境管理体制，不断完善环境保护的统一立法、统一规划、统一监督管理体制，进一步增强各级政府的环境管理能力，强化跨地区综合性环境事务的宏观调控能力。① 加强各有关部门的合作与协调，建立、完善部门协作制度、信息通报制度、联合检查制度。建立引进外来物种的审批与决策机制。

2. 完善资源开发管理制度

制定严格的土地用途管理制度、耕地保护制度，强化集约节约使用土地。制定鼓励清洁能源开发利用的优惠政策。建立科学的水资源管理制度，制定行业用水定额标准，加快水价改革，发展节水农业。提高矿业开采准入标准，整合资源，引导规模开采，实现有序开采。

3. 完善企业环境责任制度

明确企业的环境责任，提高企业环境守法意识，规范环境管理制度，强化节能减排自觉行动，提高资源利用效率，发挥企业在微观环境管理中的主导作用。建立资源回收利用制度，鼓励企业建设废物回收设施。建立环境公益诉讼制度，追究企业实施环境侵害应承担的责任。建立企业污染减排制度，推动企业积极开展清洁生产、环境标志认证。建立企业环境行为公开制度，定期向社会公布企业环境行为评估结果。

4. 健全生态保护制度

建立饮用水源地安全预警制度，加强集中式饮用水水源地建设和保护，确保城乡群众饮用水安全。完善农村环境管理体制，推进农村环境综合整治，深化生态示范创建活动。探索建立国家公园管理模式，推进自然生态环境保护。建立重要生态功能保护区建设制度，确保重要生态功能得到有效维护。

5. 健全生态环境预警机制

建立和完善主要自然灾害以及重大事故的监测、预防预警系统，全面提升和整合信息处理能力，对重大气象灾害、地质灾害、森林火灾等进行有效监控，提高区域灾害预警能力，及时减灾防灾，从而加强环境保护的应急服务能力。加快建立关中—天水经济区环境监测网络体系，不断提高监测网络体系生态预警能力、生态污染破坏事故的处理应急能力和技术储备，建立各地区、各监测区域的协作关系，形成区域级、市县级多层次的生态环境监测体系。

---

① 曹睿：《论生态文明视角下的城市环境管理制度》，《环境科学与管理》2013 年第 1 期，第 19—22 页。

四　健全金融与财政投入机制

1. 逐步加大公共财政投入力度

建立健全公共财政体制和公共服务投入稳步增长机制，调整和优化公共财政支出结构，适当向环境保护领域倾斜、向生态文明建设项目倾斜，充分发挥公共财政的导向作用。建立生态建设转移支付制度，加大对生态脆弱和生态保护重点地区的支持力度，促进区域协调发展。

2. 完善资金管理体制

整合环境保护和生态建设资金，提高资金使用效益。按照投入渠道不变、建设内容不变、管理责任不变的原则，统筹运用和安排。实行"三集中"，集中资金，集中投向生态文明建设的重点领域和项目，集中解决生态文明建设的重点问题。

3. 建立多元化的投融资机制

逐步建立政府主导、多元投入、市场推进、社会参与的生态文明建设投融资机制。加快生态保护融资平台建设，鼓励风险投资和民间资本进入环境保护产业领域。采取政府资金引导、政府让利等方式，引导民间资本参与生态文明建设。采取财政贴息贷款、前期经费补助、无息回收性投资、延长项目经营权期限、减免税收和土地使用费等优惠政策，鼓励不同经济成分和各类投资主体以不同形式参与生态文明建设。

参考书目

资料类

1. （春秋）左丘明：《左传》，中华书局 2007 年版。

2. （汉）司马迁：《史记》，中华书局 1982 年第 2 版。

3. （汉）班固：《汉书》，中华书局 1972 年版。

4. （汉）桓宽：《盐铁论》，上海人民出版社 1974 年版。

5. （汉）辛氏：《三秦记》，文渊阁四库全书本。

6. （晋）陈寿：《三国志》，中华书局 1982 年版。

7. （晋）葛洪撰，周天游校注《西京杂记》，三秦出版社 2006 年版。

8. （南朝宋）范晔：《后汉书》，中华书局 1982 年版。

9. （北魏）郦道元，陈桥驿译注：《水经注》，贵州人民出版社 1996 年版。

10. （北魏）郦道元：《水经注》，浙江古籍出版社 2001 年版。

11. （唐）房玄龄等：《晋书》，中华书局 1982 年版。

12. （唐）李延寿：《北史》，中华书局 1974 年版。

13. （唐）魏征：《隋书》，中华书局 2002 年版。

14. （唐）徐坚等：《初学记》，中华书局 1962 年版。

15. （唐）李吉甫：《元和郡县志》，中华书局 1983 年版。

16. （唐）李吉甫等：《大唐六典》，中华书局 1992 年版。

17. （唐）权德舆：《权载之文集》，北京图书馆出版社 2004 年版。

18. （后晋）刘昫：《旧唐书》，中华书局 1975 年版。

19. （宋）王溥：《唐会要》，中华书局 1955 年版。

20. （宋）欧阳修等：《新唐书》，中华书局 1997 年版。

21. （宋）司马光：《资治通鉴》，中华书局 1956 年版。

22.（宋）王钦若等：《册府元龟》，中华书局1960年版。

23.（宋）释赞宁等：《宋高僧传》，中华书局1975年版。

24.（宋）薛居正等：《旧五代史》，中华书局1976年版。

25.（宋）欧阳修：《新五代史》，中华书局1975年版。

26.（宋）乐史：《太平寰宇记》，中华书局2004年版。

27.（宋）王谠：《唐语林》，中华书局2008年版。

28.（宋）张载著，（清）王夫之注：《张子正蒙注》，古籍出版社1956年版。

29.（宋）李焘：《续资治通鉴长编》，中华书局1985年版。

30.（元）脱脱等：《宋史》，中华书局1977年版。

31.（明）宋濂等：《元史》，中华书局1976年版。

32.（明）李东阳等纂，申时行等重修：《大明会典》，载《续修四库全书》本，上海古籍出版社2002年版。

33.（明）李贤：《大明一统志》，三秦出版社1990年版。

34.（清）许容等：《甘肃通志》（乾隆本），文渊阁四库全书本。

35.（清）升允、长庚、安维峻：《甘肃新通志》，载《中国西北文献丛书》影印本，兰州古籍书店1990年版。

36.（清）顾祖禹：《读史方舆纪要》，上海书店出版社1998年版。

37.（清）费廷珍、胡釴：《直隶秦州新志》，清乾隆二十九年刻本。

38.（清）王锡祺：《小方壶舆地丛钞》第二帙，清光绪二十年（1894）铅印本。

39.（清）顾炎武：《历代宅京记》中华书局1984年版。

40.（清）道光：《大清一统志》，文渊阁四库全书本。

41.（清）徐松辑：《宋会要辑稿》，中华书局1997年版。

42.（清）王志沂纂修：《陕西志辑要》道光七年刻本。

43.（清）严如熤：《三省边防备览》，清道光二年刻本。

44.（清）陈仅等：《紫阳县志》，光绪八年刻本。

45.（清）张廷玉：《明史》，中华书局1974年版。

46.（清）贾汉复、李楷等：《陕西通志》，康熙刻本。

47.（清）高廷法等：《咸宁县志》，1936年铅印本。

48.（清）左宗棠：《左文襄公全集》，岳麓书社1986年版。

49.（清）陈士桢：《兰州府志》，清道光十三年刻本。

50. （民国）姚展、任承允：《秦州直隶州新志》，兰州国民印刷局 1939 年铅印本。

51. 甘肃省文物考古研究所：《秦安大地湾新石器时代遗址发掘报告》，文物出版社 2006 年版。

52. 中国社会科学院考古研究所：《师赵村与西山坪》，中国大百科全书出版社 1999 年版。

53. 陈直：《三辅黄图校正》，陕西人民出版社 1980 年版。

论著类

1. 李鼎文、林家英、颜廷亮、雷树田等：《甘肃古代作家》，甘肃人民出版社 1982 年版。

2. 赵世瑜：《中国文化地理概说》，山西教育出版社 1991 年版。

3. 史念海：《河山集》第一集，生活·读书·新知三联书店 1963 年版。

4. 史念海：《河山集》第二集，人民出版社 1981 年版。

5. 史念海：《河山集》第五集，山西人民出版社 1991 年版。

6. 史念海：《河山集》第七集，陕西师范大学出版社 1999 年版。

7. 史念海主编：《汉唐长安与关中平原》，载《中国历史地理论丛》1999 年增刊。

8. 史念海：《黄土高原历史地理研究》，黄河水利出版社 2001 年版。

9. 史念海、萧正洪、王双怀：《陕西通史：历史地理卷》，陕西师范大学出版社 1998 年版。

10. 朱士光：《黄土高原地区环境变迁及其治理》，黄河水利出版社 1999 年版。

11. 胡平生、张德芳：《敦煌悬泉汉简释粹》，上海古籍出版社 2001 年版。

12. 杜文玉、于汝波：《中国军事通史·唐代军事史》，军事科学出版社 1998 年版。

13. ［英］H. G. 威尔斯：《世界简史》，余守斌译，新世界出版社 2013 年版。

14. 沈福伟：《中西文化交流史》，上海人民出版杜 1985 年版。

15. ［美］罗伯特·索罗：《经济增长理论：一种解说》，冯健等译，中国财政经济出版社 2004 年版。

16. 丛林：《技术进步与区域经济发展》，西南财经大学出版社 2002 年版。

17. 李忠明主编：《2011 中国关中—天水经济区发展报告》，社会科学文献出版社 2012 年版。

18. ［美］西奥多·舒尔茨：《论人力资本投资》，吴珠华译，北京经济学院出版社 1990 年版。

19. 聂华林、王成勇：《区域经济学通论》，中国社会科学出版社 2006 年版。

20. 冯天瑜等：《中华文化史》，上海人民出版社 1990 年版。

21. 雍际春：《陇右历史文化与地理研究》，中国社会科学出版社 2009 年版。

22. 雍际春等：《人地关系与生态文明研究》，中国社会科学出版社 2009 年版。

23. 方荣、张蕊兰：《甘肃人口史》，甘肃人民出版社 2007 年版。

24. 曹树基：《中国人口史》第四卷，复旦大学出版社 2000 年版。

25. 国家环境保护总局：《新时期环境保护重要文献选编》，中央文献出版社 2001 年版。

26. 奚国金、张家桢：《西部生态》，中共中央党校出版社 2001 年版。

27. 史鉴、陈兆丰：《关中地区水资源合理开发利用与生态环境保护》，黄河水利出版社 2002 年版。

28. 张顺联：《地下水资源计算与评价》，水利水电出版社 1990 年版。

29. 张敦富：《中国区域城市化道路研究》，中国轻工业出版社 2008 年版。

30. 雍际春、吴宏岐：《陇上江南：天水》，三秦出版社 2003 年版。

31. 宋永昌、由文辉、王祥荣：《城市生态学》，华东师范大学出版社 2000 年版。

32. 杨士弘：《城市生态环境学》，科学出版社 2001 年版。

33. 韩俊：《县域城乡一体化发展的诸城实践》，人民出版社 2009 年版。

34. 黄坤明：《城乡一体化路径演进研究》，科学出版社 2009 年版。

35. 陈秀山：《中国区域经济问题研究》，商务印书馆 2005 年版。

36. 衣芳、吕萍：《中国城乡一体化探索》，经济科学出版社 2009 年版。

37. 黄新亚：《三秦文化》，辽宁教育出版社 1998 年版。

38. 陈俊民：《张载哲学思想及关学学派》，人民出版社 1996 年版。

39. 赵珍：《清代西北生态环境变迁研究》，人民出版社 2005 年版

40. 钞晓鸿：《生态环境与明清社会经济》，黄山书社 2004 年版。

41. 王子今：《秦汉时期生态环境研究》，北京大学出版社 2007 年版。

42. 王元林：《泾洛流域自然环境变迁研究》，中华书局 2005 年版。

43. 王伟光：《中国城乡一体化理论研究与规划建设调研报告》，社会科学文献出版社 2010 年版。

44. 杨家栋、秦兴方、单宜虎：《农村城镇化与生态安全》，社会科学文献出版社 2005 年版。

45. 任志远、李晶、周忠学、王晓峰：《关中—天水经济区人口发展功能区划研究》，科学出版社 2012 年版。

46. 章有义：《中国近代农业史资料》第一辑，生活·读书·新知三联书店 1957 年版。

47. 陕西师范大学西北历史环境与经济社会发展研究中心：《2004 年历史地理国际学术研讨会论文集》，商务印书馆 2005 年版。

后　记

关中—天水经济区是我国实施西部大开发战略以来，继成渝、北部湾经济区之后，在西北设立的又一个重要的经济区和国民经济新的增长极。这对于西部特别是西北经济的崛起，社会的进步意义重大。这一跨越陕甘两省的区域，既是一个经济区，也是一个历史文化区。在历史的长河中，它作为周秦汉唐强大王朝的国都所在和外围重镇，曾长期是富庶之地和发达之区，在古代国家演进发展和民族文明进步的征途中，曾发挥过重要作用。然而，在唐宋以后，无论关中还是陇右天水，却辉煌不再，发展滞后，渐次拉大了与东部特别是南方的差距。论其落伍的原因，固然与中国经济、文化重心的东移南迁和对外开放的重要通道丝绸之路的衰落有很大关系，但是，一个不可否认的事实则是经济区长期不合理的开发，造成生态失衡、环境恶化，导致区域经济发展失去了活力与潜力。

因此，追寻关中—天水经济区盛衰转换的演进历程，探究经济开发与环境变迁及其互动关系，揭示人地关系演替的基本规律；对经济区经济社会发展现状及其开发模式、存在问题进行理性分析和科学评判，进而破解制约其发展的根由和症结所在，或有助于当前经济区的开发与建设，并为重建西北生态屏障，构建生态文明提供可资借鉴的历史经验与教训。因此之故，我们申请了本项目并得到教育部的立项资助。

关中—天水所在的关陇地区，历史上既是一个农耕地区，又处于农牧过渡地带，多民族的交错分布与交流融合，农牧经济的互补发展与相得益彰，不仅催生了本区经济、文化与社会发展的繁荣与辉煌，而且在推进中华民族强盛壮大和中华文化的创新发展中功不可没。历史是一面镜子，考察关陇地区经济开发的具体过程，可以清楚地看到关陇地区昔日的辉煌与后世的落伍，关键在于其经济开发是否与当地自然环境与生态条件相适应。所以，在界处季风气候区与大陆性气候区、湿润区与干旱区过渡带上的关陇地区，只有开创一条既能重振经济活力，又不以牺牲环境生态为代价的开发模式和可持续发展之路，才是唯一正确的选择。"皮之不存，毛将焉附"，历史的经验告诉我们，协调人地关系，恢复生态平衡，建设生态文明社会，是关中—天水经济区告别贫穷与落后，重铸辉煌与繁荣的必由之路。本项目研究的主旨和目的正在于此。

为了顺利完成项目任务，课题组成员做了大量资料的搜集和调查研究工作，在发挥各自所长的基础上，既通力合作又分工负责，集体完成了项目任务。呈现在读者面前的书稿具体撰写分工是：书稿篇目设计、统稿、绪论、第二章由雍际春完成；第一、五章由张根东完成；第三、七章由赵世明完成；第四章由张敬花完成；第六章由于志远完成。本书的出版得到天水师范学院中央财政支持地方高校发展专项资金"陇右文化学科建设项目"经费的支持，并被列入学校"陇右文化研究丛书"，在此表示感谢！

希望本项成果的面世，能在国家深化推进西部大开发，加快关中—天水经济区建设和重建新丝绸之路经济带之际，发挥些许启迪与参考的作用。由于我们掌握资料的不足，加之能力所限，书中错误与粗疏之处在所难免，尚希读者见谅并提出宝贵的批评意见！

作者

2014 年 12 月 12 日